聚光型管式太阳能海水淡化技术

常泽辉　侯　静　著

科 学 出 版 社

北　京

内 容 简 介

小型分布式太阳能海水淡化技术的研发及应用一直是研究人员关注的热点。本书根据作者课题组十多年系统研究的成果，结合近年来文献的最新研究进展撰写而成，系统介绍聚光型管式太阳能海水淡化技术及成果转化，首先提出聚光型管式太阳能海水淡化思路，研究可对系统供能的复合抛物面聚光集热技术，分析横管太阳能海水淡化技术的应用特点，并在此基础上设计竖管太阳能海水淡化装置，理论探究环形封闭小空间内气水二元混合气体的传热传质特性，得到强化多效竖管降膜海水淡化装置热质传递的途径。

本书可供从事太阳能应用理论和技术研究，特别是太阳能海水淡化技术、太阳能聚光集热技术和其他太阳能热利用技术的科研和工程技术人员参考，也可作为动力工程及工程热物理等相关专业研究生和高年级本科生的参考用书。

图书在版编目(CIP)数据

聚光型管式太阳能海水淡化技术 / 常泽辉，侯静著. —北京：科学出版社，2023.6

ISBN 978-7-03-074184-4

Ⅰ. ①聚…　Ⅱ. ①常…　②侯…　Ⅲ. ①太阳能利用-研究　②海水淡化-研究　Ⅳ. ①TK519　②P747

中国版本图书馆CIP数据核字(2022)第237518号

责任编辑：李　雪 / 责任校对：王萌萌
责任印制：吴兆东 / 封面设计：无极书装

科学出版社 出版
北京东黄城根北街 16 号
邮政编码: 100717
http://www.sciencep.com
北京捷迅佳彩印刷有限公司 印刷
科学出版社发行　各地新华书店经销
*
2023 年 6 月第　一　版　开本：720 × 1000　1/16
2023 年 6 月第一次印刷　印张：15 1/2
字数：309 000

定价：128.00 元

(如有印装质量问题，我社负责调换)

序　一

我国乃至世界许多地方都缺乏淡水，我国有 5000 余座岛屿，许多岛屿因为缺水而难以开发利用。我国还有大量西北盐碱水地区，由于缺少饮用水而严重制约了当地的经济建设。与之相反的是，在许多缺水的地区往往拥有丰富的太阳能资源，因此利用太阳能进行海水淡化是非常有意义的，也是科技部“十三五”计划中作为能源战略开发的重大技术之一。

然而，规模小、成本高一直是困扰传统太阳能海水淡化技术的主要瓶颈。如何突破瓶颈，实现“问海要水”“借天能造水”是每一个能源领域学者的共同责任。常泽辉教授在北京理工大学攻读博士学位期间，就对太阳能海水淡化技术产生了浓厚的兴趣。毕业后，也一直从事这一领域的科研工作，特别是对管式太阳能蒸馏技术进行了深入研究。为了进一步挖掘管式蒸馏器的结构优势、深入揭示其内部的传热传质过程，同时吸引更多的人才投入到这个领域的研究中，我一直鼓励他撰写一部关于聚光型管式太阳能海水淡化技术的专著，心中也很期待这样一部专著问世。如今常泽辉教授的书稿终于快要出版了，心中十分欣喜，特别是看到书中对聚光型管式太阳能蒸馏技术面临的结构匹配、传热传质强化和运行参数优化等问题都进行了回应，更是感慨颇多。书中描述了管式海水蒸馏技术与太阳能聚光集热装置的集成，对于尝试实现海水可再生脱盐技术的规模化、低成本应用具有较高参考价值。

众所周知，传统太阳能集热技术相当成熟，但集热温度越高效率越低；传统的淡化技术也相当成熟，但温度高时效率更高。所以这种集热技术与淡化技术的结构性不匹配一直制约着太阳能海水淡化技术的规模化应用。如果硬将两种技术拼凑在一起，不但造成成本上升，也造成结构日趋复杂的不良后果，这与传统太阳能蒸馏器的原始优势有所偏离。

《聚光型管式太阳能海水淡化技术》一书围绕“高效率、低成本、规模化”应用展开论述，其中，第 1～3 章介绍了可用于管式海水淡化的太阳能聚光技术及光热直接转化的功能化水体，为实现太阳能集热温度与海水淡化所需温度的高效耦合创造了条件。第 4 章分析了横管太阳能海水淡化技术，给出了半圆形有限空间二元混合气体热质传递的特性，为横管太阳能海水淡化技术的进一步优化提供了灵感。第 5～6 章阐述了竖管太阳能海水淡化技术，在保持太阳能蒸馏装置结构紧凑、运行简单、造价低廉的特点基础上，凸显了有利于分布式制水的独有技术优势。第 7 章是全书研究的一个明确目的，面对淡水制备市场需求，坚定迈出成果转化的一步，用市场的眼光再次审视技术的研发，不断完善、逐步优化、适时示范，让成熟的海水淡化技术在太阳的照耀下遍布荒漠、戈壁、海岛。

这些年来，我也关注着常泽辉教授的每一步发展，也给予了积极的支持，希望他能够在内蒙古大地上研发出更多有用、能用、好用、常用的太阳能光热利用系统。祝贺常泽辉教授这本专著正式出版，希望大家能够通过阅读该书有所收获。

2023 年 2 月 18 日

序 二

受到经济发展、人口增长和城市化进程的影响，水资源短缺越来越成为全世界共同面临的重要问题，海水淡化被认为是实现淡水增量的主要出路之一，迄今已经成为世界众多国家和地区人民生活和生产的保障措施，全世界的海水淡化产能也在不断扩大。

各类海水淡化工艺都属于能源密集型工艺，能源危机、碳排放约束成为海水淡化发展中的卡脖子问题。采用可再生能源进行海水淡化，是海水淡化领域和可再生能源领域共同的基础研究和技术开发前沿问题，它不仅可大幅度降低海水淡化对化石能源消耗的依赖，更是海岛、偏远沿海或咸水湖地区淡水供应的重要出路之一。

《聚光型管式太阳能海水淡化技术》是常泽辉教授及其合作者在太阳能海水淡化领域多年科学研究和技术开发成果的精心总结。常泽辉教授是内蒙古工业大学太阳能应用技术工程中心主任，在太阳能海水淡化技术研究、太阳能苦咸水淡化工程示范和太阳能农业工程示范应用等领域取得了丰硕成果，开拓了“原创研发、示范验证、产业应用”的产学研用协同创新模式。我阅读了《聚光型管式太阳能海水淡化技术》，深感书中内容引人入胜，在该书付梓之际，愿为之简介和推荐。

该书集中展示了聚光型太阳能海水淡化技术的最新进展。聚光型太阳能海水淡化是以太阳能为能源，以聚光、提高水体光能吸收等为过程强化手段，结合热质传递过程的巧妙设计，实现太阳能高效利用和海水的高效水盐分离。书中介绍的多种太阳能吸收方式、多种海水淡化方式，让读者进入了太阳能海水淡化的奇妙世界。

该书介绍了聚光型太阳能海水淡化的研究方法。聚光型太阳能海水淡化的研究涉及光学、传热传质、流体力学、热力学等多学科知识，问题的探讨需要采用多种数学求解方法和实验方法，书中对各种聚光型太阳能海水淡化装置研究方法的介绍，对影响太阳能海水淡化装置性能的因素的分析，对读者快速掌握太阳能海水淡化研究方法颇有裨益。

该书还说明了聚光型太阳能海水淡化的工程化技术，展望了该技术的应用前景。针对具体案例建设的太阳能海水淡化中试装置、复合式海水淡化装置的应用以及太阳能海水淡化技术成果的转化，为太阳能海水淡化装置的推广应用提供了很好的示范。

《聚光型管式太阳能海水淡化技术》为从事太阳能利用和海水淡化技术研究、应用的高校师生、科研机构和企业的技术人员提供了一本参考用书，也为热衷于太阳能利用和海水淡化的人们提供了一本科普读物。我相信，该书的面世必将对我国的太阳能海水淡化技术发展与应用发挥重要的推动作用；读者的宝贵意见，也将推进该书内容的完善和发挥更好的作用。

2023 年 2 月 20 日

前　言

水资源和能源是人类社会经济发展必不可少的关键资源，其中淡水是人类赖以生存和进步不可或缺的自然资源，是构成地球生态环境体系的重要元素。有史以来，人类还没有像今天这样在全世界范围内对这两种大自然的馈赠给予广泛的关注。人们很快就会意识到淡水危机远比石油危机对人类活动的影响深远。随着全球人口的激增和经济社会的高速发展，人类对安全充裕的淡水需求日益增加，但现有淡水资源分布不均、自然气候异常变化、人类节水意识淡薄及工业生产对淡水资源的污染，导致全球性的淡水匮乏危机已逐渐威胁人类社会。有学者提出，21 世纪的淡水如同 20 世纪的石油一样，是决定一个国家富裕程度的指标。作者利用经典热力学、传热学理论将大自然中的水气蒸发、雨雪降落、河流成形等循环过程人为地在太阳能海水淡化系统中加以再现、优化、验证，希望所做的工作能够为太阳能海水淡化技术早日步入寻常百姓家起到积极的推动作用！

作者课题组针对太阳能聚光集热系统高温段时效率低，海水脱盐淡化系统低温段时效率低的结构不匹配问题，在坚持太阳能蒸馏器设计结构简单的初衷下，研发出多效竖管降膜太阳能海水淡化技术。利用复合抛物面聚光集热技术汇聚入射太阳光并传输到功能化水体中完成光热的直接转化，为在封闭装置内实现太阳能聚光集热温度和海水蒸发温度的高效耦合提供条件，经过十多年的系统研究，课题组取得一些重要的理论和技术成果。例如，我们研制出对跟踪精度要求低的复合抛物面聚光器的设计方法，制作、测试、优化多款复合抛物面聚光器，并实现系列科技成果的转化；尝试通过在水体内添加多孔深色颗粒以提高光吸收能力，将传统太阳能光热转化过程中的表面传热优化为水体内换热；利用传热传质学的基本理论，对小高径比环形封闭小空间内气水二元混合气体的传热传质进行探究，推导理论产水速率的计算方法；设计多效竖管降膜太阳能海水淡化装置，研究影响装置产水性能和热特性的关键因素，制作海水淡化样机，并对陕西省榆林市定边县红柳沟地区的苦咸水进行淡化处理。

全书共 7 章，本书框架构思及第 2～4 章、第 7 章的撰写主要由本人完成，内蒙古建筑职业技术学院侯静教授撰写了第 1 章、第 5 章和第 6 章。本书在著述过程中，力求紧密结合实际应用和工程实践、逻辑缜密、科学严谨。本书引用了前辈的研究文献和科学观点，并在各章后的参考文献中列出，在此对前辈的贡献致以最诚挚的谢意。如有遗漏，在此表示最诚恳的歉意。

本书在撰写和出版过程中，得到了内蒙古工业大学彭娅楠、刘雪东、杨洁、王晓飞、李海洋、郭梓珩等老师和同学的帮助，还得到了北京理工大学机械与车辆学院郑宏飞教授、大连理工大学能源与动力学院沈胜强教授等专家的指导，他们为本书的完稿提出了很多宝贵的建议，在此表示衷心的感谢。本书的出版得到了国家自然科学基金项目(51966012、51666013)、内蒙古自治区“草原英才”工程专项的资助，在此表示衷心感谢。

由于作者水平有限，不足之处恳请同行和读者不吝赐教。

常泽辉

2022 年 8 月于呼和浩特市

目　录

第 1 章　太阳能海水淡化技术概论

1.1　太阳能海水淡化技术

淡水资源和能源是人类经济社会发展必不可少的关键资源，其中，淡水是人类赖以生存和进化不可或缺的自然资源，是构成地球生态环境体系的重要元素，水资源更是基础性自然资源和战略性经济资源。有史以来，还没有像今天这样在全世界范围内对这两种大自然的馈赠给予广泛的关注和特别的忧虑。从经济学角度分析，淡水资源和能源有其内在的依赖关系，二者的相互依存关系随着人类文明的发展将会越来越紧密，联合国水资源发展报告指出，全球用水量在过去 100 年间增加了 6 倍，并继续以每年 1%的速度增长[1]。为此，联合国有关机构指出“为了满足日益增加的能源需求，有必要寻找淡水使用和气候异常之间的关联性”[2]。人们很快就会意识到淡水危机远比石油危机对人类活动的影响深远。随着人口增长、经济发展、城镇化进程、气候异常等问题日益凸显，人类对安全充裕的淡水需求日益增加，再加上淡水资源分布不均、人类节水意识淡薄及工农业对淡水资源的污染，全球性的淡水匮乏危机已逐渐步入人类社会。有学者提出，21 世纪的淡水就如同 20 世纪的石油，是决定一个国家富裕程度的指标[3]，有道是，现在争油，将来争水[4]。

1.1.1　淡水资源之虞

地球表面积约为 5.1 亿 km^2，分布于其表面的海水资源储量非常丰富，海水面积占据地球表面积的 70.8%，海洋的平均深度为 3800m，所以地球上的总水量约为 13.7 亿 km^3[5]，若从人均占有水量来看，水资源十分丰富，人类似乎不存在缺水之虞。然而，由于含盐分或其他矿物质而不能直接饮用且灌溉的水体占据了总水量的 97.2%，此外剩下 2.8%的淡水分布极其不平衡，其中 75%的储量被冻结在地球的两极和高寒地区的冰川中，剩余淡水中储藏在地下的远比地表的多，所以存在于河流、湖泊中可供人类直接利用的淡水已不足 0.36%[6]。在地球上各种水资源的储量及占总水量的百分数如表 1-1 所示。

由表 1-1 可见，海水占地球总水量的比例非常大，但是从表 1-2 中可以发现，海水因其含盐量远超出人类和动物饮用水容许的杂质含量，所以不能直接饮用。而地球上可供人类饮用的淡水资源分布也不均匀，尤其是在荒漠和半荒漠地区，由于降水量偏少，形成了地表径流苦咸水，不适合人类长期饮用。同时，伴随着

表 1-1　全世界水资源分布情况[7]

水源类别	总量/km^3	所占总量百分比/%	所占淡水总量百分比/%
大气水分	12900	0.001	0.01
冰川	24064000	1.72	68.7
地表积冰	300000	0.021	0.86
河流	2120	0.0002	0.006
湖泊	176400	0.013	0.26
沼泽	11470	0.0008	0.03
土壤水分	16500	0.0012	0.05
蓄水层	10530000	0.75	30.1
岩石圈	23400000	1.68	—
海洋	1338000000	95.18	—
总量	1396513390	—	—

经济社会发展的工业污染，所以有限可饮用的淡水量变得越来越少，这进一步加剧了人类淡水供需的矛盾。据估计，平均每人每年需要淡水 1500～1800m^3(包括工农业用水)，到 2025 年，将有 2/3 的世界人口面临缺水危机[8]。

表 1-2　全世界水资源水质情况表[9]

<table>
<tr><th colspan="2">水源分布</th><th>水量所占比例/%</th><th>水质(含盐量)/(mg/L)</th><th>能否饮用</th><th>备注</th></tr>
<tr><td colspan="2">大气中所含水分</td><td>0.001</td><td>—</td><td>否</td><td rowspan="6">饮用水容许的杂质含量<500mg/L</td></tr>
<tr><td rowspan="3">地表水</td><td>湖泊、河流</td><td>0.017</td><td>100～500</td><td>能</td></tr>
<tr><td>冰川</td><td>2.157</td><td>—</td><td>能</td></tr>
<tr><td>海洋</td><td>97.2</td><td>28000～35000</td><td>否</td></tr>
<tr><td colspan="2">地下水</td><td>0.625</td><td>300～10000</td><td>部分可以饮用</td></tr>
<tr><td colspan="2">合计</td><td>100</td><td>—</td><td>—</td></tr>
</table>

淡水资源短缺不仅表现在数量上，还表现在其分布上，世界上除欧洲因地理环境优越而水源充足外，其他各大洲都存在一定的淡水缺乏问题，最为明显的是非洲撒哈拉沙漠以南地区。许多国家不仅明显感到工农业生产所需淡水的短缺，而且很多地区已经难以找到符合饮用标准的水源。为了得到安全充足的淡水资源，某些国家之间甚至发生了冲突乃至战争。每年全球有近 357.5 万人死于和饮水卫生有关的疾病。由联合国教科文组织主持编写的《世界水资源开发报告(WWDR4)》指出，到 2050 年，全球农业用水量(包括旱地农业和灌溉农业)将增

加约19%，人口预计将增长到63亿。据估计，得不到相对安全、清洁的供水和卫生设施的城市人口数量增长约20%，从而将面临“水-食物-能源”的艰难抉择。因此，淡水供应问题已成为人们必须要考虑的问题。

我国的水资源储量非常丰富，多年平均淡水资源总量为2.8万亿m^3，其中地表水为2.7万亿m^3，地下水为0.83万亿m^3，但人均淡水资源占有量仅为2200m^3/(人·年)，约为世界淡水人均占有量的28%[10]，位列世界人均水资源排序中第121位，联合国将我国列为13个水资源严重缺乏的地区和国家之一[11]。随着工农业用水需求增加、城镇化进程加速、异常天气频繁出现，我国居民不得不面临资源性缺水和水质性缺水的严峻形势。目前，有16个省、自治区的人均水资源量低于严重缺水线，有6个省、自治区(宁夏、河北、山东、河南、山西、江苏)人均水资源低于500m^3，属于极度缺水地区。全国约670个城市中，有近400个城市供水不足，严重缺水城市有110多个，尤其是北方地区，几乎所有城市均严重缺水，其中不乏临海城市，如大连、青岛、烟台、天津等人均水资源量在200m^3左右。同时，我国水污染带来的水质性缺水日益严重，据2012年中国环境状况公报报道，全国198个城市地下水监测点中，较差或极差水质监测点比例占57.3%[12]。

目前，我国城市缺水总量达60亿m^3，尤其是人口占全国40%以上及经济总产值占全国60%的沿海地区城市，缺水数量占全国缺水总量的1/3以上，这已经严重制约了这些地区的经济和社会发展进程。水利部门研究指出，2030年全国用水总量将达到我国淡水储量的36%[13]。

1.1.2　海水淡化技术及太阳能资源

面对日益严峻的淡水资源匮乏危机，人类也做了大胆尝试和不懈努力以减缓缺水带来的挑战：包括雨水收集再利用、实施跨流域调水工程、废水回收和节水措施等。但是上述措施只能改善对现有淡水资源的利用效率，无法有效增加淡水供应总量。从表1-1中不难看出，海水、苦咸水等含盐水储量丰富，完全可以利用脱盐技术使含盐水变为淡水，这项技术就是能够从根本上解决淡水短缺问题的海水淡化技术，又称海水脱盐技术，是通过物理方法、化学方法或物理化学方法分离海水中盐分和水的工艺。其实现的技术方法有两种：一是从海水中提取淡水，如蒸馏法、冷冻法、反渗透法、正渗透法、水合物法、溶剂萃取法等；二是从海水中分离盐分，如离子交换法、电渗析法[14]。其中，蒸馏海水淡化技术在所有海水淡化生产规模中的占比为50%，而多级闪蒸海水淡化的淡水生成量占蒸馏海水淡化生成量的84%[15]。目前，全球正在运行的海水淡化工程大约有18000个，日生产淡水量超过了0.87亿m^3[16]，60%的海水淡化工程分布在中东地区[17]，大型海水淡化系统的运营为当地的公共服务和工业生产提供了必备的淡水，对经济发展起到了重要的作用。然而，这些海水淡化系统多由化石能源驱动，对供水管网等基础设施建设的要求高、需要专业技术人员操作维护、对系统选址有严格的要求，且其制水本质属于能源换水源，由此所产生的碳排放对环境造成了影响。

虽然海水淡化技术的应用使中东、北美、亚洲、非洲及澳大利亚等地区的淡水需求得到了满足[18]，但是淡水日产量 1000m^3 的海水淡化工程需要消耗大约 10000t 原油[19]。这就表明，海水淡化工程属于高能耗生产单位，且能耗会随着海水浓度、预处理标准、淡水水质、生产能力等要求的提高而增大。据世界卫生组织报告，饮用水中盐分含量的上限为(TDS 500mg/L)，特殊用途可以提高到(TDS 1000mg/L)，而地球上多数水体的盐度超过了(TDS 10000mg/L)，海水的盐度为(TDS 35000～45000mg/L)[20]。随着盐度梯度的升高，对含盐水脱盐所需的能耗也呈梯度升高，低盐度水(TDS 1000mg/L)淡化所需能耗为 0.4～0.6kW·h/m^3，中盐度水(TDS 1000～3000mg/L)淡化所需能耗为 0.8～2.0kW·h/m^3，高盐度水(TDS 3000～5000mg/L)淡化所需能耗为 2.2～3.3kW·h/m^3[21]。尤其是对于一些海岛、偏远地区，建立大型海水淡化系统是不现实的，也是难以实现的。而这些地区又常拥有丰富的太阳能资源，因此利用先进的太阳能技术就地对海水或苦咸水进行分布式脱盐淡化的意义不言而喻。

太阳不停地向宇宙空间均匀地辐射着其内部核反应所产生的能量，其总量能够达到 4.05×10^{26}J。根据理论推算，地球大气层外所接受的太阳辐射能仅为其总辐射的二十二亿分之一，也就是说地球每秒可以接收到 1.765×10^{17}J 之多，相当于 600 万 t 标煤[22]。该能量具有无上下游取能互斥、兼具光能和热能、转化为其他能量形式无需机械装置、分布区域相对稳定等特点，且风能、水能、波浪能、生物质能等也都属于太阳能的转化能源。地球上太阳能资源的分布随纬度、海拔、地理和气候的不同而变化。

虽然太阳能资源丰富，但在能源利用过程中也存在如下缺点：一是间歇性和不稳定性，由于受到昼夜更替及风雪云雨等气候自然条件的影响，太阳能供给具有间断性；二是分散性，相比其他能源而言，太阳能属于低品位能源，即使在太阳辐射强度最高的北回归线附近，夏季晴天正午时的太阳辐照度也仅为 1.1～1.2kW/m^2，而到了冬季太阳辐照度约为夏季时的一半[23]；三是对太阳能的高效捕获乃至转化为其他可用能源仍需要技术支持，能量利用效率也受限于转化技术和应用场景。

对太阳能的利用可以追溯到远古时代，随着科学技术的进步和人类社会的发展，对太阳能的开发和利用方式也发生了巨大的变化，尤其是对太阳能捕获和转化所付出的代价逐渐减小，其利用方式主要包括光热转化和光电转化。利用太阳能直接转化为热能的效率理论上最高可以达到 100%[24]，这是太阳能光电转化无法达到的。自然界淡水循环就是太阳能光热利用的典型实例，海水表面接收到太阳辐射能而温升并生成水蒸气向上浮升，在海陆风的作用下漂移到陆地上空，以雨雪形式降落到陆地表面形成河流湖泊，最后汇聚于大海。此过程在人为设计的封闭空间内实现就是现有的热法太阳能海水淡化技术，其属于中低温盐水分离过程，与太阳能中低温供能在用能匹配上是相吻合的，而且是低品位能源之间的直接转化利用过程。

1.1.3　太阳能海水淡化技术概述

人类利用太阳能对海水进行脱盐淡化的历史悠久。早在公元前 4 世纪，亚里士多德就描述将不清洁水蒸发后进行凝结能够生成可供饮用的淡水，他是描述该过程的第一人，并在其所著的一本气象学书籍中提到了冷凝淡水的口感甘甜，据此推测他所说的可能就是海水或苦咸水淡化[25]。然而，最早能够用文字证实的太阳能海水淡化方法是 Mouchot 在 1869 年报道的，该文讲述了 1551 年的阿拉伯炼金师对海水进行淡化的过程，他们利用抛光的大马士革镜对太阳光进行聚焦，然后将聚焦光线投射到盛满海水的玻璃瓶中，以此来得到淡水，同时还提到了用镀银和镀铝的玻璃反射镜来汇聚太阳光，并用在太阳能蒸馏工艺中[26]。著名科学家 Della Porta 利用放置在强烈日光照射下倒立的砂锅实现了水的蒸发，并通过放置于砂锅下方的花瓶来收集冷凝水，还在其专著 *Magiae Naturalis* 中提出了从空气中取水的方法，这正是今天发展起来的增湿除湿海水淡化方法的雏形[27]。

Lavoisier 在 1862 年精心设计建造了一个装有大玻璃透镜的支架结构，将太阳光聚焦到装满水的蒸馏烧瓶中进行太阳能蒸馏[28]。之后很长时间太阳能海水淡化技术的发展一直处于停滞状态，直到工业革命后的 1872 年，瑞典工程师 Carlos Wilson 在智利的萨利纳斯地区建造了世界上第一座大型的太阳能苦咸水淡化工厂，该工厂以冶炼矿物剩下的浓卤水为原料进行淡化。该淡化装置从 1874 年开始运行，在此后的 40 多年间为制造硝酸钾和提炼白银的工人们提供饮用淡水，它占地 7896m^2，由多个宽 1.14m 和长 61m 的盘形蒸馏器组合而成，有效集热面积为 4450m^2，日产淡水为 4.9L/m^2[29]。

根据对太阳能的利用方式可以将太阳能海水淡化技术分为直接式和间接式两类。其中，间接式太阳能海水淡化技术按照是否使用分隔膜可分为膜法和非膜法，非膜法又包括太阳能多级闪蒸淡化法、太阳能低温多效蒸馏淡化法、太阳能蒸气压缩法及冷冻法等。鉴于冷冻法是去除冰晶中的热量，所以将其归到了热法太阳能海水淡化技术。直接式太阳能海水淡化技术是直接利用太阳热能，包括太阳能增湿除湿海水淡化技术、太阳能烟囱海水淡化技术和太阳能海水蒸馏淡化技术等，太阳能海水蒸馏淡化技术中的热能可由聚光集热技术提供，按照太阳能聚光集热方式可将其分为菲涅尔聚光、碟式聚光、塔式聚光和槽式聚光的太阳能海水淡化技术。应用最早的热法太阳能海水淡化装置是太阳能蒸馏装置(solar still)，该装置具有可直接转化太阳能、可就地取材、运行原理简单、投资成本低等特点，适用于小型、分布式海水淡化应用，尤其适用于偏远干旱或半干旱地区、海岛，因其具有其他太阳能海水淡化技术所不具备的特点而备受国内外研究人员的关注。

1.2 太阳能海水蒸馏技术

太阳能海水蒸馏技术的工作原理与大自然水循环过程有异曲同工之处，如图 1-1 所示。虽然太阳能海水蒸馏技术具有明显的优点，但该技术存在两个技术瓶颈：产水量偏低和效率不高[30]。传统盘式太阳能蒸馏装置的日淡水产量为 2.0～3.0kg/m^2，正好是一个成年人日所需饮用淡水量的下限[31]。Kumar 等[32]研究发现，与其他太阳能海水淡化系统相比，日产淡水为 200kg/m^2 的太阳能蒸馏淡化系统的经济性最优。

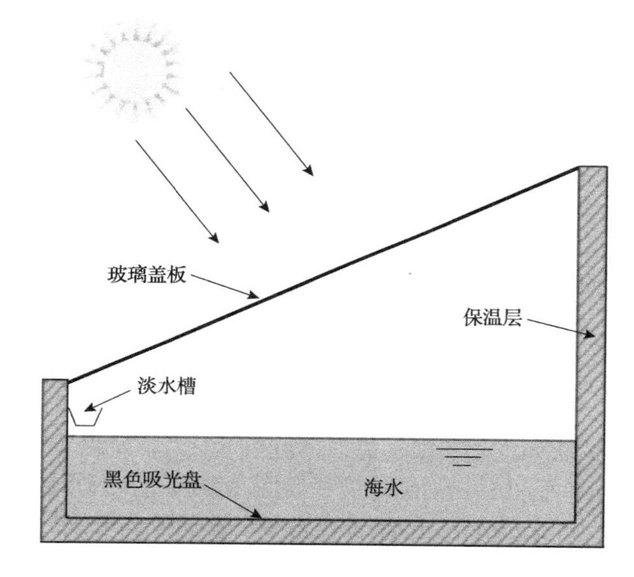

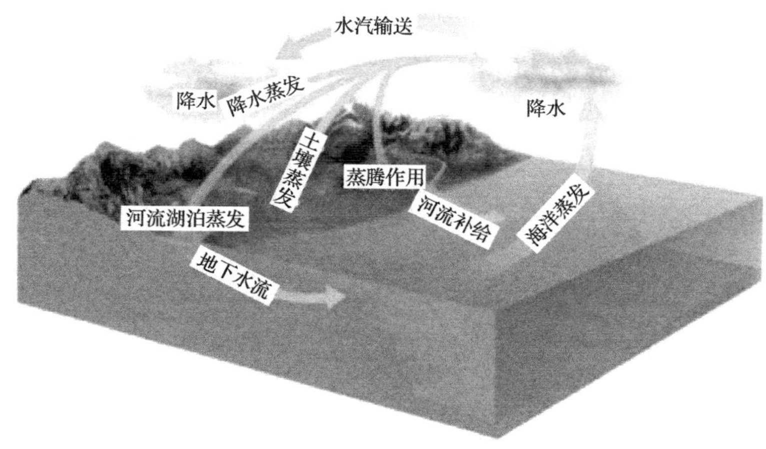

图 1-1 太阳能海水蒸馏技术原理图

盘式太阳能蒸馏器是太阳能蒸馏技术中最具代表性的装置，其淡水产量受到包括待蒸发海水容量、海水温度、玻璃盖板布置、海水水体的光吸收能力、效数、集热器类型等因素的影响。Zhang 等[33]对影响盘式太阳能蒸馏装置淡水产量的因素进行了梳理和分类，对实验室和工程中装置的产水量、性能系数(GOR)及效率提升比例进行了对比分析，给出了太阳能蒸馏装置设计日淡水产量应小于 $10m^3$ 的建议。Panchal 等[34]对提高太阳能海水蒸馏装置淡水产量的文献进行了归类，从装置的设计参数和运行气象条件这两个重要的影响因素角度展开分析。Kaviti 等[35]对涉及主动式和被动式倾斜太阳能蒸馏装置设计参数影响机理的文献进行了综述，给出了影响装置性能的重要设计参数：优化的玻璃盖板、吸收体面积、水体蒸发面积及水体容量，同时对单效淡化装置和多效淡化装置的性能进行了对比。Kabeel 等[36]从吸收材料、储热材料和盖板冷却的角度探索了提高太阳能海水蒸馏装置淡水产量的方法和途径，分析了不同装置的换热机理对提高淡水产量的影响，并对改进型太阳能海水蒸馏装置的淡水产量提升比例进行了对比。Panchal 和 Mohan[37]在分析淡水和能源关系的基础上，将热法太阳能海水淡化技术的最新研究进展做了归类和总结，并在此基础上给出了热法太阳能海水淡化技术广阔发展空间的愿景。

通过对盘式太阳能蒸馏装置运行机理的研究可以发现，其结构特点影响了装置对太阳能的利用效率和产水速率的提升，主要因为：①系统中海水水体的热容量大，影响了热惰性，这使水体的受热温升速度比较慢，延长了装置的启动时间；②热能的利用效率低，水蒸气的凝结潜热没有被利用，在运行过程中，工作介质和蒸气凝结的温差越来越小，影响了水蒸气的凝结效果，最终影响了装置的产水量；③系统中的换热方式是自然对流，这种方式的热质传递效率低，限制了系统的性能系数和产水量，尤其是前两点极大地限制了盘式太阳能海水蒸馏装置的造水比[38]。即使是较理想的盘式太阳能蒸馏器，其效率也仅在35%左右，在晴天条件下，每天的产水量在 $3\sim4kg/m^2$，整体效益不高，所以限制了该技术的推广应用。为此，如何强化海水蒸发冷凝过程、提高海水蒸发面积、多次利用蒸气凝结潜热及安装储热措施延长装置产水时间等成为太阳能海水蒸馏技术的研究热点。Omara 等[39]在阶梯式太阳能海水淡化装置的内部和外部设置了反射板，其目的是提高进入装置内的太阳辐射能，实验装置如图 1-2 所示，利用对比实验法分析该装置与传统太阳能海水淡化装置产水性能的差异，实验结果表明带反射板的太阳能海水淡化装置的产水量比传统淡化装置提高了 125%，淡水价格约为 0.031 美元/L。

El-Naggar 等[40]提出一种带有线性肋片的盘式太阳能海水蒸馏装置，建立了该装置内部能量平衡的关系式，通过分析优化预测了装置的热性能，并将理论计算结果与实验测试结果进行了对比，得到装置的日产淡水量为 $4.082kg/m^2$，全天效率为 55.37%，带有肋片装置内部的对流传热系数是没有肋片装置内部对流传热系

图 1-2　带反射板的太阳能海水淡化装置

数的 3.6 倍，且理论计算结果与实验测试结果的吻合度好，相对误差在 2.8%～11.6%。Kaushal 等[41]搭建了一台对浓海水进行热回收的多效竖壁太阳能海水蒸馏装置，在研究中，通过改变运行参数和设计参数调整装置工况，利用实验数据推导出可以预测装置淡水产量的关联式，计算了装置投资成本随效数的变化规律，在效数为 7、使用寿命为 25 年、贷款利率为 0.12 情况下，装置所制淡水价格为 4.07 卢布/kg。Pal 等[42]将双斜面太阳能海水蒸馏装置东西放置，南向布置竖直入光口，采用实验和理论研究方法对装置产水性能受气候条件和运行参数的影响机理进行了分析，改进型太阳能海水蒸馏装置的太阳热能接收量、淡水产量和整体热效率得到了提升，同时在实验测试中更换了不同厚度和材质的吸光材料。结果表明，当装置内待处理的水体厚度为 2cm 时，采用黑色棉纱作为吸光材料的装置的日淡水产量为 4.5L/m^2，比采用黄麻纤维作为吸光材料的装置的日淡水产量增加了 27.84%，上述两个测试装置的总热效率分别为 20.94%和 23.03%。

Ahmed 等[43]设计并制作了可以强制风冷和激淋水冷的太阳能海水蒸馏淡化实验测试台，测试了对传统盘式太阳能海水淡化装置在玻璃盖板不同的降温运行条件下装置性能的改善规律。实验中，对被动式太阳能海水淡化装置、带水冷主动式太阳能海水淡化装置和带风冷主动式太阳能海水淡化装置的产水性能进行了对比研究，装置如图 1-3 所示。装置内的水体深度为 1cm，玻璃盖板倾角为 32.5°。研究结果表明，装置的淡水产量随风冷风速的增大而增加，当风冷风速分别从 1.2m/s 增加到 3.0m/s 和 4.5m/s 时，装置的产水速率分别增加了 8%和 15.5%，对玻璃盖板进行水冷对淡水产量增加的效果更明显，对于冷却间隔分别为 20min 和 10min 的装置，淡水产量分别增大了 15.7%和 31.8%。

图 1-3　对玻璃盖板强制降温的太阳能海水淡化装置

Estahbanati 等[44]首次通过实验研究了太阳能海水蒸馏装置效数对主动式多效蒸馏器淡水产量的影响机理，为了精确比较连续运行和非连续运行条件下装置的性能差异，对不同效数双斜面冷凝太阳能蒸馏装置进行了室内研究。结果表明，装置的淡水产量随效数增加而增大，且呈二次方关系，在连续运行状态下，最大增加的效数为 6，在非连续运行状态下，最大增加的效数为 10，均会增大装置的淡水产量。而对于单效淡化装置，连续运行工况和非连续运行工况对装置的产水性能影响不大。Reddy 等[45]利用改进的数学模型对主动式多效竖壁太阳能海水蒸馏装置的年产水性能进行了研究，装置的最优效数、原水进料流量和蒸发冷凝距离分别为 5、7.20kg/h 和 0.05m。除此以外，他们还对装置的运行压力、进料水盐度对性能的影响展开研究。结果表明，装置在常压时的最大日淡水产量为 6.78kg/m^2，在负压运行时的最大日淡水产量为 21.29kg/m^2，最大年性能系数(PR)可以达到 5.59。

Chen 等[46]对所设计的多效叠盘式太阳能海水蒸馏装置内部的传热传质机理展开研究，测试了装置瞬态和稳态的产水性能，建立了各效传热速率关联式，对装置的热性能进行了定量计算。在实际天气条件下，装置瞬态运行 3h 后达到稳态运行状态，运行温度超过 70℃后，性能系数可以达到 1.0，日产淡水量为 8.1kg/m^2，理论计算结果与实验测试结果的吻合度很好。关弘扬等[47]设计了一套新型多级回热式太阳能海水蒸馏系统，使用逐级降温回热法强化蒸气凝结潜热的再利用，装置的淡水产量为 1.2kg/m^{2}h，性能系数可以达到 2.0，总效率最高可达到 90%，系统的集热效率最高为 42%。

尽管经过了研究人员的努力，传统太阳能海水蒸馏装置产水速率提升的幅度仍然有限，所产淡水价格仍无法与工业化海水淡化系统所产淡水价格相媲美。究其原因主要有：①运行日太阳辐照度呈先增加后减小的趋势，且最大值维持时间为 45～60min，装置稳定运行时长无法有效保障淡水制备的需求；②提升装置运行温度主要靠增大太阳能集热面积来实现，集热场占地面积增大也为其应用造成了一定的不利影响；③当环境温度较低或太阳辐照度比较小时，太阳能海水蒸馏装置的产水性能就会大打折扣；④太阳能收集装置的集热面积与散热面积始终相同或相近，导致稳态运行时装置的散热损失比较大，若对装置保温又将增大对装置的投资成本和吨水造价[48]。鉴于此，一些研究学者提出将先进的太阳能聚光集热技术与海水蒸馏技术进行集成，建立基于聚光集热的太阳能海水蒸馏系统，为太阳能海水淡化技术的产业化应用提供技术保障和运行数据。

1.3　聚光型太阳能海水蒸馏技术

针对传统太阳能海水蒸馏技术存在的技术瓶颈，研究人员分别从快速提高待处理海水温度、减少装置散热损失及改变太阳光与海水相互作用的位置等展开探索[49]。结果显示，聚光型太阳能海水蒸馏技术具有更广阔的应用前景，也具备规模化、高效率运行的条件。与盘式太阳能海水蒸馏技术相比，聚光型太阳能海水蒸馏技术具备如下优点：①利用太阳能聚光技术可以改变太阳光线的传输方向（如复合抛物面聚光器具有顺向传光同向聚焦功能，碟式或线性菲涅尔型聚光器具有逆向聚焦功能），改善了盘式蒸馏器的光传输与热传递逆向技术的弊端，可以将所接收太阳热能的传递方向利于海水受热蒸发，进而可实现对水蒸气凝结潜热的多次重复利用；②太阳能聚光技术中的接收体面积小于集热面积，在相同的受光面积下，聚光技术的使用使散热面积总小于集热面积，有利于提高太阳能海水淡化装置的光热利用效率；③太阳能聚光技术可以缩短海水淡化装置的瞬态预热时间，在相同的日照时间内，延长了太阳能海水淡化系统稳定运行的时间，提高装置的日产淡水量。目前，太阳聚光集热技术主要分为槽式聚光、碟式聚光、塔式聚光和菲涅尔型聚光四大类，对应地出现了四种不同供能形式的太阳能海水蒸馏系统。

1.3.1　槽式聚光太阳能海水蒸馏技术

槽式聚光太阳能集热装置多以抛物面聚光器作为太阳能捕获装置，利用光学反射原理将入射太阳光进行汇聚形成高密度光能，所转化的热能用于驱动海水蒸馏装置，进而生成淡水。Mosleh 等[50]将热管和槽式抛物面聚光器集成了一种新的太阳能苦咸水蒸馏装置，热管内的介质是酒精，并插在盘式太阳能淡化装置内。结果表明，在热管和玻璃真空管之间添加导热油的导热效果最好，淡水产量由 0.48kg/h 增加到 1.68kg/h，效率由 21.7%增加到 65.2%，产水性能优于在热管和玻璃真空管之间添加铝箔片的装置。Pearce 等[51]利用槽式复合多曲面聚光器将入射光汇聚后并加热位于出光口处盘式淡化装置内的海水，提高了盘式太阳能淡化装置的淡水产量和总体效率，同时减小了装置的散热面积，建造和维护费用仅增加了 10%，具有较好的应用经济性。Stuber 等[52]搭建了由槽式抛物面聚光集热器、多效海水蒸馏装置和热泵组成的太阳能海水淡化示范工程，分别对含热泵的太阳能淡化系统和不含热泵的太阳能淡化系统的热能消耗量进行了对比研究。结果表明，不含热泵的系统在淡化过程中所消耗的最少热能为261.87kW·h/m^3，而加上热泵之后的系统，淡化过程所消耗的热能减少了49%，而减少的热能消耗量又可使太阳能的集热量减少，进而降低了整个系统的建造成本，提高了装置规模化应用的经济性。

1.3.2　碟式聚光太阳能海水蒸馏技术

与槽式聚光太阳能集热装置相比，碟式聚光太阳能集热装置多以抛物线绕对称轴旋转而成，焦斑位置位于聚光集热装置上方，在实际应用中，需要配置对日跟踪系统。对于碟式聚光太阳能海水蒸馏装置的产水性能，也做了不少探索。Chaouchi等[53]利用碟式聚光器为海水淡化装置供能，以提高待处理盐水的运行温度和淡水产量，他们设计搭建了相应的实验装置，建立了计算接收体温度和淡水产量的理论模型，经过对比发现，装置的理论淡水产量与实验测试产量相差42%，并分析了造成误差的原因。Omara等[54]将碟式聚光器、太阳能集热器和改进的蒸发腔组合成一种新型太阳能海水蒸馏系统，分析研究了进料海水在预热和不预热运行状态下装置的性能，并将测试结果与传统太阳能淡化装置进行对比。结果表明，传统太阳能海水蒸发冷凝淡化的日产淡水量为3.0L/m^2，而新型碟式太阳能海水蒸馏器的日产淡水量为6.7L/m^2，提高了123%，日平均效率可以达到68%，对进水预热后的系统产水量比传统太阳能淡化装置增加了347%。

侯静等[55]针对太阳能苦咸水淡化系统中的太阳能集热系统在高温段时效率低，而苦咸水淡化系统在低温段时效率低的结构性不匹配问题，提出了一种新型碟式太阳能苦咸水蒸馏装置，并在实际天气条件下对其性能进行了测试和分析。Kabeel等[56]提出了一种改进型碟式聚光太阳能含盐水蒸馏装置，并在装置内使用石蜡作为储热介质以提高装置的淡水产量，他将测试结果与传统太阳能盘式蒸馏器的产水性能进行比较。结果表明，在相同运行参数下，改进型装置在夏季生产时的㶲效率比在冬季生产高10%～15%，在夏季运行时装置的淡水产量较传统太阳能蒸馏器淡水产量可以提高65%，冬季可以提高45%。

1.3.3　塔式和菲涅尔型聚光太阳能海水淡化技术

塔式聚光太阳能海水淡化技术一般应用在太阳能热发电领域，随着太阳能聚光集热技术、熔盐储热技术的突破，塔式太阳能热发电技术将拥有更广阔的应用前景。Elhenawy[57]搭建了一座由28面定日镜组成的塔式太阳能海水蒸馏装置，蒸发腔分成增湿部分和除湿部分，湿空气在腔内是自然循环，他们测试了海水进水流量对装置淡水产量的影响，通过增大冷凝面积和对湿空气预热等强化手段可以有效提升装置的淡水产量。

Wu 等[58]设计了一种新型菲涅尔聚光直热式太阳能增湿除湿海水淡化系统，采用三效等温加热模式对装置的淡水产量和温度变化进行了测试，并与理论计算结果进行了对比分析。结果表明，当平均太阳辐照度值为 867W/m^2 时，装置的最大淡水产量为 3.4kg/h，性能系数可以达到 2.1，如果对装置进行优化设计，那么淡水产量也将有所提升。Hamed 等[59]利用新型线性菲涅耳聚光驱动海水淡化机生成淡水，并对所设计的装置进行了为期一年的测试，将测试结果与化石能源驱动的同类型海水淡化机进行比较，结果表明该装置的经济性与太阳直接辐照度有着密切的关系。

1.4　管式太阳能海水蒸馏技术

传统的盘式太阳能海水蒸馏装置由于蒸发面与冷凝面之间的距离大，从而导致气水二元混合气体的传热传质距离长、不凝气体多、传热热阻大，加之承压能力差、无法实现负压运行等限制了其产水性能的提升空间。为了优化盘式太阳能海水蒸馏装置的结构、提高装置的产水速率，Tiwari 于 1988 年提出一种新型横管太阳能海水蒸馏器[60]，该蒸馏器的最大特点是沿热能传递方向的冷凝面积总是大于蒸发面积，该结构特点使装置内部的传热传质过程得到了强化，同时还可以在负压工况下运行，其热能利用效率优于盘式太阳能蒸馏器，研究结果表明横管太阳能蒸馏器的产水效率较盘式太阳能蒸馏器提升了 20%以上。为此，Ahsan 等[61]设计了一种新型横管式太阳能蒸馏器，他采用一种厚度为 0.5mm 的透明氯乙烯板作为管壁材料并进行了性能测试实验，发现其性能不够理想，所以对装置进行了优化设计和改进，将老式的氯乙烯冷凝筒更换为聚乙烯冷凝膜，在研究过程中，他发现装置的蒸发冷凝效果及淡水产量受到其内部湿空气的温度和相对湿度的影响，并在后续研究中建立了基于横管蒸馏模式的传热传质模型，优化后该装置的重量和制造成本明显降低，耐久性得到了明显提高。随后的几十年，Ahsan 等[62-64]相继提出了管式太阳能蒸馏器的传热传质模型，得出了湿空气的热平衡和水的质量平衡关系式，他又使用氯乙烯片和聚乙烯膜作为管式太阳能蒸馏器的透明盖，并对此进行了经济性分析，发现太阳能辐射量对淡化器的经济性有直接影响。Arunkumar 等[65]提出了一种具有矩形盘的管式蒸馏器创新设计，并研究了水和空气流量对该装置的影响。Rahmani 等[66]在太阳能蒸馏器内部应用了一种集成的自然循环回路。Rahbar 等[67]利用 CFD 对横管太阳能蒸馏器内部的传热传质过程进行仿真，提出了此类蒸馏器的淡水产量预测值与传热传质系数之间新的关系式，并将仿真结果与实验值进行了对比验证。

Nader 等[68]对管式太阳能蒸馏器冷凝面的形状进行了研究，对比了三角形和半圆面管式蒸馏器的淡水产量，通过对其内部温度场、气-水传输过程进行模拟计算，证明了半圆冷凝面管式蒸馏器的产水量优于三角形冷凝面管式蒸馏器。Elashmawy[69]研究了管式蒸馏器在高温运行时冷凝面积和蒸发冷凝面的间距对装置产水量的影响。Kabeel 等[70]探究了管式蒸馏器蒸发槽内的水体深度和冷凝面有无冷却强化对蒸馏器产水量的影响。结果表明，当水体深度为 0.5cm，冷却水流量为 2L/h 时，蒸馏器的最大产水量为 5.85L/$(m^2 \cdot d)$。

Zheng 等[71]设计了一种新型多效横管太阳能海水蒸馏装置，其由多个盛水槽和套管偏心嵌套而成，热源位于装置中心，该装置可以多次重复利用工作介质的凝结潜热，冷凝套管的面积总大于对应的蒸发面积，在实验室内，当输入装置功率为 300W 时，三效蒸馏装置的产水速率为 0.79kg/h，性能系数达到了 1.7，负压运行时装置的产水速率明显提升。为了提高装置的产水性能，随后团队通过填充不同的气体介质，研究了氧气、氦气、二氧化碳和空气对气水二元混合气体传热传质的影响机理[72]。结果表明，当装置内填充气体为氧气时，运行温度达到 85℃装置的产水速率为 0.58kg/h，比空气介质时增加了 31.82%。常泽辉等[73]建立了两效横管太阳能苦咸水淡化装置内气水二元混合气体的传热传质模型，推导了装置理论产水速率的计算方法，并与实验测试结果进行对比，二者的吻合度较好。

为了提高横管太阳能海水蒸馏装置的产水量，满足分布式太阳能海水淡化的制水需求，研究人员对强化装置的传质过程展开了研究。Elashmawy[74]就地取材，将小碎石填充到槽式抛物面聚光横管式太阳能盐水蒸馏器接收体内作为储热材料。结果表明，填充储热材料的蒸馏器，其产水速率为 4.51L/m^2，热效率为 36.34%，分别比无填充碎石蒸馏器的产水速率提高了 14.18%和 13.89%。El-Said 等[75]为了提高水体的光吸收能力，在横管式盐水蒸馏器内增加了多孔填充材料，同时安装强制振动装置以破坏盐水表面张力，从而提高蒸发速率和传热效率。结果表明，蒸馏器的产水速率为 4.2L/m^2，比传统横管式太阳能盐水蒸馏器增加了 34%。Xie 等[76]提出了低温多组单效横管太阳能淡化系统设计方法，系统中的组成单元可以在负压工况下独立运行制水，在实验室内建造了低温多组单效横管太阳能淡化性能测试系统，测试分析了输入功率和运行压力分别在 100～300W、20～80kPa 系统的能量利用效率最高可达到 0.81，是盘式太阳能海水蒸馏装置的 2 倍。

1.5　分布式太阳能海水淡化技术的发展趋势

分布式太阳能海水淡化装置属于中小型太阳能海水脱盐技术的应用，鉴于应用场景多为交通不便、基础设施落后、化石能源匮乏、技术力量薄弱的地域，因此完全可以将高效的太阳能集热技术与先进的工业海水淡化技术进行集成用以解决海岛、沿海地区或荒漠半荒漠地区人畜饮水困难的问题。从市场需求的角度看，小型分布式太阳能海水淡化装置的日产淡水在 10～20L 为宜[77]。目前，阻碍分布式太阳能海水淡化技术规模化的应用主要在于淡化装置的吨水价格远大于自来水市售价，从而导致装置的投资回收周期延长，影响了资本的投资热情。据文献显示，为了提升小型太阳能海水淡化技术的产水速率，研究人员通过强化蒸发冷凝腔内的传热传质过程[78]、优化海水淡化装置结构[79]、强化太阳能集热与海水淡化集成度[80]、多效运行回收凝结潜热[81]、多种海水淡化技术耦合运行[82]、增设储热单元、延长装置运行时长[83]等方法，取得了一定的效果。但是也存在如下问题：①装置仍由太阳能集热单元、换热单元、海水淡化单元组成，集成度低、传热损失大、传热热阻大、传热距离长；②虽然装置内的传热传质过程得到了强化，但是结构更为复杂，在实际应用中偏离了太阳能海水蒸馏装置原本结构简单、可就地取材、免维护等特点；③为了降低吨水价格，淡化装置构件选用了便宜但使用寿命短的材料，如聚氯乙烯、棉纱、木炭等，使装置在长期使用中的稳定性、可靠性、耐久性受到了影响，用户对装置的满意度大打折扣；④在多种海水淡化技术的集成过程中，尤其是主动式太阳能海水淡化装置需要配置水泵、风机、换热器等部件，这在无形中增大了装置对电力等基础设施的依赖度，此外还需要对各运行单元进行精确控制，这就提高了用户对相关技术掌握程度的要求。基于上述分析，对分布式太阳能海水淡化技术开展进一步研究，可以从以下几方面进行着重考虑。

(1) 从推广应用的角度看，加强对已经中试结束的太阳能海水淡化装置或系统的经济性分析，尤其是吨水价格和投资回收期。

(2) 将主动式太阳能海水淡化技术和被动式太阳能海水淡化技术进行集成，这不仅有利于太阳热能的梯级利用，还可以充分发挥各种技术的能量利用效率和脱盐效率的优势，因此需要从集成难度、控制精度、复杂程度等方面综合研判系统的产水性能及经济性。

(3) 管式太阳能海水蒸馏装置的产水速率优于盘式太阳能海水蒸馏装置，但所使用的吸水材料和不锈钢材质构件增大了传热阻力，后续需要从材料、涂料、结构等方面开展研究，尤其是在增大海水液膜蒸发速率、减小气液传热阻力、强化水蒸气凝结等方面做相应的研究。

(4) 在太阳能海水淡化装置中使用储热单元，可以有效提高装置的产水性能，但同时也会增加装置的建造成本和维护费用，因此需要继续探索价格低廉、高效可靠的储热材料和封装技术。

(5) 海水淡化装置采用多效运行，可以多次回收利用水蒸气凝结潜热，在提升装置性能系数的基础上增大装置的产水速率，受淡化装置结构和运行原理的影响，多效数运行所带来的建造成本增加与使用寿命期内淡水增加量二者之间的关系仍需要明晰。

(6) 太阳能聚光集热系统可在较短时间提高海水淡化装置的运行温度，但其集热温度高与海水淡化装置运行温度低之间的不匹配影响了系统对能量的利用效率，二者的高效耦合技术需要进一步探索和试验。

(7) 对于分布式制水需求，太阳能海水淡化装置应具有轻便、易组装、占地小、易携带等特点，基于此，如何设计装置结构、组成部件、连接管路、控制系统，也是值得思考和选择的。

参考文献

[1] The United Nations World Water Development Report 2020: Water and Climate Change[M/OL]. France: UNESCO Digital Library, 2020. [2020. 6]. https://unesdoc.unesco.org/ark:/48223/pf0000372985.

[2] 高从堦, 阮国岭. 海水淡化技术与工程[M]. 北京: 化学工业出版社, 2016.

[3] 熊日华. 露点蒸发海水淡化技术研究 [D]. 天津: 天津大学, 2004.

[4] 常泽辉, 郑宏飞, 侯静. 太阳能海水淡化技术——在困境与机遇中蓬勃发展[J]. 太阳能学报, 2012, 33(12): 156-162.

[5] Omara Z M, Eltawil M A. Hybrid of solar dish concentrator, new boiler and simple solar collector for brackish water desalination[J]. Desalination, 2013, 326: 62-68.

[6] Kabeel A E, Elkelawy M, Din H A E, et al. Investigation of exergy and yield of a passive solar water desalination system with a parabolic concentrator incorporated with latent heat storage medium[J]. Energy Conversion and Management, 2017, 145: 10-19.

[7] Cernea M M, Displacements I P, Weely P. Water and Related Statistics[M]. New Delhi: Central Water Commission Publication, 2010.

[8] Water Scarcity, Threats, WWF, water-scar city[J/OL]. 2019. https://www.worldwildlife.org/threats/.

[9] 王俊鹤. 海水淡化[M]. 北京: 科学出版社, 1978.

[10] Manokar A M, Murugavel K K, Esakkimuthu G, et al. Different parameters affecting the rate of evaporation and condensation on passive solar still - A review[J]. Renewable and Sustainable Energy Reviews, 2014, 38: 309-322.

[11] 李艳苹, 曾兴宇, 刘小骐, 等. 海水淡化对海洋环境的影响要素分析[J]. 盐业与化工, 2013, 42(3): 1-2.

[12] 钟晓红, 赵喜亮, 黎莹, 等. 从战略高度看待我国的海水淡化[J]. 环境保护, 2013, 41(Z1): 55-57.

[13] 黄仲杰. 我国城市供水现状、问题与对策[J]. 给水排水, 1998, 24(2): 18-19.

[14] Elimelech M, Phillip W A. The future of seawater desalination: Energy, technology, and the environment[J]. Science, 2011, 333: 712-717.

[15] Shatat M, Riffat S B. Water desalination technologies utilizing conventional and renewable energy sources[J]. International Journal of Low-Carbon Technologies, 2014, 9: 1-19.

[16] Khoshrou I, Jafari Nasr M R, Bakhtari K. New opportunities in mass and energy consumption of the multi-stage flash distillation type of brackish water desalination process[J]. Solar Energy, 2017, 153: 115-125.

[17] Rasoul M G, Khan, Covey M M K, et al. Solar assisted desalination technology[C]. International Conference and Exhibition on Sustainable Energy Development, New Delhi, 2006.

[18] Sharon H, Reddy K S. A review of solar energy driven desalination technologies[J]. Renewable and Sustainable Energy Reviews, 2015, 41: 1080-1118.

[19] Kalogirou S A. Seawater desalination using renewable energy sources[J]. Progress in Energy and Combustion Science, 2005, 31: 242-281.

[20] Morad M M, El-Maghawry H A M, Wasfy K I. A developed solar-powered desalination system for enhancing fresh

water productivity[J]. Solar Energy, 2017, 146: 20-29.

[21] Talaat H A, Sorour M H, Rahman N A, et al. Pretreatment of agricultural drainage water (ADW) for large-scale desalination[J]. Desalination, 2002, 152: 299-305.

[22] 谢建, 黄岳海. 太阳能温室与设施技术[M]. 北京: 化学工业出版社, 2011.

[23] 陈志莉. 热法太阳能海水淡化技术及系统研究[D]. 重庆: 重庆大学, 2009.

[24] Chandrashekara M, Avadhesh Y. Water desalination system using solar heat: A review[J]. Renewable and Sustainable Energy Reviews, 2017, 67: 1308-1330.

[25] Tiwari G N, Singh H N, Tripathi R. Present status of solar distillation[J]. Solar Energy, 2003, 75(5): 367-368.

[26] Kalogirou S. Survey of solar desalination systems and system selection[J]. Energy, 1997, 22(1): 69-81.

[27] El-Nashar A M, Samad M. The solar desalination plant in Abu Dhabi: 13 years of performance and operation history[J]. Renewable Energy, 1998, 14(1-4): 263-274.

[28] Malic M A S, Tiwari G N, Kumar A, et al. Solar Distillation[M]. Oxford: Pergamon Press, 1982: 8-17.

[29] Belessiotis V, Delyannis E. The history of renewable energies for water desalination[J]. Desalination, 2000, 128(2): 147-159.

[30] Omara Z M, Kabeel A E, Abdullah A S. A review of solar still performance with reflectors[J]. Renewable and Sustainable Energy Reviews, 2017, 68: 638-649.

[31] Sharon H, Reddy K S, Krithika D, et al. Experimental performance investigation of tilted solar still with basin and wick for distillate quality and enviro-economic aspects[J]. Desalination, 2017, 410: 30-54.

[32] Kumar S, Tiwari G N. Life cycle cost analysis of single slope hybrid (PV/T) active solar still[J]. Applied Energy, 2009, 86: 1995-2004.

[33] Zhang Y, Sivakumar M, Yang S Q, et al. Application of solar energy in water treatment processes: A review[J]. Desalination, 2018, 428: 116-145.

[34] Panchal H N, Patel S. An extensive review on different design and climatic parameters to increase distillate output of solar still[J]. Renewable and Sustainable Energy Reviews, 2017, 69: 750-758.

[35] Kaviti A K, Yadav A, Shukla A. Inclined solar still designs: A review[J]. Renewable and Sustainable Energy Reviews, 2016, 54: 429-451.

[36] Kabeel A E, Arunkumar T, Denkenberger D C, et al. Performance enhancement of solar still through efficient heat exchange mechanism——A review[J]. Applied Thermal Engineering, 2017, 114: 815-836.

[37] Panchal H, Mohan I. Various methods applied to solar still for enhancement of distillate output[J]. Desalination, 2017, 415: 76-89.

[38] 常泽辉. 聚光式太阳能海水淡化系统热物理问题研究[D]. 北京: 北京理工大学, 2014: 1-25.

[39] Omara Z M, Kabeel A E, Younes M M. Enhancing the stepped solar still performance using internal and external reflectors [J]. Energy Conversion and Management, 2014, 78: 876-881.

[40] El-Naggar M, El-Sebaii A A, Ramadan M R I, et al. Experimental and theoretical performance of finned single effect solar still[J]. Desalination and Water Treatment, 2015, 57(37): 17151-17166.

[41] Kaushal A K, Mittal M K, Gangacharyulu D. Productivity correlation and economic analysis of floating wick basin type vertical multiple effect diffusion solar still with waste heat recovery[J]. Desalination, 2017, 423: 95-103.

[42] Pal P, Yadav P, Dev R, et al. Performance analysis of modified basin type double slope multi-wick solar still[J]. Desalination, 2017, 422: 68-82.

[43] Ahmed H M, Alfaylakawi K A. Productivity enhancement of conventional solar stills using water sprinklers and cooling fan[J]. Journal of Advanced Science and Engineering Research, 2012, 2: 168-177.

[44] Estahbanati M R K, Feilizadeh M, Jafarpur K, et al. Experimental investigation of a multi-effect active solar still: The effect of the number of stages[J]. Applied Energy, 2015, 137: 46-55.

[45] Reddy K S, Sharon H. Active multi-effect vertical solar still: Mathematical modeling, performance investigation and enviro-economic analyses[J]. Desalination, 2016, 395: 99-120.

[46] Chen Z L, Peng J T, Chen G Y, et al. Analysis of heat and mass transferring mechanism of multi-stage stacked-tray solar seawater desalination still and experimental research on its performance[J]. Solar Energy, 2017, 142: 278-287.

[47] 关弘扬, 刘振华, 陈秀娟. 一种新型的小型集约化多效蒸发/回热式太阳能海水淡化系统[J]. 太阳能学报, 2015, 36(6): 1352-1357.

[48] 侯静. 太阳能海水淡化系统热能高效利用技术研究[D]. 呼和浩特: 内蒙古工业大学, 2019: 22-27.

[49] Hoffmann J E, Dall E P. Integrating desalination with concentrating solar thermal power: A Namibian case study [J]. Renewable Energy, 2018, 115: 423-432.

[50] Mosleh H J, Mamouri S J, Shafii M B, et al. A new desalination system using a combination of heat pipe, evacuated tube and parabolic trough collector[J]. Energy Conversion and Management, 2015, 99: 141-150.

[51] Pearce J M, Denkenberger D. Numerical simulation of the direct application of compound parabolic concentrators to a single effect basin solar still[J]. Research Gate, 2016, 1: 1-8.

[52] Stuber M D, Sullivan C, Kirk S A, et al. Pilot demonstration of concentrated solar-powered desalination of subsurface agricultural drainage water and other brackish groundwater sources[J]. Desalination, 2015, 355: 186-196.

[53] Chaouchi B, Zrelli A, Gabsi S. Desalination of brackish water by means of a parabolic solar concentrator[J]. Desalination, 2007, 217: 118-126.

[54] Omara Z M, Eltawil M A. Hybrid of solar dish concentrator, new boiler and simple solar collector for brackish water desalination [J]. Desalination, 2013, 326: 62-68.

[55] 侯静, 杨桔材, 郑宏飞, 等. 聚光蒸发式太阳能苦咸水淡化系统水体光热性能分析[J]. 农业工程学报, 2015, 31(10): 35-240.

[56] Kabeel A E, Elkelawy M, Din H A E, et al. Investigation of exergy and yield of a passive solar water desalination system with a parabolic concentrator incorporated with latent heat storage medium[J]. Energy Conversion and Management, 2017, 145: 10-19.

[57] Elhenawy Y. A theoretical and experimental study for a humidification-dehumidification (HD) solar desalination unit[A]. The 5th International Conference on Water Resources and Arid Environments, Macao, 2019.

[58] Wu G, Zheng H F, Ma X L, et al. Experimental investigation of a multi-stage humidification-dehumidification desalination system heated directly by a cylindrical Fresnel lens solar concentrator[J]. Energy Conversion and Management, 2017, 143: 241-251.

[59] Hamed O A, Kosaka H, Bamardouf K H, et al. Concentrating solar power for seawater thermal desalination[J]. Desalination, 2016, 396: 70-78.

[60] Tiwari G N. Nocturnal water production by tubular solar stills using waste heat to preheat brine[J]. Desalination, 1988, 69: 309-318.

[61] Ahsan A, Shafiul Islam K M, Fukuhara T, et al. Experimental study on evaporation, condensation and production of a new tubular solar still[J]. Desalination, 2010, 260: 172-179.

[62] Ahsan A, Fukuhara T. Mass and heat transfer model of tubular solar still[J]. Solar Energy, 2010, 84(7): 1147-1156.

[63] Ahsan A, Khms I, Fukuhara T, et al. Experimental study on evaporation, condensation and production of a new tubular solar still[J]. Desalination, 2010, 260(1-3): 172-179.

[64] Ahsan A, Rahman A, Shanableh A. Life cycle cost analysis of a sustainable solar water distillation technique[J].

Desalination and Water Treatment, 2013, 51 (40): 7419-7421.

[65] Arunkumar T, Jayaprakash R, Ahsan A, et al. Effect of water and air flow on concentric tubular solar water desalting system[J]. Apply Energy, 2013, 103: 109-115.

[66] Rahmani A, Boutriaa A, Hadef A. An experimental approach to improve the basin type solar still using an integrated natural circulation loop[J]. Energy Conversion and Management, 2015, 93: 298-308.

[67] Rahbar N, Esfahani J A, Fotouhi-Bafghi E. Estimation of convective heat transfer coefficient and water-productivity in a tubular solar still-CFD simulation and theoretical analysis[J]. Solar Energy, 2015, 113 (2): 313-323.

[68] Nader R, Amin A, Ehsan F B. Performance evaluation of two solar stills of different geometries: tubular versus triangular: Experimental study numerical simulation and second law analysis[J]. Desalination, 2018, 443: 44-55.

[69] Elashmawy M. Effect of surface cooling and tube thickness on the performance of a high temperature standalone tubular solar still[J]. Applied Thermal Engineering, 2019, 156: 276-286.

[70] Kabeel A E, Sharshir S W, Abdelaziz G B, et al. Improving performance of tubular solar still by controlling the water depth and cover cooling[J]. Journal of Cleaner Production, 2019, 233: 848-856.

[71] Zheng H F, Chang Z H, Chen Z L, et al. Experimental investigation and performance analysis on a group of multi-effect tubular solar desalination devices[J]. Desalination, 2013, 311: 62-68.

[72] Zheng H F, Chang Z H, Zheng Z H, et al. Performance analysis and experimental verification of a multi-sleeve tubular still filled with different gas media[J]. Desalination, 2013, 331: 56-61.

[73] 常泽辉, 于苗苗, 郑子行, 等. 横管式太阳能苦咸水淡化装置产水性能研究[J]. 太阳能学报, 2016, 37(2): 505-510.

[74] Elashmawy M. Improving the performance of a parabolic concentrator solar tracking-tubular solar still (PCST-TSS) using gravel as a sensible heat storage material[J]. Desalination, 2020, 473: 114182.

[75] El-Said E M S, Elshamy S M, Kabeel A E. Performance enhancement of a tubular solar still by utilizing wire mesh packing under harmonic motion[J]. Desalination, 2020, 474: 114165.

[76] Xie G, Sun L C, Mo Z Y, et al. Conceptual design and experimental investigation involving a modular desalination system composed of arrayed tubular solar stills[J]. Applied Energy, 2016, 179: 972-984.

[77] Katekar V P, Deshmukh S S. Techno-economic review of solar distillation systems: A closer look at the recent developments for commercialization[J]. Journal of Cleaner Production, 2021, 294: 126289.

[78] Liponi A, Wieland C, Baccioli A. Multi-effect distillation plants for small-scale seawater desalination: Thermodynamic and economic improvement[J]. Energy Conversion and Management, 2020, 205: 112337.

[79] Wu S Y, Zhong Z H, Xiao L, et al. Performance analysis on a novel photovoltaic-hydrophilic modified tubular seawater desalination (PV-HMTSD) system[J]. Desalination, 2021, 499: 114829.

[80] Zhao Z Y, Zheng H F, Jin R H, et al. Study of a compact falling film evaporation/condensation alternate-arrayed desalination system[J]. Energy Conversion and Management, 2021, 244: 114511.

[81] Alshammari F, Elashmawy M, Ahmed M M Z. Cleaner production of freshwater using multi-effect tubular solar still[J]. Journal of Cleaner Production, 2021, 281: 125301.

[82] Zheng Y J, Gonzalez R C, Hatzell M C, et al. Concentrating solar thermal desalination: Performance limitation analysis and possible pathways for improvement[J]. Applied Thermal Engineering, 2020, 184: 116292.

[83] Elashmawy M, Alhadri M, Ahmed M M Z. Enhancing tubular solar still performance using novel PCM-tubes[J]. Desalination, 2021, 500: 114880.

第 2 章　可用于管式海水淡化的太阳能聚光技术

2.1　聚光型管式太阳能海水淡化技术

对于传统盘式太阳能海水蒸馏淡化装置，通过分析造成装置淡水产量低和热能利用效率不高的原因，有针对性地对集热过程、传热过程、淡化过程进行优化、改进，进一步提高其产水性能，进而为小型、分布式太阳能海水淡化技术应用探索新模式。根据文献资料及工程经验，传统太阳能海水蒸馏淡化系统存在的主要技术瓶颈可梳理如下。

(1) 太阳光从上向下进入蒸馏装置内对海水水体进行加热蒸发，光线传播方向与水蒸气上升方向相反，这势必会使入射光线的传播受到影响，不利于太阳能的高效光热转化并影响玻璃盖板的冷凝效果。

(2) 装置的热源位于底部，需要对热源部分及装置外围进行保温处理，以减少装置的散热损失，尽管如此，装置的散热损失大仍是造成装置整体热能利用效率低的原因之一。

(3) 装置在受热蒸发冷凝过程中释放的潜热没有被多次利用，这主要是因为受到装置结构的影响，而且光线的传播方向与传热方向相反，难以对凝结潜热进行有效回收，这使得装置在相同输入热能情况下的淡水产量不高。

(4) 装置中海水受热蒸馏部分的结构形状多为盒式，承压能力有限，难以采用负压运行或填充其他气体介质等强化自然对流传热过程的方法。

(5) 装置内的蒸发海水面与冷凝面距离较大，这使海水在受热蒸发的过程中，热阻增大，从而影响装置中热质的传递速率，进而在相同的运行时间内，装置所产淡水总量的提升受到影响。

(6) 组成系统的各部件难以进行高效集成。热法太阳能海水淡化系统包含太阳能集热单元、换热单元及海水淡化单元（图 2-1），系统成本的降低受组成太阳能海水蒸馏淡化系统各单元成本的限制。

(7) 淡化单元所用热能需进行多次转化，传热阻力较大，海水相变所需热能需要换热单元间接提供，换热单元的热能来源于太阳能集热单元，太阳能集热单元所吸收的热能由太阳光热转化而来。系统效率的提升受整个传热过程中各换热环节效率的限制。

(8) 太阳能海水淡化过程的传热传质及对光热转化的强化使得淡化装置的结构趋于复杂。在提高太阳能海水淡化装置热能利用效率的研发中，还需要不断设

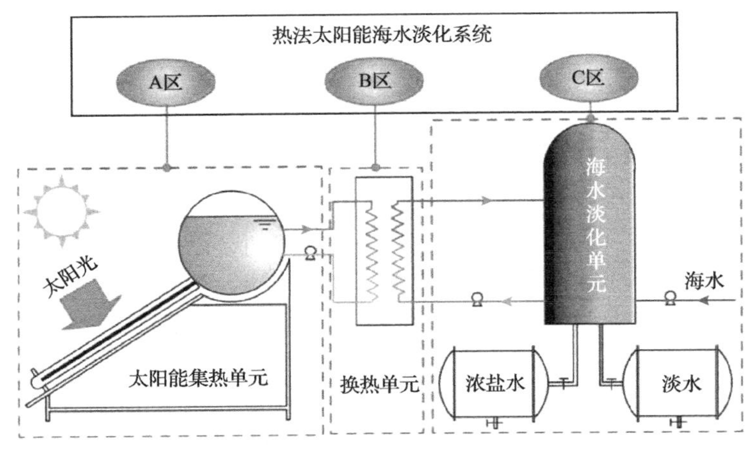

图 2-1 传统热法太阳能海水淡化系统组成

计新型太阳能海水淡化装置或优化改进传统太阳能海水淡化装置，这使得太阳能海水淡化装置的结构远比盘式太阳能海水蒸馏淡化装置复杂，这也给降低装置成本带来了挑战。

传统热法太阳能海水淡化系统的组成单元及连接管路如图 2-1 所示。从图中可以看出，系统可以分成 3 个主要组成部分：太阳能集热单元、换热单元及海水淡化单元，在系统运行过程中，各组成单元的热传递分别为：

A 区：太阳能收集系统的光热转化；

B 区：太阳能集热单元与换热单元的热量交换；

C 区：海水淡化单元中海水吸收的热量。

从图 2-1 可以看出，收集太阳的热量需要经过集热单元、换热单元及海水淡化单元才能转化为海水相变所需的热量，此过程中的传热管路冗长，这将直接导致系统热阻增大，加之为了提高各组成单元的热利用效率，还需要对每一单元进行隔热保温，以减少系统的散热损失。除此以外，布置太阳能海水淡化系统时太阳能集热单元和海水淡化单元需分别固定安放，这使传统太阳能海水淡化系统难以实现“低成本、高效率”应用。如果能够将太阳能集热单元与海水淡化单元进行高效集成，无疑能够提高系统的热利用效率，降低建造成本。

通过对上述热法太阳能海水淡化技术特点的分析，可以有针对性地对存在的技术瓶颈进行突破，解决“太阳能海水淡化装置组成部件分离、传热管路冗长、散热损失大、蒸气传热方向与太阳光入射方向相反”等问题。首先，对太阳能海水淡化系统能量平衡进行分析，如下式：

$$I \times S \times \eta_0 = m_e \times h_{fg} + m_s \times c_p \times \Delta t + Q_s \tag{2-1}$$

式中，I 为太阳辐照度，W/m^2；S 为太阳集热有效面积，m^2；η_0 为太阳集热器的集热效率，%；m_e 为海水产水速率，kg/h；h_{fg} 为水的汽化潜热，kJ/kg；m_s 为待处理的海水容量，kg；c_p 为海水的定压比热，kJ/(kg·℃)；Δt 为海水温升，℃；Q_s 为系统总散热损失，kJ。从公式(2-1)可以看出，提高系统效率和产水速率的方法是尽可能减小 m_s 和 Q_s 的值。

为了克服上述缺陷，提高太阳能海水蒸馏淡化系统的淡水产量和热能利用效率，提供一种可以在偏远地区或海岛应用的低成本、可调节的淡水制备系统，本书提出了一种新型聚光型太阳能海水蒸馏系统。其具体实施的技术路线为：复合抛物面聚光器汇聚太阳光形成高密度光能—高密度光能被添加大量黑色多孔颗粒的水体吸收—受热的水体产生热能和水蒸气—提高多效管式海水蒸馏器内加热水箱水体温度—加热水箱将热能传递给管壁外的海水液膜—液膜受热蒸发生成水蒸气，继而冷凝生成淡水，凝结潜热被相近的海水液膜吸收，其他各效产水原理与此相似。具体思路如图 2-2 所示。

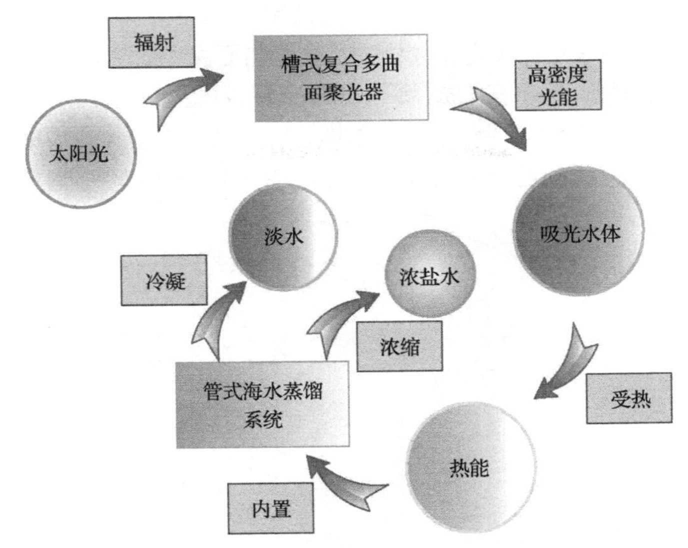

图 2-2　聚光式太阳能海水蒸馏淡化思路

上述思想实现的关键是如何在水体内实现光热的高效转化，也就是水体必须具备较强的光吸收特性，能使高密度光能在水体内直接转化为热能，此过程称为水体功能化。为此，本书对水体功能化做了初步的探索和研究，即将深色陶瓷粒子添加到水体中以实现水体功能化，从而使水体具有较强的吸光性能[1]。据文献报道，将许多吸收面暴露在辐射中是利用辐射㶲的方法之一[2]。但将这一规律应用到太阳能海水淡化中并开展相关研究的文献还很少。Wang 和 Seyed[3]研究了太阳池中不同分层水体的浊度对太阳光的吸收，并利用一维理论模型对太阳池水体浊度影响系统热性能的机理进行了分析。Stavn 和 Richter[4]提出一种对海水中颗粒及有机质的光谱散射系数进行分析的方法，得到了海洋水体中悬浮物的光学性能。Safwat 等[5]和 Zeng 等[6]研究了在海水中加入黑色粒子以增加海水表面蒸发的问题。文献[7]证明，在海水中增加染料或黑色木炭可以将蒸发率提高 25%～30%。这些结论说明，在水体内添加黑色多孔颗粒来提高水体的光吸收特性是完全可行的。

值得一提的是，在推动太阳能海水蒸馏淡化系统高效率、低成本运行的过程中，研究人员对价格低廉、可对入射太阳光高效吸收的海水蒸馏系统的接收面进行了大胆探索[6,8,9]。Zhou 等[10]首次利用等离激元增强效应实现了高效太阳能海水淡化，结果表明该法可对太阳能光谱进行有效吸收(吸收光谱范围＞96%)，热能传递效率＞90%。Ni 等[11]针对漂浮式太阳能海水蒸馏装置存在的盐分堆积和吸热不均等问题，设计了一种自除盐太阳能海水蒸馏装置，其日产水速率为 2.5L/m^2，装置的建造成本为 3 美元/m^2。华中科技大学 Chen 等[12]受树木中水分蒸腾的启发，研制出可用于高效太阳能海水蒸发的低成本碳纳米管改性木质膜(F-Wood/ CNTs)，当入射辐照度为 10kW/cm^2 时，装置的蒸发效率为 81%。

基于上述思想，采用低聚光比的槽式复合抛物面聚光器为多效竖管降膜海水蒸馏装置提供驱动热能，并将其集成为一种聚光型太阳能海水蒸馏系统。同时，对该系统的研究将为太阳能海水淡化“低碳零排放”提供低成本和高效率的技术支撑。将光致功能海水蒸发思想与多效管式海水蒸发装置集成的示例结构及原理如图 2-3

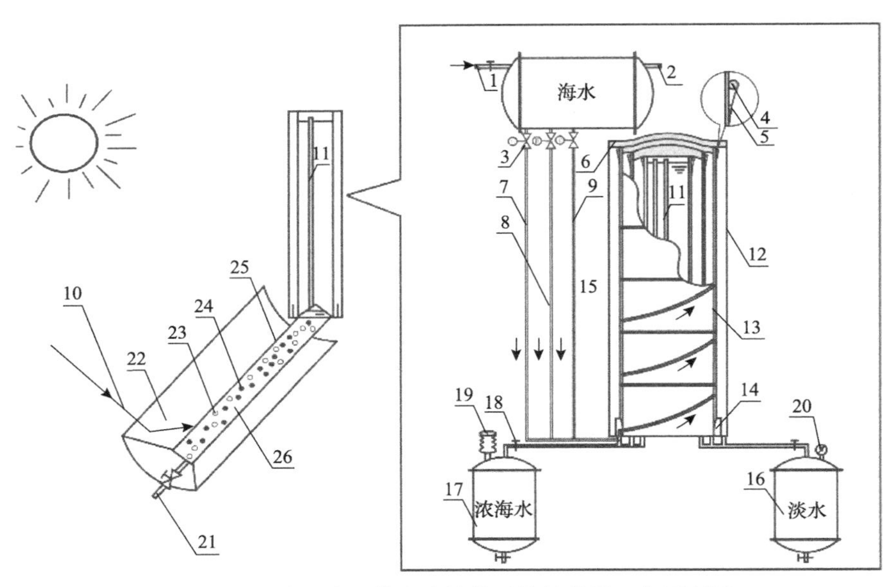

图 2-3 聚光型太阳能海水淡化系统结构及工作原理图

1. 海水进口；2. 溢水管；3. 流量调节阀；4. 分水器；5. 水膜；6. 保温材料；7. 第一效海水进水管；8. 第二效海水进水管；9. 第三效海水进水管；10. 入射光线；11. 蒸气冷凝管；12. 套筒；13. 吸水材料；14. 挡水板；15. 固定胶圈；16. 淡水收集罐；17. 浓海水收集罐；18. 阀门；19. 压力平衡球；20. 压力表；21. 排水阀；22. 槽式复合抛物面聚光器；23. 气泡；24. 黑色多孔颗粒；25. 双层玻璃真空管；26. 水体

所示，装置中省去了太阳能集热换热系统，用功能化海水吸光受热蒸发产生的蒸气在凝结时释放的潜热为盐水分离提供所需热能，实现了太阳能集热温度和海水淡化温度的高效耦合，且系统内功能化海水中的黑色陶瓷粒子不随海水的流进、排出而发生数量上的变化，对环境零污染，加之系统中的蒸发器可以由非金属材料制作，提高了装置的抗腐蚀性和除垢抑垢性，同时也减少了装置成本和维护费用。

其工作原理是：运行时，入射太阳光经槽式复合抛物面聚光器汇聚形成高密度光能，然后被位于焦斑位置的双层玻璃真空管内的水体吸收，由于水体内添加了大量的黑色多孔颗粒，所以光热转化可在水体内直接完成，受热水体通过多效竖管降膜海水蒸馏器底部换热板与加热水箱内的水体进行换热，同时受热水体生成的水蒸气在凝结管内与加热水箱的水体进行换热，凝结成淡水回流到玻璃真空管内。三效竖管降膜海水蒸馏器由 4 根直径不同的不锈钢管等距同心嵌套组成，相邻不锈钢管之间形成的小空间即为该效蒸发冷凝腔，每一效海水由储水罐经对应进水管从装置底部进入，进水动力由储水罐与装置的高度差来提供，海水进入装置后，从底部向上经进水管沿蒸发管表面螺旋环绕到位于蒸发管顶部的分水器，经过分水器的进料海水以液膜形式进入布置于蒸发表面的吸水材料中，装置最里面的不锈钢筒即加热水箱内装满淡水，吸收玻璃真空管内吸光受热水体提供的热能，其外表面的海水液膜吸热后蒸发，生成的水蒸气在温度较低的一效冷凝管内表面凝结成淡水，沿管壁流到装置底部，经淡水管进入淡水收集罐中，未蒸发的海水液膜流到装置底部，经浓盐水排水管进入浓海水收集罐中排出，淡水和浓海水在装置底部由挡水板分离，从而避免浓海水污染淡水。第一效生成的水蒸气在凝结时释放的潜热被一效冷凝管外壁面的海水液膜吸收并生成水蒸气，在温度较低的第二效冷凝管内壁面凝结生成淡水，以此类推，第三效以同样的原理完成淡水的生成，同时最外层冷凝套筒吸收的热量散失到环境中。

与传统盘式太阳能海水蒸馏淡化系统相比，本书提出的聚光式太阳能海水蒸馏系统具有如下优点。

(1) 采用低聚光比的聚光器完成对入射太阳光的汇聚，汇聚的高密度光能在含有大量黑色多孔陶瓷颗粒的水体内实现了光热的直接转化，将传统太阳能接收体表面喷涂可选择性吸收涂层的表面吸热优化为水体内容积式换热，避免了高温吸热涂层在吸热时所造成的辐射散热损失，减少了太阳能海水淡化系统在集热阶段的总热损，有利于提高系统整体的光热转化效率。同时，聚光技术的使用极大地缩短了系统的预热时间，延长了系统稳定运行的时间，有效提高了系统的淡水产量并减小了低温环境对太阳能蒸馏系统产水量的影响。

(2) 采用多效竖管降膜结构的蒸馏器，其热源位于装置中心，热量由内向外传输，传热方向与传质方向相同，有利于环形封闭小空间内二元混合气体的传热传质，且只需要对装置顶部进行有效保温就可以将装置的散热损失降到最小，加之在运行过程中，每一效的冷凝面积总大于蒸发面积，这对于提高海水液膜蒸发冷凝驱动力和提高装置产水速率是有利的，且每一效水蒸气的凝结潜热都被多次回收利用。

(3)蒸馏装置采用圆管结构，具有很好的承压能力，可以采用负压运行模式，减少装置内的不凝气体，提高海水蒸发温度。在运行时，除最外层套筒承受压力外，其他部件不需要承受压力，从而使得装置对所选材质的要求降低。

(4)装置组成部件中没有使用动力设备，完全依靠各组成部件的物理特性运行，属于被动式太阳能海水蒸馏装置，对电力、控制等基础设施技术的要求较低。

2.2 槽式复合抛物面聚光技术

聚光型太阳能海水淡化系统中的高密度光能是通过太阳能聚光器来实现的，太阳能聚光器也是保证聚光型太阳能海水淡化装置稳定运行的重要部件。太阳能聚光器是利用反射镜面、透镜及其他光学元件使进入入光口的太阳辐射改变传播方向并汇聚到接收体上的装置，具有接收体表面的单位面积能流密度高、对直接辐射的收集效果明显、需要在工作中对太阳进行实时跟踪等特点。聚光器的种类有很多，分类的方法也各不相同。按照聚光器对太阳是否成像，可以将聚光器分为成像聚光器和非成像聚光器，成像聚光器是在接收体上形成一个焦斑，这就是太阳的像；而非成像聚光器是将太阳辐射汇聚到一个较小的接收体上，且不会在接收体上形成焦斑[13]。按照聚焦方式可以将聚光器分为线聚焦聚光器、点聚焦聚光器、复合抛物面聚光器及定日镜塔式聚光系统。其中，复合抛物面聚光器(compound parabolic concentrator，CPC)是由若干条抛物线旋转或平移获得的一种非成像聚光器,它改变了由单一曲线形成聚光器的思路,于 1974 年由美国 Winston 教授提出[14]。在实际应用中，该类型聚光器可分为漏斗式和槽式两种类型，它是根据边缘光学原理，将接收角范围内的入射光线按理想聚光比汇聚到某个较小的区域。其主要特点是聚光比较小，一般在 10 以内；不需要精确跟踪太阳或只需按季节适当调整跟踪系统；在运行中能够收集部分散射光；但聚光器的高宽比太大，所以装置的风阻较大，因此经济性较差。

2.3 太阳能聚光器的评价

在对太阳能聚光器进行评价的参数中，大多数是基于几何光学计算获得的。在太阳能聚光器的设计中，主要利用了光线沿直线传播、光线反射或折射原理。

2.3.1　太阳能聚光器的聚光比

太阳能作为低品位能源，其主要缺陷就是能流密度小、稳定性差，到达地球表面的最大能流密度也仅有 1000W/m^2，而且这个能流密度的持续时间仅为 1～2h，日平均能流密度在 550W/m^2 左右。因此，要想利用太阳能进行发电或生热，就必须使太阳光经过聚光器实现光线的汇聚、导光或定向传输。为了评价聚光器的性能，在太阳能聚光器评价体系中引入聚光比的概念。

聚光比是比较进入聚光器入光口的太阳辐照度与接收体表面的太阳辐照度的大小的参数，从而得到进入聚光器中的太阳辐照度的汇集程度，计算公式如下所示[15]：

$$C_{\mathrm{flux}} = \frac{I_{\mathrm{out}}}{I_{\mathrm{in}}} \tag{2-2}$$

式中，C_{flux} 为聚光比，也称为能流密度比；I_{in} 为进入聚光器的太阳辐照度，W/m^2；I_{out} 为聚光器中接收体表面的太阳辐照度，W/m^2。从式(2-2)可以看出，C_{flux} 值越大，表明聚光器的聚光能力越强，接收体表面的能流密度也越大。但是，由于太阳辐照度是时刻变化的，且测量接收体表面太阳辐照度的难度较大，所以并不能精确获得相应数值。为了便于研究和量化，提出了几何聚光比[16]的概念。它的定义是聚光器进光口面积与接收体表面积之比，公式如下：

$$C = \frac{A_{\mathrm{op}}}{A_{\mathrm{abs}}} \tag{2-3}$$

式中，C 为几何聚光比；A_{op} 为聚光器进光口面积，m^2；A_{abs} 为接收体表面积，m^2。几何聚光比是一个几何参数，只要聚光器制作完成，其几何聚光比就是确定的，从而便于在工程应用中使用和优化。

2.3.2　太阳能聚光器的接收角

太阳在天空中运动，对于地面上的聚光器来说，太阳的入射角随时在发生变化。因此，在没有精确跟踪系统保证的情况下，聚光器不可能完全将投射到其表面的太阳光汇聚到接收体表面。如果聚光器固定放置，那么它只能将部分太阳光汇聚到接收体表面，为了评价聚光器的这个性能，提出了接收角 $2\theta_{\alpha}$ 的概念，即当聚光器的整体或部分没有移动或相对位置没有变化时，太阳光入射到聚光器进光口上最终被接收器接收的角度范围[17]。

太阳能聚光器的接收角与聚光系统的经济性密切相关，并决定了聚光器的性能和应用。接收角越大，表明系统在固定放置时所能接收利用的太阳辐射越多，相应地，当需要跟踪太阳时，跟踪系统的精度就越低，聚光器的投资成本就越少。所以，在设计聚光器时，聚光器应具有更大的接收角。但是，对于聚光器而言，增大接收角通常将导致聚光比减小，二者是相互矛盾的参数。因此，在聚光应用工程中，应该按照聚光器的实际需要对系统的接收角进行优化，从而使系统整体的经济性达到最佳。

根据热力学第二定律，可以推导出聚光器的理论最大聚光比与接收半角 θ_α 之间的关系。对于二维线聚焦装置，如槽式聚光器，有

$$C_{2D} = \frac{1}{\sin\theta_\alpha} \tag{2-4}$$

对于三维点聚焦装置，如光漏斗等，有

$$C_{3D} = \frac{1}{\sin^2\theta_\alpha} \tag{2-5}$$

2.3.3　太阳能聚光器的光学效率

对于一个太阳能聚光器而言，由于制造工艺、反射面的反射率、透镜的透射率及装置的结构设计等的不同，所以不可能将入射太阳光百分之百地传递并汇集到接收体上，因此太阳能聚光器在聚光过程中存在效率优劣问题。

对于图 2-4 中的太阳能聚光器，假设有 N 条光线垂直射入进光口，经过聚光器对光线的传输后，出光口处的汇聚光线数量为 N'，则经过聚光器后有 $N-N'$ 条光线在传输过程中损失了。这时，聚光器的光学效率是指将入射光看作多条均匀分布的光线，在不考虑光的衰减而仅考虑入射光的逸出或遮挡所造成的损失时，

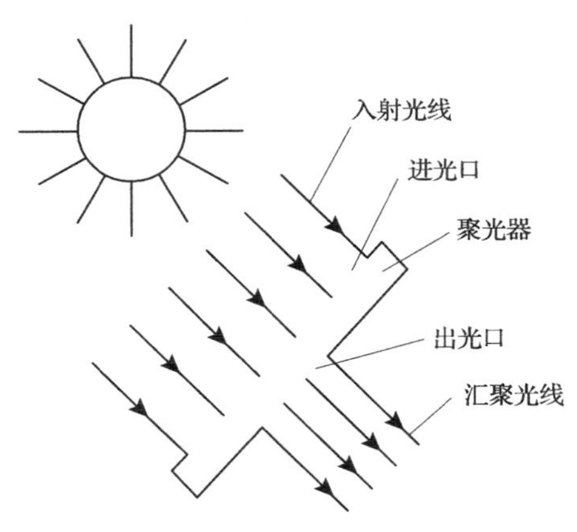

图 2-4　太阳能聚光器的光学效率示意图

到达接收体表面的光线数与进入聚光器的光线数之比。这时，太阳能聚光器的光学效率可以描述为

$$\zeta_{\mathrm{r}}=\frac{q_{\mathrm{abs}}}{I} \tag{2-6}$$

式中，ζ_r 为聚光器的光学效率，%；q_{abs} 为接收体吸收的太阳辐照度，W/m^2；I 为太阳辐照度，W/m^2。在太阳能高温聚焦集热系统中，聚光器是系统中至关重要的元件，其效率直接影响整个系统的性能。在仿真研究中，通常采用光学软件的“光线追迹”功能对光学效率进行评价和讨论。

2.4　槽式复合抛物面聚光器设计

传统的太阳能聚光器通常以聚焦光学系统为基础，主要为抛物面镜或菲涅耳透镜。在过去的几十年中，非成像光学成为一种针对优化太阳能聚光器设计的必选工具。最早的非成像光学是针对低倍聚焦太阳能热场合应用发展而来的。这些光学系统的一个典型例子就是复合抛物面聚光器（CPC）[18]。

复合抛物面聚光器是根据边缘光学原理设计的，它是将设定接收角范围内入射的太阳光汇聚到接收体上以提高能流密度的非成像聚光器[19-21]。其具有结构简单、价格低廉、入射光线接收角度较大，尤其是当聚光比在 3 以下时，可采用固定放置方式聚光集热，同时具有可以同时吸收直射光和部分散射光等优点。

2.4.1　槽式复合抛物面聚光器的设计思想

在太阳能聚光器中，以槽式抛物面形聚光器为代表的成像聚光器具有结构简单且聚光比较大的特点，但接收体位于反射面上方，工作中将在反射面上形成阴影，从而影响聚光器的光学效率；加之接收体位于焦斑位置，而这会给接收体的连接和维护带来不便。

以复合抛物面聚光器为代表的非成像型聚光器是按照边缘光学原理设计的聚光器，它也是非常接近理想聚光器的非成像聚光器，还可以在运行中对部分散射光进行汇聚。由于过大的高宽比限制了其不能具有较大的聚光比，在研究中发现，随着接收半角 θ_α 的增大，聚光器的高宽比随之减小，但仍不能满足工程实际需要，这也限制了聚光器的最大聚光比。因此，对于聚光型管式太阳能海水蒸馏淡化装置而言，需要设计新型槽式聚光器来提供高密度光能，满足单根玻璃蒸发器中功能化海水聚光受热蒸发的要求。

本书在对聚光器原理研究的基础上，结合聚光型太阳能海水蒸馏淡化系统中单根蒸发接收器和并排多根蒸发接收器的聚光要求，提出了传统复合抛物面聚光

器顺向传光和抛物面聚光器成像相结合的设计思路[22]，避免了因单独使用非成像复合抛物面聚光器所导致的聚光比低和抛物面聚光器反向投射带来的接收体维护难等问题。

用于聚光型太阳能海水淡化装置中的槽式聚光器需要在短时间内使功能化海水受热沸腾，同时所产生的蒸气要便于为盐水分离提供驱动热能。因此，所设计的聚光器仍然采用非成像聚光的设计理念，并结合抛物反射面设计结构，但要通过抛物面的旋转、平移使其对入射光顺向聚焦，同时采用抛物反射面对正入射的光线进行二次反射聚焦，达到对复合抛物面聚光的补充和强化。为了减小聚光器的外形尺寸，以便于两侧抛物反射面和底部抛物反射面的连接，所以在二者之间使用竖直反射面加以连接，将两部分聚光反射面有机地组成槽式复合抛物面聚光器。

2.4.2　槽式复合抛物面聚光器结构的设计

本书所设计的槽式复合抛物面聚光器主要由组合抛物反射面、抛物反射平面镜和接收体等组成。其工作原理是：平行入射光线沿聚光器对称轴方向入射，在最大接收角范围内的光线大部分将入射到组合抛物反射面上，经反射后汇聚到接收体上。二次平面反射镜使接收体距离组合抛物反射面的竖直尺寸增大，其目的是延长非正入射光线在聚光器内的光程、增大聚光器的最大入射偏角、降低聚光器的跟踪精度[23]。

图 2-5 为所设计槽式复合抛物面聚光器结构示意图，在图中建立相应的 x-y 坐标系，那么组成聚光器曲线的 CG 和 DH 分别为两条完全相同抛物线的一段，

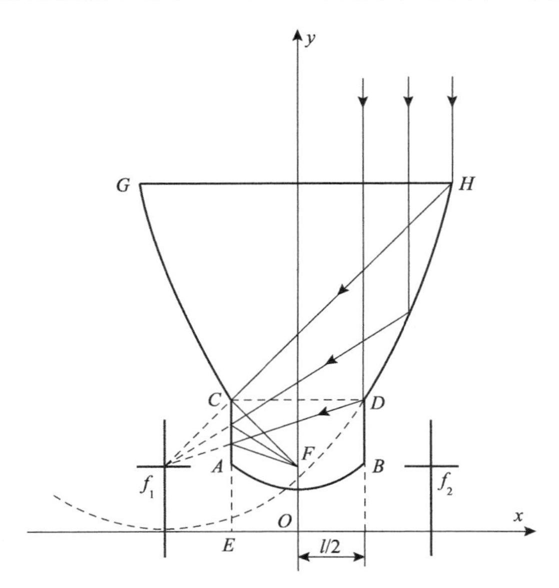

图 2-5　槽式复合抛物面聚光器结构示意图

f_1和f_2分别为这两条抛物线所对应的焦点，组成聚光器的抛物线方程表示如下：

$$y=\frac{1}{2p}(x+l)^2 \tag{2-7}$$

$$y=\frac{1}{2p}(x-l)^2 \tag{2-8}$$

式中，p为焦参数；l为焦点与y轴的水平距离。出光口AB必须满足三个条件：①与x轴的距离必须大于y_F（$y_F=p/2$）；②宽度正好等于l，即$|AB|=l$，直线CE和DB分别垂直于x轴；③进光口外沿光线3要通过出光口左边界点A。

根据上述三个要求，图2-10中D点的纵坐标可由式(2-8)求得，即

$$y_D=\frac{1}{2p}(x_D+l)^2=\frac{1}{2p}\left(\frac{l}{2}+l\right)^2=\frac{9l^2}{8p} \tag{2-9}$$

由于D点的纵坐标应该在其焦点之上，故应该要求$y_D>p/2$，所以有

$$\frac{9l^2}{8P}>\frac{p}{2} \tag{2-10}$$

因为l、f均为正值，所以$0<\frac{p}{l}<\frac{3}{2}$。

二次反射平面镜CA的长度可通过$|CA|=y_C-y_A$求得。其中，

$$y_C=\frac{1}{2p}(x_C-l)^2=\frac{1}{2p}\left(-\frac{l}{2}-l\right)^2=\frac{9l^2}{8p} \tag{2-11}$$

直线CH的方程为

$$\frac{y-y_1}{x-x_1}=\frac{y_1-y_H}{x_1-x_H} \tag{2-12}$$

聚光器的聚光比为C，有$x_H=\frac{l}{2}C$，$y_H=\frac{1}{2p}\left(\frac{lC}{2}+l\right)^2$，则$y_1=\frac{p}{2}$，$x_1=-l$。

$$y_A=\frac{(2+C)^2l^2-4p^2}{8pl+4plC}(x_A+l)+\frac{p}{2} \tag{2-13}$$

通过上述计算可以求得给定聚光比的二次反射平面镜的长度为

$$h=y_C-y_A=\frac{9l^2}{8p}-\frac{(2+C)^2l^2-4p^2}{8pl+4plC}\frac{l}{2}-\frac{p}{2} \tag{2-14}$$

入光口 GH 的 H 点坐标可由下式进行计算：

$$x_H = \frac{5l}{4} - \frac{p^2}{l} + \sqrt{\left(\frac{9l}{4} - \frac{p^2}{l}\right)^2 + p^2} \tag{2-15}$$

$$y_H = \frac{1}{2p}\left(\frac{91}{4} - \frac{p^2}{l} + \sqrt{\left(\frac{9l}{4} - \frac{p^2}{l}\right)^2 + p^2}\right)^2 \tag{2-16}$$

入光口宽度为

$$GH = 2l\left(\frac{5}{4} - \frac{4f^2}{l^2} + \sqrt{\left(\frac{9}{4} - \frac{4f^2}{l^2}\right)^2 + \frac{4f^2}{l^2}}\right) \tag{2-17}$$

本书中为太阳能海水蒸馏装置供能的槽式复合抛物面聚光器应具有对太阳跟踪精度要求低的特点，或者只需按季度适当调整对日跟踪角度即可。为了更好地利用太阳能，使得聚光器全天接收太阳能达到装置所需能量，所以有必要通过优化其结构尺寸、增大接收角以提高其聚光性能。

对于给定结构接收体的槽式复合抛物面聚光器而言，可以通过以下 3 种方式增大其接收半角：①将组成聚光器的抛物线以其下端点为旋转点，将抛物线上端点向两侧移动；②将组成聚光器的抛物线向远离对称轴线的两侧平移；③直接截去复合抛物面聚光器上端部分，减小其高宽比。本书所设计的复合抛物面聚光器是经过对其抛物线进行平移和旋转而构成的，优化后聚光器的接收半角得到了有效增大[24]，如图 2-6 所示。

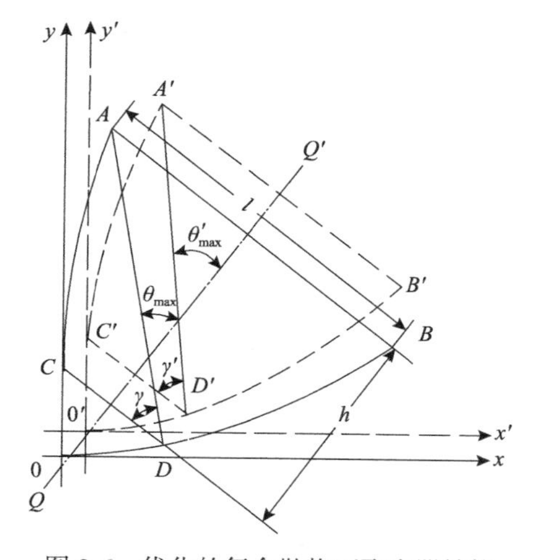

图 2-6　优化的复合抛物面聚光器结构

图中 $A'BD'C'$ 是传统复合抛物面聚光器的构成曲线，其中 C' 是抛物线 $B'D'$ 的焦点，同理 D' 是抛物线 $A'C'$ 的焦点，曲线显示的最大接收半角 θ'_{max} 与 γ' 互余。其优化设计过程是将曲线 $A'B'D'C'$ 沿对称轴 QQ'分别向两侧移动，然后以曲线端点 C' 和 D' 为旋转点，将两条曲线远离 QQ'，经旋转形成了优化的复合多曲面聚光器曲线 $ABCD$，其最大接收半角为 θ_{max}，大于 θ'_{max}。优化后构成 CPC 的抛物线 AB 和 CD 方程可计算：

$$y=\frac{1}{4f}(x+a)^2+b \tag{2-18}$$

$$y=\frac{1}{4f}(x-a)^2+b \tag{2-19}$$

式中，f 为抛物线焦距。

假设复合抛物面聚光器入光口 AB 的宽度为 l，出光口 CD 的宽度为 l'，聚光器高度为 h，则复合抛物面聚光器高宽比(聚光器竖直高度与入光口宽度之比)的计算公式为

$$m=\frac{h}{l}=\frac{\left(\frac{l}{2}-\frac{l'}{2}\right)\left(\frac{l}{2}+\frac{l'}{2}+2a\right)}{4fl} \tag{2-20}$$

复合抛物面聚光器最大接收半角 θ_{max} 的计算公式为

$$\theta_{max}=90^{\circ}-\gamma=90^{\circ}-\arcsin\frac{h}{\sqrt{\left(\frac{l+l'}{2}\right)^2+h^2}} \tag{2-21}$$

在实际工程中，考虑到复合抛物面聚光器的安装稳定性和风阻系数，要求复合抛物面聚光器的高宽比在合理范围内选定，虽然复合抛物面聚光器高宽比的减小可使制作成本降低并改善安装稳定性，但是复合抛物面聚光器的聚光比会随高宽比的减小而减小，而这将影响聚光器的集热性能。复合抛物面聚光器高宽比和最大接收半角随入光口宽度变化的关系如图 2-7 所示。

从图 2-7 可以看出，复合抛物面聚光器的最大接收半角随入光口尺寸的减小而增大，而复合抛物面聚光器的高宽比随聚光器入光口尺寸的减小而减小。对上述影响因素进行合理的优化匹配对提高聚光器性能是非常有益的。按照图中两条曲线的趋势，本书所设计的槽式复合抛物面聚光器入光口的宽度选定为 700mm。

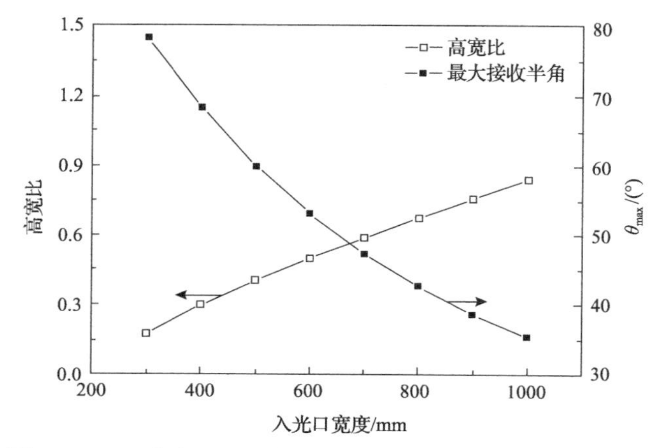

图 2-7 CPC 高宽比和最大接收半角随入光口宽度的变化曲线

为了利用未经抛物线反射和直接接收的入射光线，在复合抛物面聚光器出光口下方添加第三条抛物线，其焦点位于接收体上，借助直线将上述三条抛物线顺次连接，共同组成优化后的复合多曲面聚光器，并沿轴向拉伸变成槽式复合抛物面聚光器，其组成曲线形状及接收体位置如图 2-8 所示。

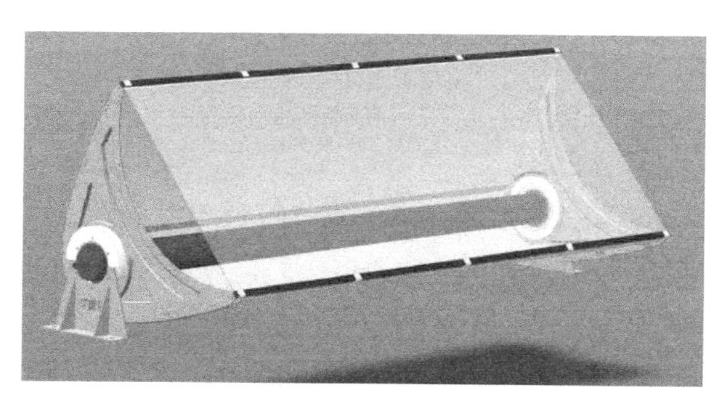

图 2-8 复合抛物面聚光器结构和三维模型

2.4.3 槽式复合抛物面聚光器的光学性能仿真

利用光学仿真软件 LightTools 可以直观地展示光线在复合抛物面聚光器内的传播规律，尤其是可以清晰判别接收体所接收光线的追迹情况，同时还可以计算出不同形状接收体表面的能流密度及其分布情况。LightTools 是由美国 Optical Research Associates（ORA）公司于 1995 年开发的一款光学建模工具，是一个全新的具有极高光学精度的三维实体建模软件系统[25]。

复合抛物面聚光器设计为固定放置运行，但仍可将具有一定入射偏角的光线汇聚到接收体上。定义入射光线与复合抛物面聚光器对称轴之间的夹角为入射偏角 θ，将该入射偏角分解为径向入射偏角 α 和轴向入射偏角 β，分别对应复合抛物面聚光器东西放置时的太阳高度角和方位角。

在光学仿真时，设置光源的入射光线为等距平行矩阵，当不考虑入射光衰减时，接收体表面接收的光线数量与进入复合抛物面聚光器入光口光线数量的比值即为光线接收率，接收体表面汇聚的能流密度与进入复合抛物面聚光器入光口光线能流密度的比值即为聚光效率，计算公式如下[26]：

$$\eta_{\mathrm{n}}(\alpha,\beta)=\frac{N(\alpha,\beta)}{N(0,0)} \tag{2-22}$$

$$\eta_0(\alpha,\beta)=\frac{E(\alpha,\beta)}{E(0,0)} \tag{2-23}$$

式中，η_{n}为复合抛物面聚光器的光线接收率，%；η_0为复合抛物面聚光器的聚光效率，%；$N(\alpha,\beta)$为径向入射偏角为α且轴向入射偏角为β时接收体表面所接收到的光线数量，条；$N(0,0)$为正入射时进入复合抛物面聚光器入光口的光线数量；$E(\alpha,\beta)$为径向入射偏角为α且轴向入射偏角为β时接收体表面的能流密度，$\mathrm{W/m^2}$；$E(0,0)$为正入射时进入复合抛物面聚光器入光口光线的能流密度，$\mathrm{W/m^2}$。

将软件SolidWorks所建立的复合抛物面聚光器的三维模型导入光学计算软件LightTools中，则影响聚光器光学效率的主要因素包括系统光学误差和光源误差，当确定聚光器所构成的抛物线和材质后，其内表面反射率、光线传输方向及光线在聚光器内反射的次数将是不变的。现仅对复合抛物面聚光器在理想状态下的效率变化展开研究，因此光源误差、反射面轮廓误差、接收器位置误差和不完美镜面反射误差均被忽略。

1. 圆柱形接收体聚光器的光学性能仿真

仿真计算中，设定光源为面光源，光源的投射面积与聚光器入光口的面积相同。入射光线为等间距平行光束，数量为10000条，平均辐照度为850W/m²，每条光线携带的能量相同，发射光谱近似太阳光谱，抛物反射面的材质为铝，光学性质为镜面反射，反射率为0.9。当光线正入射时，入射光线在槽式复合抛物面聚光器内的光线追迹及接收体表面的能流密度分布如图2-9所示[27]。

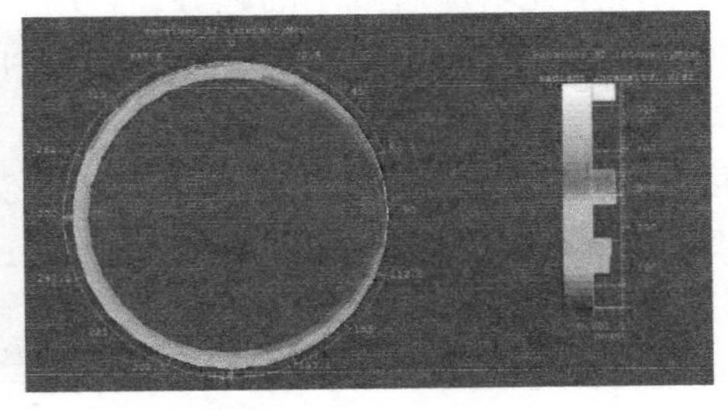

图2-9　复合抛物面聚光器内的光线追迹及接收体表面的能流密度分布图

由图 2-9 可以得到，当光线正入射时，全部入射光线经抛物面反射后均匀地汇聚到圆柱形接收体上。在能流分布图中，中间深色区域为由圆柱形接收体遮挡底部抛物面所导致的能量最小区，两侧颜色较浅区域为光线经多次反射后汇聚的能量最大区。可见，当光线正入射时，接收体两侧的能量分布完全对称，此时能量最大分布面积也最大；同样在接收体表面的三维能流密度模拟图中，也证明了圆柱形接收体两侧的能流密度最大，圆柱形接收体表面的能流分布与光线追迹的计算结果一致。

圆柱形接收体在聚光器内的最佳安放位置是决定聚光器的效率乃至后续实验测试光热转化效率的关键因素之一，决定接收体安放位置的因素有两个：接收体的几何对称轴与聚光器对称轴的相对偏差和接收体圆心距离聚光器底的高度。在仿真计算中，设置接收体几何对称轴与聚光器对称轴重合，改变接收体圆心距聚光器底部的高度，分析接收体位置变化对聚光效率的影响。设定聚光器光源的入射偏角为 10°，其光线接收率和聚光效率随接收器距底部的高度变化曲线如图 2-10 所示。

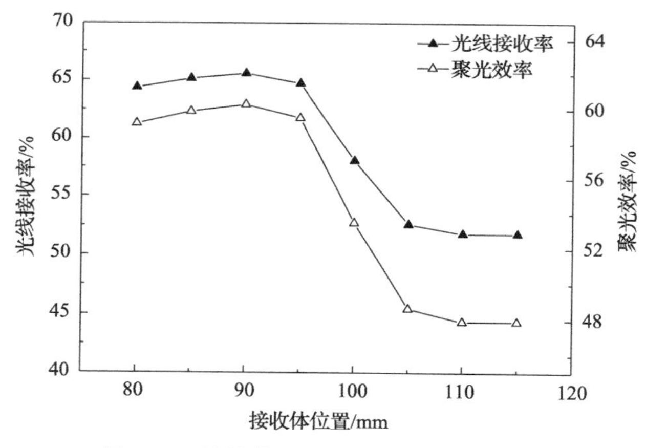

图 2-10　接收体位置对聚光器性能的影响

从图 2-10 可以看出，聚光器的光线接收率和聚光效率均随接收体圆心距底部高度的增加呈先增加后减小的趋势，且增加的趋势比较缓和，减小的趋势比较快速。当接收体圆心距离聚光器底部 90mm 时，聚光器的光线接收率和聚光效率均为最大，其光线接收率为 65.54%，聚光效率为 60.25%，分别比接收体圆心距底部高度为 80mm 时高 1.8%和 1.8%，比接收体圆心距底部高度为 115mm 时高 26.55%和 25.73%。这表明在入射光线偏差 10°的情况下，仍有 65.54%的光线汇聚于接收体表面。

槽式复合抛物面聚光器的自身结构决定了其对太阳跟踪精度的要求低，所以其对运行维护的要求不高。但由于太阳高度角和方位角时刻在发生变化，所以研究接收体表面的光线分布随太阳高度角(入射偏角)的变化规律对于研究聚光器的跟踪精度要求具有参考价值,通过精确光线追迹法来分析由聚光器的光线接收率、聚光效率随太阳高度角变化而引起的径向入射偏角 α 和由太阳方位角变化引起的轴向入射偏角 β 变化的意义不言而喻。为了定量分析槽式复合抛物面聚光器的光线接收率和聚光效率随径向入射偏角增加的变化,将入射偏角 α 分别设置为 0.5°～8.0°，计算结果的绘制曲线如图 2-11 所示。

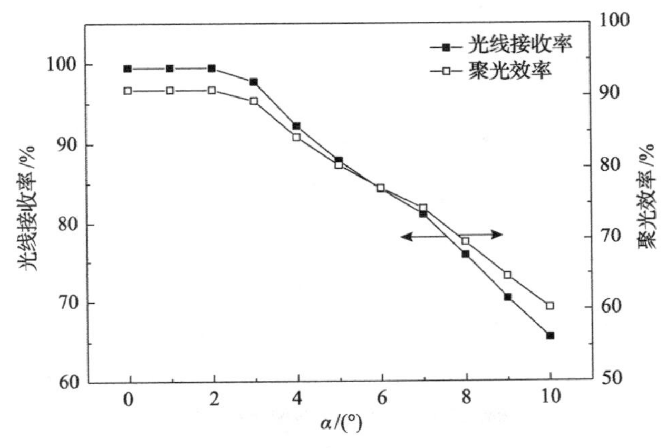

图 2-11　α 对复合抛物面聚光器聚光性能的影响

从图 2-11 可以看出，当径向入射偏角 α 增大时，光线接收率和聚光效率都随之减小。对于圆柱形接收体，当径向入射偏角为 8°时，仍有 75.87%的入射光线汇聚到接收体表面。当聚光器没有跟踪误差，即径向入射偏角为 0°时，聚光效率为 90.82%，这主要是因为大部分入射光线经过三个抛物反射面反射后其能量发生了损失，当然也有一部分光线直接投射到接收体表面。当径向入射偏角的变化范围为 0°～3°时，光线接收率和聚光效率的变化幅度很小，当径向入射偏角大于 4°后，光线接收率和聚光效率均急剧下降。

设定聚光器跟踪太阳方位角存在误差，此时入射光线在进入复合抛物面聚光器后与对称轴存在轴向入射偏角，即 $\beta \neq 0$，在太阳日运行过程中，β 呈现先减小后增大的变化趋势。将入射偏角 β 分别设置为 0°～10.0°，变化间隔为 1.0°，光线接收率和聚光效率随 β 增大而变化的计算结果曲线如图 2-12 所示。

从图 2-12 可以看出，复合抛物面聚光器的光线接收率和聚光效率随太阳方位角跟踪误差的增大而呈近似直线下降的趋势。对于圆柱形接收体，当轴向入射偏角为 4°时，光线接收率低于 75%，当轴向入射偏角为 8°时，只有 35.31%的光线汇聚到接收体表面，这主要是由槽式聚光器的端头损失引起的。在实际应用中，通过设计侧面玻璃通光孔可以有效提高理论计算中的光线接收率和聚光效率，最大限度地利用侧面进光来降低聚光器对跟踪精度的要求。

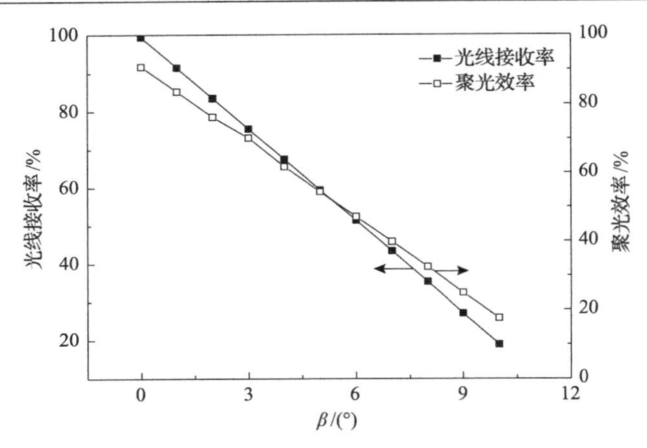

图 2-12　β 对复合抛物面聚光器聚光性能的影响

2. 平板型接收体聚光器的光学性能仿真

在实际应用中，带有翅片的直通管接收体对于聚焦光斑而言可以简化为平板型接收体，在光学仿真软件 LightTools 中设置复合抛物面聚光器的反射面为镜面反射，反射率设置为 0.9，镜面反射的材质为铝材。复合抛物面聚光器入光口与面光源的尺寸完全一致，紧密贴合于聚光器入光口上方，入射光线为平行光束，光线间距恒定。平板型接收体左右面设置为光线接收面，放置方向与入光口垂直，尺寸为 110mm。将 SolidWorks 建立的复合抛物面聚光器三维模型导入 LightTools 中，光源发出正入射光线，复合抛物面聚光器内的光线追迹和接收体光线分布如图 2-13 所示。

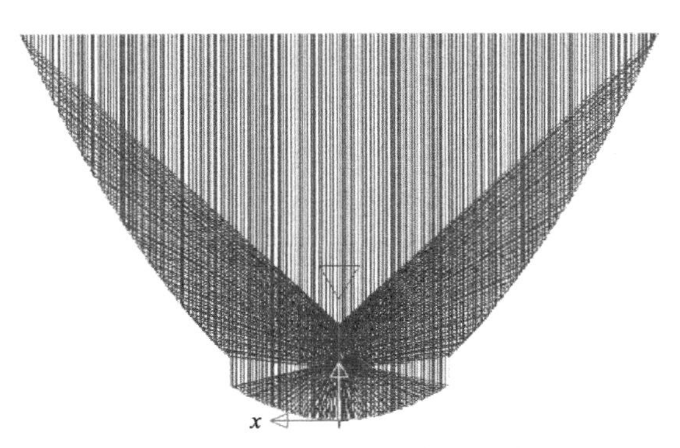

图 2-13　复合抛物面聚光器内部光线追迹图

改变进入复合抛物面聚光器光线的入射偏角，探究入射偏角对复合抛物面聚光器光线接收率和聚光效率影响的变化规律，可得到复合抛物面聚光器对跟踪精度的要求。复合抛物面聚光器在实际应用中多为东西放置，太阳随时间的运动会造成入射偏角的变化。计算时，设定入射偏角范围为 0°～12°，变化间隔为 2°，复合抛物面聚光器的光线接收率随入射偏角的变化如图 2-14 所示[25]。

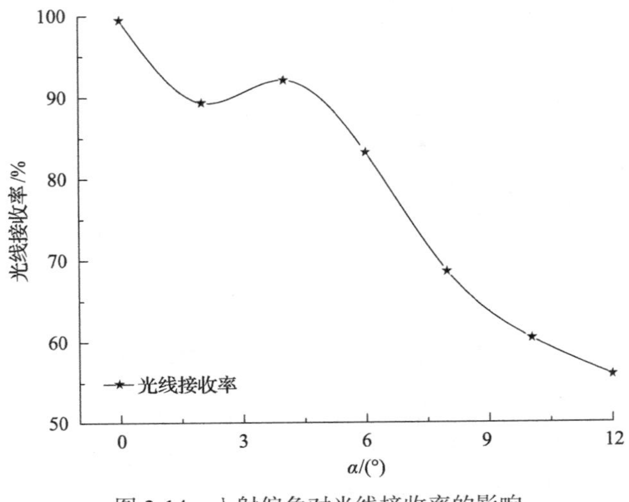

图 2-14　入射偏角对光线接收率的影响

从图 2-14 可以看出，复合抛物面聚光器的光线接收率随入射偏角的增大而降低。当入射偏角＜6°时，复合抛物面聚光器的光线接收率仍大于 80%；当入射偏角＞6°时，复合抛物面聚光器的光线接收率快速下降；当入射偏角为 12°时，复合抛物面聚光器的光线接收率为 55.98%，比正入射时降低了 43.73%。结果表明，复合抛物面聚光器自身的结构特点可以将部分首次未被平板型接收体接收的光线经多次反射后再次被接收体接收，那么如何减少复合抛物面聚光器内多次被反射的光线通过入光口逸出还值得进一步研究。

3. 其他型接收体聚光器的光学性能仿真

将复合抛物面聚光器接收体改为单层玻璃管，这为优化嵌入的接收体形状提供了可能。采用嵌入平板接收体的单层玻璃管聚焦的复合抛物面聚光器，在使用过程中，要求平板接收体按照轴线安装且与正入射光线平行，这无疑增加了复合抛物面太阳能聚光集热系统的安装难度和要求。为了降低复合抛物面太阳能聚光集热系统搭建时对技术要求的精度，将平板接收体优化为三角形和 V 形且均与单层玻璃管内接。其中，三角形、V 形接收体边长均相等，为 87mm。

对于三角形接收体，当光线正入射时，其接收光线的接收面为组成接收体的三个外表面，由于等边三角形具有对称性，所以在安装复合抛物面聚光集热系统时可降低接收体的安装精度。对于 V 形接收体，当光线正入射时，其接收光线的接收面增加为四个，同时在接收体内可对入射光线进行多次吸收，从而提高了复合抛物面聚光器的光线利用效率。当光线正入射时，安装有三角形和V形接收体单层玻璃管的复合抛物面聚光器内的光线追迹如图2-15所示。

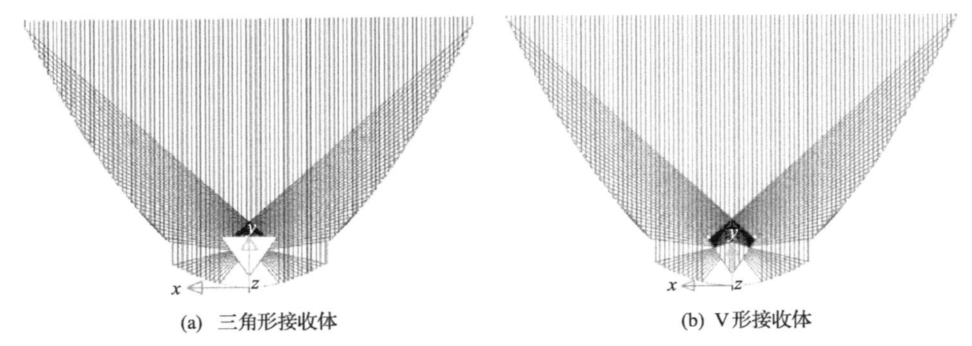

(a) 三角形接收体　　(b) V形接收体

图 2-15　复合抛物面聚光器内光线追迹图

从图2-15可以看出，入射到复合抛物面聚光器内的光线均被三角形接收体或V形接收体接收。其中，三角形接收体表面存在光线重叠区域，该区域的表面能流密度高于接收体的其他表面，所以易引起接收体材料受热应力的不均匀。V形接收体左右两表面均接收对应左右光学反射区域所汇聚的光线。

2.5　复合抛物面聚光器的性能研究

基于前述复合抛物面聚光器光学性能的研究结果，结合聚光型太阳能海水蒸馏淡化的应用场景，通过在实际天气条件下测试复合抛物面聚光器的运行性能可得到影响复合抛物面聚光器性能的因素，探索提高复合抛物面聚光器集热温度、光热转化效率、集热量的方法，并给出影响复合抛物面聚光器性能关键因素之间的关联度，从而为该技术在聚光型太阳能海水蒸馏淡化装置上的应用提供实验数据和运行参数。

复合抛物面聚光器所选用的换热介质可以分为两类：液体和气体。水虽便宜易得，但在使用过程中存在热胀冷缩、易汽化爆管、换热效果差、冬季结冰堵塞等问题，因此选用导热油作为循环换热工质，这样可以有效避免上述问题带来的影响[28-31]。考虑到应用成本、泵功消耗、受热结垢等因素，本书对选用空气作为换热介质的复合抛物面聚光器的性能进行了系列测试研究。

利用空气作为换热介质既可以减少循环所需的泵功，还可以避免液体介质热胀冷缩对系统管路的影响[32]。选用如图2-16所示的复合抛物面聚光器作为测试装置，聚光器入光口的宽度为500mm，长度为1000mm，玻璃真空管内直通管的直径为44mm，镜面反射率为0.8，无玻璃盖板。其工作原理是空气经引风机进入位于槽式复合抛物面聚光器焦斑位置的双层玻璃真空管内的直通管中，太阳光经聚光器汇集对直通管内的流动空气进行加热，空气在直通管远离引风机端口处的温度达到最高，调节聚光器支架处就可以实现安装角度的变化[33]。

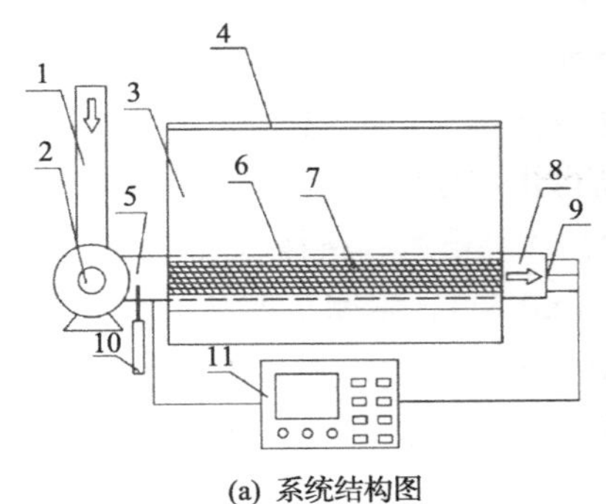

(a) 系统结构图

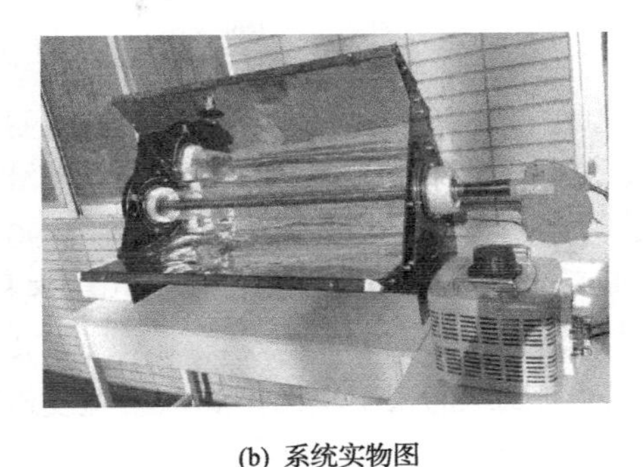

(b) 系统实物图

图 2-16 复合抛物面聚光集热测试系统

1. 进风道；2. 引风机；3. 槽式复合抛物面太阳能聚光器；4. 玻璃盖板；5. 送风道；6. 双层玻璃真空管；7. 管状黑色吸收体；8. 出风道；9. 测温元件；10. 空气流量计；11. 数据采集系统

性能测试系统包括槽式复合多曲面聚光器、空气流速测试系统、空气温度检测系统和太阳能辐射观测站。空气流速测试系统的探头安装在引风机的出风口处，并在管状黑色接收体的进出口处沿径向对称轴等间距放置 3 个 K 型热电偶，环境温度和太阳辐照度由太阳辐射观测站进行实时采集。复合抛物面聚光器将太阳光聚焦到双层玻璃真空管内，被涂有吸收率高、反射率低的吸收性涂层的直通管接收体吸收。在光热转化的过程中，由于双层玻璃真空管内被抽成真空，所以吸收体与环境的辐射换热和对流换热较少，因此计算时忽略这部分热量损失。

测试用直通管黑色接收体吸收的经槽式聚光器汇聚的太阳辐射能为

$$Q_{\text{abs,sun}} = I_{\text{b}} \times A_{\text{ape}} \times \eta_{\text{opt}} \tag{2-24}$$

式中，I_{b} 为槽式复合抛物面聚光器入光口所接收到的太阳辐照度，W/m^2；A_{ape} 为聚光器入光口的面积，m^2；η_{opt} 为聚光器的光学效率，%。

直通管黑色接收体进出口空气的平均温度可由下式计算得到：

$$T = \frac{1}{3}\sum_{i=1}^{3} T_i \tag{2-25}$$

则直通管黑色吸收体的集热量为

$$q_{\text{gain}} = \rho \times A \times V_{\text{a}} \times c_{\text{p}}(T_{\text{out}} - T_{\text{in}}) \tag{2-26}$$

式中，ρ 为直通管黑色接收体内空气的密度，kg/m^3；A 为直通管接收体的截面积，m^2；V_{a} 为直通管接受体内空气的流速，m/s；c_{p} 为直通管黑色吸收体内流动空气的比定压热容，kJ/(kg·K)；T_{out}、T_{in} 分别为直通管黑色吸收体进出口空气的温度，K。

此时，装置的光热转化效率为

$$\eta_{\text{col}} = \frac{\rho \times A \times V_{\text{a}} \times c_{\text{p}}(T_{\text{out}} - T_{\text{in}})}{Q_{\text{abs,sun}}} \tag{2-27}$$

测试中，换热介质空气在直通管黑色接收体进出口的温度由多路温度采集仪（TYD-WD，北京天裕德科技有限公司，北京）进行实时记录，空气在直通管黑色接收体内的流动速度由数字风速仪（GM8902，深圳市若谷科技有限公司，深圳）进行实时采集，管式接收体内的空气由引风机（XP-311，惠州市盛鑫科技有限公司，惠州）驱动，用太阳能发电监测站系统（TRM-FD1，锦州阳光气象科技有限公司，锦州）对测试地的太阳辐照度和环境温度进行在线监测。测量空气温度所用的热电偶为K型热电偶，测量精度为±0.5℃。

实验测试前，对数字风速仪、K型热电偶、太阳总辐射表、测温仪等进行测试精度校核。装置中所使用的槽式复合抛物面聚光器为自行制作，反射面贴有反射率为0.8的铝板聚光器，可以实现对太阳的双轴跟踪。双层真空玻璃集热管为定做型号，长度为1000mm，直通管式接收体的内径为40mm，壁厚为2mm。

测试中，对不同空气流速条件下空气的温升特性进行了实验对比研究。计算得到了在只跟踪太阳高度角的情况下，最优空气流速工况时装置的实时热效率变化曲线。实验测试时间选定在冬季，地点选择在内蒙古呼和浩特市（北纬40°50′，东经111°42′）。在管式接收体进出口端面等距放置3个K型热电偶，其平均值为进出口空气的温度值。采集的实验数据包括太阳总辐射值I_{b}、空气流速V_{a}、环境温度T_{a}、空气进口温度T_{in}、空气出口温度T_{out}、太阳直接辐照度E_{d}。

在相近的太阳辐照度和环境温度条件下，改变聚光器内直通管接收体内空气的流动速度，测试在不同的空气流速下，经槽式复合抛物面聚光器加热后空气的温升曲线，如图2-17所示[27]。

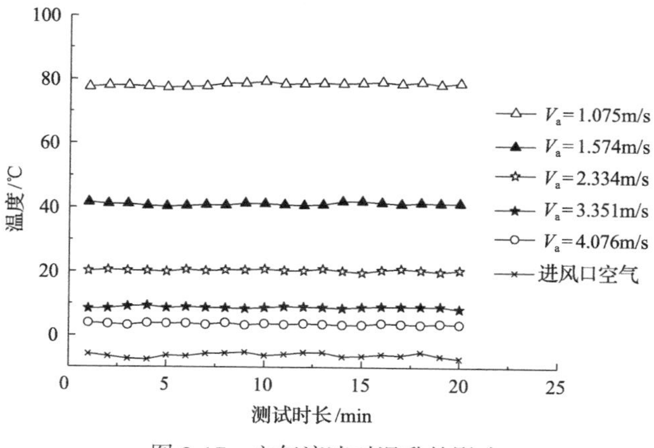

图2-17　空气流速对温升的影响

由图 2-17 可以看出，在相同的运行时间内，运行稳定时，直通管接收体进口的平均温度约为–6℃时，接收管出口空气的温度随空气流速的减小而增加。在相同空气流速的条件下，空气温度的变化很小，输出稳定。当空气流速为 1.075m/s 时，接收体出口空气的最高温度可以达到 79℃左右，约比空气流速为 4.076m/s 时的温度高 70℃。对上述测试空气流速条件下聚光器光热转化效率进行计算，如表 2-1 所示。

表 2-1　不同空气流速下装置光热转化效率对比

空气流速 V_a/(m/s)	辐照度 I_b/(W/m^2)	集热面积 A_{ape}/m^2	进口气温 T_{in}/℃	出口气温 T_{out}/℃	空气密度 ρ/(kg/m^3)	光热转化效率 η/%
1.075	750	0.5	–6.2	78.45	1.075	62.18
1.574	770	0.5	–6.2	41.16	1.128	55.19
2.334	770	0.5	–6.2	20.35	1.205	49.01
3.351	770	0.5	–6.2	8.81	1.248	41.23
4.076	760	0.5	–6.2	3.58	1.270	33.70

表 2-1 的计算结果表明，在太阳辐照度相近，直通管接收体进口温度相同的条件下，聚光器光热转化效率随直通管接收体内空气流速的增加而减小，在空气流速为 1.075m/s 时，光热转化效率达到 62.18%，比空气流速为 4.076m/s 时增加了 84.51%。

在晴好天气，槽式复合抛物面聚光器中直通管接收体内的空气流速为 1.075m/s，对太阳高度角进行单轴跟踪。在环境无风条件下，测试直通管接收体出口的空气温度随太阳辐照度和环境温度变化的数值，并计算聚光器的瞬时光热转化效率，其变化曲线如图 2-18 所示。

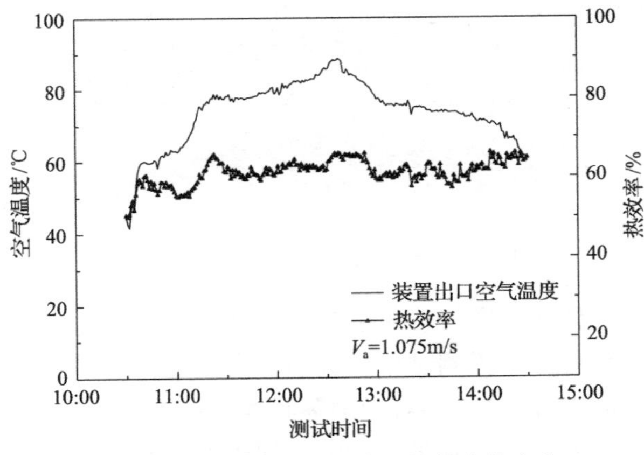

图 2-18　聚光器出口温度和热效率的变化

从图 2-18 可以得出，复合抛物面聚光器内直通管接收体出口的空气温度、聚光器的光热转化效率均随太阳辐照度的变化而变化，两条曲线的变化趋势一致。在进口温度约为–1℃时，直通管接收体出口的空气温度最高约 88℃，光热转化效率约 65%。这表明当光线正入射时，入射的太阳光线可以高效地实现光热转化。

复合抛物面聚光器在实际使用中多选用玻璃真空管作为接收体，其具有公制件装配、散热损失小、光热转化效率高等优点，但也存在投资成本高、真空夹层间隙漏光、非运行期间过热、密封性要求高、连接工艺要求高等问题。鉴于此，在复合抛物面聚光器入光口敷设玻璃盖板，利用聚光器围护所形成封闭空腔的“温室效应”有效减少聚光器的散热损失，从而为将价格高昂的玻璃真空管接收体更换为价廉易得的单层玻璃管接收体提供了可能[33]。内嵌于单层玻璃管内的接收体形状对聚光器的光热高效转化及应用成本的降低具有关键作用[34]，基于前述对聚光器光学性能分析的结果，在实际天气条件下，需要对以空气为换热介质的复合抛物面聚光器的集热性能展开测试分析和验证研究。

搭建复合抛物面聚光器性能测试实验台，如图 2-19 所示，实验测试地选择在内蒙古自治区呼和浩特市(N40°50′，E111°42′)，测试实验台由复合抛物面聚光集热单元、空气换热单元、气象数据采集单元、测试数据记录单元等组成。其中测试数据记录单元可以实现对内嵌不同接收体单层玻璃管进出口温度、聚光器腔内温度、玻璃盖板温度、空气介质流速等数据进行实时记录。通过调节驱动空气流动的风机输入功率，并根据单层玻璃管内热线风速仪的示数，可以实现对空气流速的准确控制。

图 2-19　复合抛物面聚光器性能测试实验台

为测试平板接收体在不同安装角度时对复合抛物面聚光器聚光集热性能的影响，选择空气质量良好的晴天测试单层玻璃管内空气介质流速、进出口温度、平板接收体对称表面温度等数据，并对太阳辐照度和环境温度等气象参数进行测试，实验时间为 2019 年 10 月 1～10 日。其中，利用手持太阳辐射工作站 YGSC-1 对太阳辐照度值和环境温度进行测量并记录，空气介质流速通过泰仕热线风速仪

TES-1340 显示。各测点温度通过 K 型热电偶测量，并由多通道温度巡检仪 R6000c 实时采集数据。其中，将单层玻璃管出口端下、中、上 3 处热电偶的测量值作为复合抛物面聚光器出口的温度，聚光器腔内的温度由其内部 3 个高度不同的热电偶测量值的平均值显示。温度测试时间间隔为 1min，测试前对各测试仪器和热电偶进行校核。复合抛物面聚光器内的热电偶布置如图 2-20 所示。

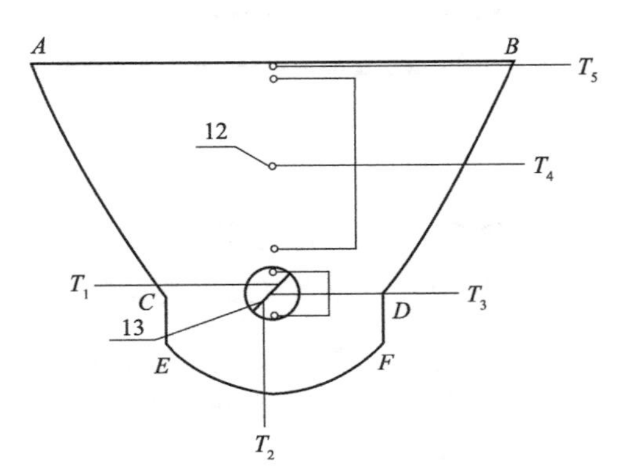

图 2-20　复合抛物面聚光器内的热电偶布置

T_1、T_2：平板接收体表面的平均温度，℃；T_3：单层玻璃管出口的温度，℃；T_4：复合抛物面聚光器腔内的温度，℃；T_5：超白玻璃盖板温度，℃

在空气质量良好的晴天，研究平板接收体对复合抛物面聚光器性能的影响。设定空气介质的流速为 1.5m/s，分别测试并研究单层玻璃管内平板接收体和进入复合抛物面聚光器入射光线平行 ($\gamma = 0°$) 与垂直 ($\gamma = 90°$) 两种情况下平板接收体对称表面的平均温度 T_1 和 T_2、单层玻璃管进出口温度及聚光集热效率的变化规律。聚光器东西放置，选择测试时间在正午前后，此时太阳辐照度趋于稳定，尽可能使太阳光垂直于玻璃盖板进入聚光器，平板接收体在不同安装角度时对称表面的温度变化趋势如图 2-21 所示[34]。

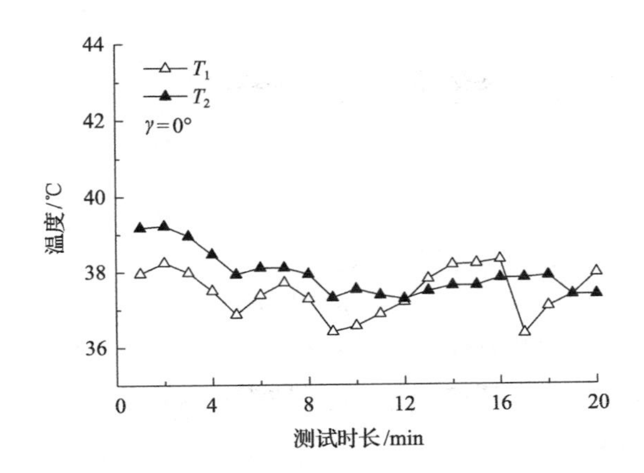

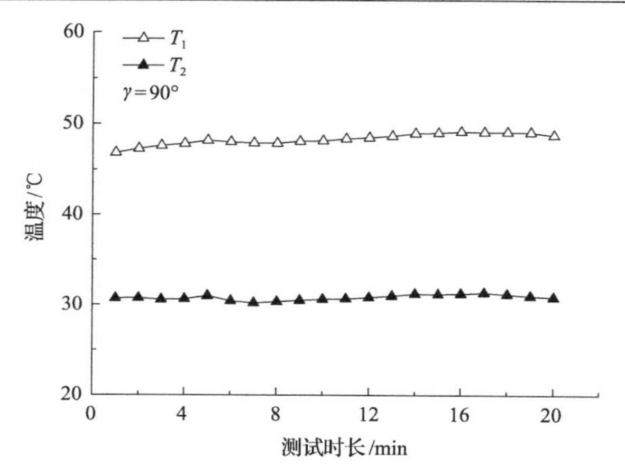

图 2-21　平板接收体在不同安装角度时表面平均温度变化

从图 2-21 可以得到，当单层玻璃管内空气介质的流速趋于稳定，$\gamma = 0°$时，即单层玻璃管内平板接收体和进入复合抛物面聚光器的入射光线平行，平板接收体两侧表面的平均温差为 0.5℃；当 $\gamma = 90°$时，即入射光线垂直照射在单层玻璃管内的平板接收体，在测试时间内，T_1 的平均温度为 48.3℃，比 T_2 的平均温度高 17.5℃，平板接收体两侧表面温度相差较大，热应力区别明显，表明平板接收体对其安装角度的要求较高。

为进一步测试并研究平板接收体在不同安装角度时聚光集热效率的变化规律，分别对 $\gamma = 0°$和 $\gamma = 90°$时复合抛物面聚光器单层玻璃管的进出口温度进行测试。$\gamma = 0°$和 $\gamma = 90°$的聚光集热效率对比如图 2-22 所示。

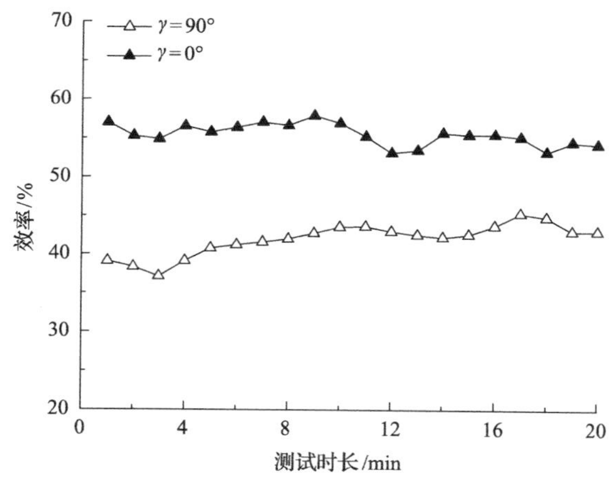

图 2-22　平板接收体在不同安装角度时聚光集热效率的变化

由图 2-22 可得，在测试时间内，$\gamma = 0°$时复合抛物面聚光器的聚光集热效率高于 $\gamma = 90°$时的聚光集热效率。$\gamma = 0°$时复合抛物面聚光器的平均聚光集热效率为

55.49%，比 $\gamma = 90°$时复合抛物面聚光器的平均聚光集热效率高 32.32%。为保证平板接收体在中低温供能系统中具有较高的聚光集热效率，所以在安装时必须保证接收体的精度。

通过对复合抛物面聚光器单层玻璃管内在不同安装角度时的平板接收体聚光集热性能的研究发现，平板接收体在实际应用中对安装角度的要求较高。为了进一步提高复合抛物面聚光器的性能，按照本书光学仿真时的规格制作了三角形和 V 形两种新型接收体，长度与聚光器长度相同[34]。

在研究三角形和 V 形接收体对复合抛物面聚光器性能影响的过程中，改变复合抛物面聚光器单层玻璃管内嵌接收体的形状，使聚光器入光口的面积保持不变，分别对接收体表面喷涂黑色吸收涂层，空气介质流速分别设置为 1.03m/s、2.01m/s 和 3.03m/s，在正午前后对波动较小的太阳辐照度及环境温度进行实时测试记录，保证实验测试条件近似相同，以减小二者对复合抛物面聚光器性能测试的影响。

复合抛物面聚光器内单层玻璃管中嵌入三角形接收体，接收体底面向上，底面平面与入光口玻璃盖板平面平行，将玻璃管截面分割成四个区域，形成四个空气与接收体换热的空腔，将传统圆柱形接收体的表面吸热优化为腔内换热，从而减小了接收体的辐射散热损失。改变进入接收体的空气流速，测试流经玻璃管的空气进出口温差，研究空气流速对空气温升特性的影响，探索空气流速对腔内换热的强化机理。进出口温差随空气流速的变化趋势如图 2-23 所示。

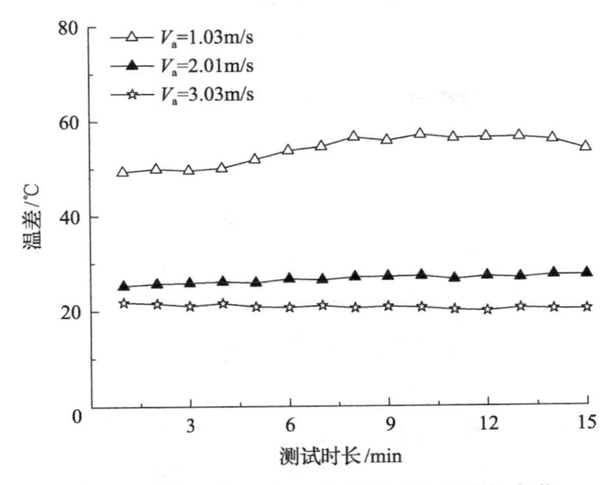

图 2-23　聚光器进出口温差随空气流速的变化

从图 2-23 可以看出，当单层玻璃管内嵌三角形接收体时，随着空气介质流速的增加，其进出口温差呈减小的趋势。当空气介质流速为 1.03m/s 时，单层玻璃管进出口的平均温差为 53.9℃，较空气介质流速为 2.01m/s 时的平均温差高 27.3℃，比空气介质流速为 3.03m/s 时的平均温差高 33.1℃。究其原因，当空气介质流速较低时，其接收太阳辐射热能的时间较长，空气介质温升较大，进而导致单层玻璃管进出口的空气介质温差较大。

对于复合抛物面聚光器这样的“内聚光”装置，设计组装时在其入光口覆盖钢化超白玻璃盖板，使其与聚光器围护紧密贴合。在复合抛物面聚光器内部形成封闭空腔，可以减少单层玻璃管内嵌接收体在运行时的辐射与对流散热损失，从而有助于单层玻璃管接收体的推广使用。复合抛物面聚光器腔内温度随空气介质流速的变化曲线如图 2-24 所示。

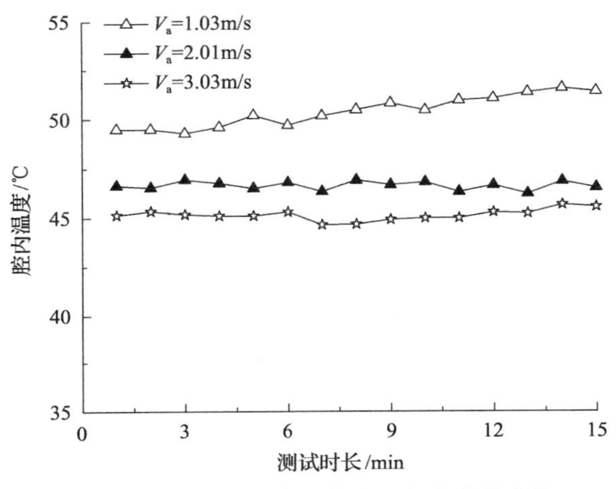

图 2-24　聚光器腔内温度随空气流速的变化

由图 2-24 可得，随着单层玻璃管内空气介质流速的增加，复合抛物面聚光器腔内的温度逐渐减小。当单层玻璃管内空气介质的流速为 1.03m/s 时，复合抛物面聚光器腔内的平均温度为 50.4℃，比空气介质流速为 2.01m/s 时腔内的平均温度提高 3.65%，比空气介质流速为 3.03m/s 时腔内的平均温度提高 11.75%。与图 2-25 相比，复合抛物面聚光器的腔内温度明显高于测试日的环境温度，当单层玻璃管内空气介质流速为 1.03m/s 时，其腔内温度比环境温度高 28.8℃，表明复合抛物面聚光器可以有效减少接收体在运行时与环境之间的辐射与对流散热损失。

当复合抛物面聚光器单层玻璃管内嵌三角形接收体时，其在不同空气介质流速下的聚光集热效率可通过计算给出，当空气介质流速分别为 1.03m/s、2.01m/s 和 3.03m/s 时，复合抛物面聚光器在对应流速下的聚光集热效率分别为 56.8%、60.7%、70.76%，优于平板接收体的聚光集热效率。

在测试中，安装三角形接收体时，正午时分接收体受热膨胀会对玻璃管造成挤压，所以也需要安装精度的保证。为此，优化复合抛物面聚光器单层玻璃管内嵌接收体，配置 V 形接收体。当受热膨胀时，接收体可以向内变形，减小了对玻璃管的挤压。同时，V 形接收体开口正对入射太阳光，可以对入射光线形成“光陷阱”，增大对入射太阳光的吸收，减少光线的反射次数，提高接收体的光热转化效率。测试时，设置空气介质流速分别为 1.03m/s、2.01m/s 和 3.03m/s，得到单层玻璃管出口温度随空气介质流速的变化曲线如图 2-25 所示。

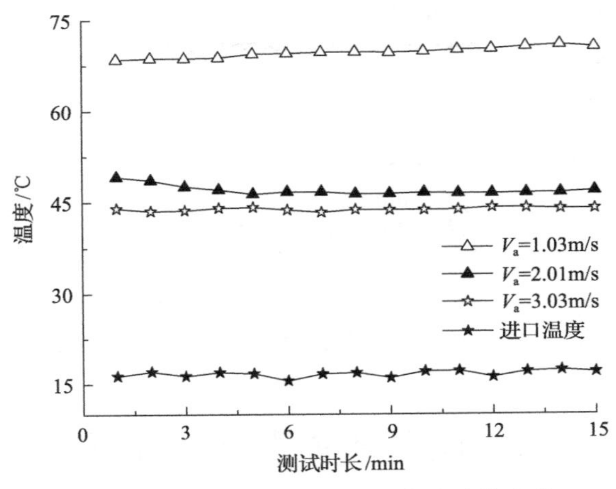

图 2-25　聚光器出口温度随空气流速的变化

图 2-25 显示，在测试内嵌 V 形接收体对复合抛物面聚光器性能影响的过程中，当单层玻璃管进口的空气温度趋于恒定时，随着空气介质流速的增加，单层玻璃管出口温度随之降低。当单层玻璃管进口的平均温度为 16.6℃，空气介质流速为 1.03m/s 时，内嵌 V 形接收体的单层玻璃管出口的平均温度为 69.7℃，进口温度与出口温度相差 53.1℃。空气介质流速为 1.03m/s 时的出口温度比 3.03m/s 时的出口温度提高了 59.13%。究其原因，随着流速增大，空气介质在单层玻璃管内与 V 形接收体的换热时间缩短，换热效果变差，吸收热量减少，从而使出口的空气温度降低。

聚光器的光热特性除考核换热介质的温升幅度外，还可以对比分析聚光集热效率，聚光集热效率高的接收体在应用中可以减少装置捕获同等热能所需付出的代价。聚光器的聚光集热效率随空气流速的变化如图 2-26 所示。

由图 2-26 可知，V 形接收体复合抛物面聚光器的集热效率随接收体内空气流速的增加而增大。当接收体内的空气流速为 3.03m/s 时，V 形接收体复合抛物面聚光器的集热效率为 58.97%，比空气流速为 1.03m/s 时聚光器的集热效率增加了 47.91%。这主要是因为接收体内的空气流速减小，空气温升增加，与腔内空气的换热量增大，散热损失增加。除此以外，玻璃管内的空气随着流速增大，其流动状态由层流向紊流过渡，强化了流动空气与 V 形不锈钢板之间的换热，从而使 V 形接收体复合抛物面聚光器的集热效率增大。

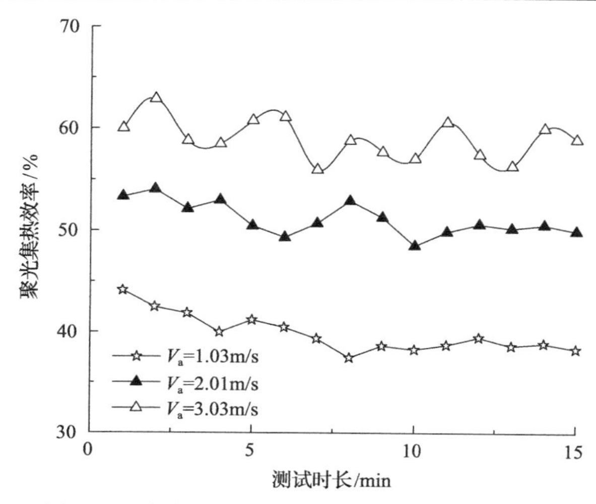

图 2-26　内嵌 V 形接收体聚光器集热效率的变化

2.6　顺向聚焦同向传光技术

前述将槽式复合抛物面聚光集热技术与多效竖管降膜海水淡化技术进行了高效耦合，所捕获的太阳热能从装置加热水箱底部进入装置内，驱动海水液膜实现了盐水分离，该技术具有的热源内置、多效运行、自重力进水、可负压运行、液膜蒸发、冷凝面面积总大于蒸发面面积、小空间传质等特点，但在实际应用中仍发现太阳能集热单元与海水淡化单元的集成度不高，存在散热损失较大、受天气条件影响明显、占地面积大、传热管路复杂、安装维护烦琐[35]等缺陷。鉴于此，在继续发挥多效竖管降膜海水淡化技术优势的基础上，结合装置应用场景及装置结构的特点，将复合抛物面聚光上传热方式优化为顺向聚焦同向传光下传热方式[36]。

该技术利用顺向聚焦同向传光技术将入射太阳光汇聚生成高密度光束并直接传输到多效竖管海水蒸馏装置加热水箱的水体内，通过在加热水箱对称中心处放置上小下大的圆锥反射体所形成的楔形空间，并利用光线的全反射原理，使入射光束全部传输到水箱底部的黑色吸光面而被吸收，从而完成光热直接转化，实现了太阳能海水淡化系统集热过程、换热过程和淡化过程的高效集成，减少了太阳能海水蒸馏系统运行的总热损，有利于提高装置整体的光热转化效率。同时，装置加热水箱内的圆台设计减少了加热水体的热容量及热惰性，延长了装置日稳定运行时间，同时添加的储热材料在太阳能无法供能时可以提供淡水制备所需的部分热能，使装置的适用性得到提升。优化后的装置组成部件中没有使用动力设备，完全依靠各组成部件的物理特性进行工作，属于被动式太阳能海水蒸馏系统，对电力、控制等基础设施的要求低。将聚光直接加热水体技术与多效竖管降膜海水淡化技术高效耦合的顺向聚焦同向传光太阳能海水蒸馏淡化系统的结构及各组成部件如图 2-27 所示[36]。

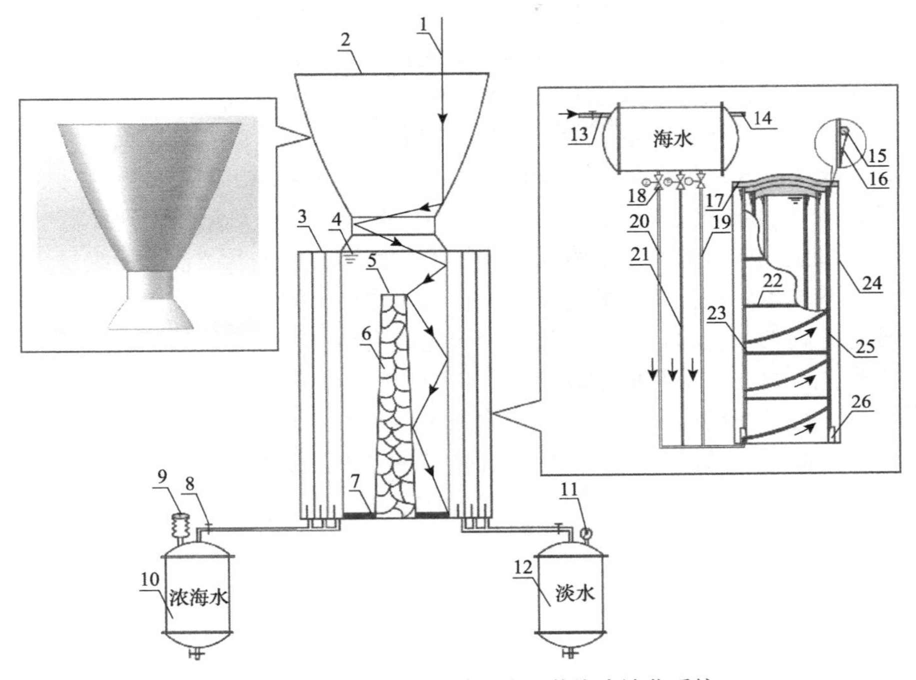

图 2-27　顺向聚焦同向传光太阳能海水淡化系统

1. 太阳光线；2. 顺向聚焦同向传光聚光器；3. 多效管式蒸馏器；4. 加热水体；5. 圆锥反射体；6. 储热材料；7. 黑色吸光面；8. 阀门；9. 压力平衡球；10. 浓海水收集罐；11. 压力表；12. 淡水收集罐；13. 海水进水管；14. 溢水管；15. 分水器；16. 水膜；17. 保温材料；18. 流量调节阀；19. 第一效海水进水管；20. 第二效海水进水管；21. 第三效海水进水管；22. 挡水环；23. 固定胶圈；24. 套筒；25. 吸水材料；26. 挡水板

其工作原理是：运行时，入射太阳光从顺向聚焦同向传光聚光器的入光口进入，经过组合聚光器后形成平行高密度光束，然后入射到多效竖管降膜海水蒸馏器加热水箱内的水体中，在加热水箱的中央部位设置有上小下大的圆台反射锥，该锥体与圆柱形加热水箱内壁形成楔形入射光全反射空腔，将入射太阳光束全部反射并传输到位于加热水箱底部的黑色吸光面上。这样，在加热水体中实现光热直接转化的同时可为竖管降膜海水蒸馏装置海水液膜盐水分离提供驱动热能，同时，圆锥反射体内部填充的储热材料可以改善太阳供能间歇的技术缺陷，延长装置的产水时间，提高装置日淡水总产量。三效竖管降膜海水蒸馏器由 4 根直径不同的不锈钢管等距同心嵌套组成，相邻不锈钢管之间形成的封闭小空间即为该效蒸发冷凝腔，每一效海水由储水罐经对应进水管从装置底部进入，进水动力由储水罐与装置之间的高度差来提供，海水进入装置后，从底部向上经进水管沿蒸发管表面螺旋环绕到位于蒸发管顶部的分水器，进料海水经分水器以液膜形式进入敷设于蒸发管表面的棉质吸水材料中，装置最里面的不锈钢筒内装满淡水，称为加热水箱，供能来源于聚焦的太阳能，其外表面的海水液膜吸热后蒸发，生成的水蒸气在温度较低的一效冷凝管内表面凝结成淡水，沿管壁流到装置底部，经淡水管进入淡水收集罐中，没有蒸发的海水液膜流到装置底部，经浓海水排水管进入浓海水罐中排出装置，淡水和浓海水在装置底部由挡水板分离，避免了浓海水污染淡水。第一效生成水蒸气凝结时释放的潜热被一效冷凝管外壁面的海水水膜吸收，生成水蒸气，在温度较低的第二效冷凝管内壁面凝结生成淡水，以此类推，第三效以同样的原理完成淡水的生成，同时将套筒吸收的热量散失到环境中。

顺向聚焦同向传光太阳能海水淡化技术所使用的聚光器结合了传统复合抛物面聚光集热技术中顺向聚焦的特点和抛物面成像聚光的特点，既克服了由抛物面聚光成像存在的入光口过宽所导致的聚光比高而热损较大的缺陷，也克服了复合抛物面聚光焦斑光线散乱而难以形成稳定的定向传输光束和实现二次传光的技术缺陷。为了将汇聚的高密度光直接传输到加热水体内，需要设计二次导光器与新型聚光器的集成，共同为多效竖管降膜海水淡化装置加热水箱供能。顺向聚焦同向传光聚光器设计思路的描述如图 2-28 所示。

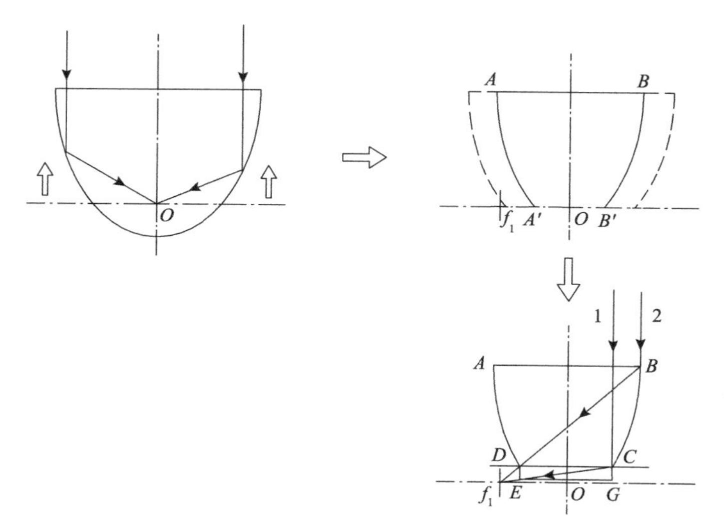

图 2-28　顺向聚焦同向传光聚光器设计思路

从图 2-28 可以看出，传统抛物反射面焦点以上部分均可使入射光顺向聚焦，而焦点以下部分则将入射光进行了逆向聚焦，所以取抛物反射面焦点以上部分组成顺向聚焦的聚光器，考虑到抛物反射面的入光口比较大，所以聚光比不能满足本书所需的聚光要求。将组成抛物面聚光器的左右抛物线向对称轴平移，形成 $ABB'A'$聚光器的构成曲线，其中曲线 BB'的焦点从 O 左移到f_1，同理曲线 AA'的焦点从 O 右移到对称位置。为了将曲线 BB'和 AA'反射的光线汇聚到原点 O 处，需要利用镜像反射原理在曲线 BB'和 AA'上增加直线以形成平面反射面，从而将汇聚到焦点的光线反射回原点 O。基于边缘光学原理，入射到 B 点的光线与抛物线 AA'的交点 D 即为平面反射镜的上边缘点，与其对称的 C 点与焦点 f_1 的连线与过 D 点铅直线的交点 E 即为平面反射镜的下边缘点，图中 $ABCGED$ 所构成的聚光器即为顺向聚焦同向传输聚光器，如图 2-29 所示。

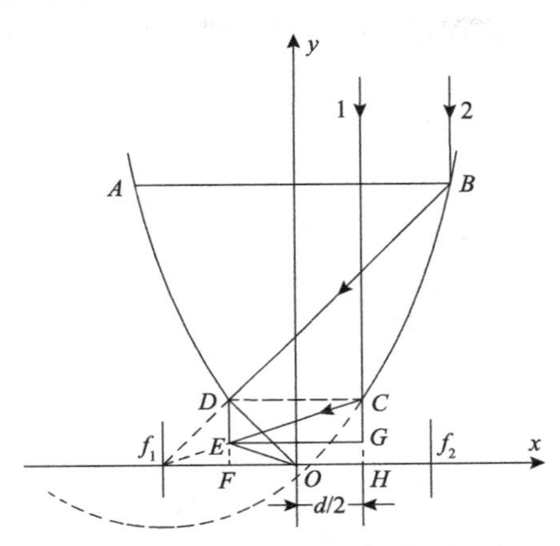

图 2-29　顺向聚焦同向传光聚光原理

该聚光器的聚光原理可表述如下。光线 1 和光线 2 为平行于聚光器对称轴入射到抛物线 BC 上下边缘点的光线，光线 2 经反射后汇聚到焦点 f_1。由于平面反射镜 DE 的阻挡，光线 2 汇聚于与焦点 f_1 对称的原点 O。同理，光线 1 经反射后也汇聚到原点 O。根据边缘光学原理，其他入射到抛物线 BC 上的光线均汇聚到 O，由于抛物线 BC 的焦点 f_1 位于聚光器的最低点，所以其反射光线汇聚点 O 也位于聚光器出光口的下方，这样就满足了顺向聚焦同向传光的聚光设计要求，抛物线 AD 对入射光的反射聚焦原理与此相同。

在图 2-29 中建立坐标系，抛物线 AD 焦点为 f_2，BC 焦点为 f_1，聚光器由两条对称抛物线 AD 和 BC、直线 DE 和 CG 组成。其中，抛物线 AD 和 BC 方程为

$$y=\frac{1}{4f}(x-a)^2-b \tag{2-28}$$

$$y=\frac{1}{4f}(x+a)^2-b \tag{2-29}$$

根据聚光器组成抛物线的优化原理，$DC=f_1O=|f_1f_2|/2$。假设顺向聚焦同向传光聚光器出光口的直径为 d，则 $x_D=-d/2$，$b=f$，$a=d$，代入方程式(2-28)中，可得

$$y_D=\frac{1}{4f}\left(-\frac{d}{2}-d\right)^2-f=\frac{9d^2}{16f}-f \tag{2-30}$$

由图 2-29 可知，$y_D>0$，则公式(2-29)表示为

$$\frac{d}{f} > \frac{4}{3} \tag{2-31}$$

式中，参数均取正数。

聚光器 *ABCD* 出光口的直径是确定的，则入光口直径 $l=2x_B=2x_A$，联立抛物线 *BC* 方程和直线 *BD* 方程，有

$$\begin{cases} y_B = \left(\dfrac{9d}{8f} - \dfrac{2f}{d}\right)x_B + \dfrac{9d^2}{8f} - 2f \\ y_B = \dfrac{1}{4f}(x_B + d)^2 - f \end{cases} \tag{2-32}$$

则聚光器入光口的直径为

$$l = 2x_B = \frac{5d}{2} - \frac{8f^2}{d} + 2\sqrt{\left(\frac{5}{8}d - \frac{2f^2}{d}\right)^2 + \frac{7}{2}d^2 - 4f^2} \tag{2-33}$$

为了评价和比较具有聚光功能的太阳能顺向聚焦同向传光聚光器性能的优劣，采用聚光比作为指标。其定义为进光口面积与接收体表面积之比，聚光比越大，表明系统对太阳光的汇聚能力越强，则系统收集太阳光的聚焦温度越高。顺向聚焦同向传光聚光器的聚光比可以计算为

$$n = \frac{5}{2} - \frac{8f^2}{d^2} + \frac{2}{d}\sqrt{\left(\frac{5}{8}d - \frac{2f^2}{d}\right)^2 + \frac{7}{2}d^2 - 4f^2} \tag{2-34}$$

结合公式(2-31)和式(2-33)，在聚光器出光口尺寸为 8～16cm 时，聚光器焦距的选取对聚光比的影响如图 2-30 所示。

从图 2-30 可以看出，随着聚光器出光口尺寸的减小，焦距增加，聚光器的聚光比是降低的，且在出光口尺寸较大、焦距较小时，聚光器的聚光比维持在一个恒定的较大值范围内变化。

组成顺向聚焦同向传光聚光器曲线中的直线 *DE* 具有两个作用：①将正入射的太阳光反射到原点 *O*，实现小尺寸入光口聚光器的焦点重叠；②当入射太阳光与聚光器对称轴有偏角时，可以将部分入射光再次反射到聚光器。其尺寸的确定对于减小聚光器高宽比、降低制作难度具有一定的积极作用。可以通过计算入射到抛物线 *BC* 上下边缘的光线 *BD*、*CE* 获得。

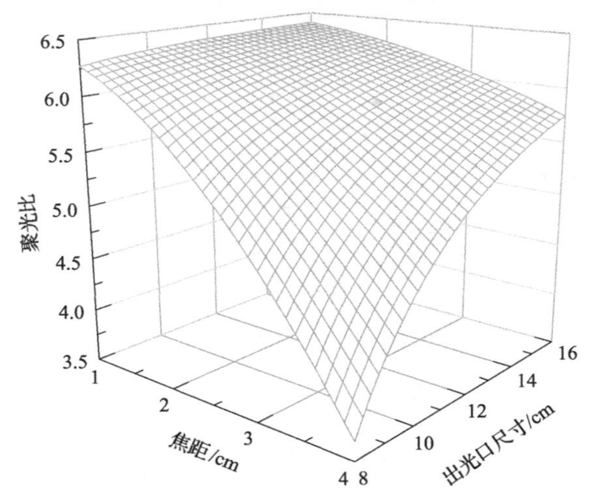

图 2-30　聚光器焦距对聚光比的影响

由 C 点和 f_1 点坐标可以求得直线 CE 方程为

$$y=\left(\frac{3d}{8f}-\frac{2f}{3d}\right)x+\frac{3d^2}{8f}-\frac{2f}{3} \tag{2-35}$$

由图 2-29 中聚光器的几何关系可知，$x_E=-d/2$，则由公式(2-34)可得

$$y_E=\frac{3d^2}{16f}-\frac{f}{3} \tag{2-36}$$

则直线 DE 的设计长度为

$$H=y_D-y_E=\frac{9d^2}{16f}-f-\frac{3d^2}{16f}+\frac{f}{3}=\frac{3d^2}{8f}-\frac{2f}{3} \tag{2-37}$$

结合公式(2-31)和式(2-36)，在聚光器出光口尺寸为 8～16cm 时，聚光器曲线组成直线 DE 的长度与焦距选取的关系如图 2-31 所示。

从图 2-31 可以看出，直线 DE 随焦距的增加而减小，随着出光口尺寸的减小而减小，图中曲线存在组成直线 DE 的最小取值。

顺向聚焦同向传光聚光器整体由平移的抛物曲线和直线段连接而成，聚光器高度值为上述两部分之和。聚光器高度越大，则制作聚光器所需成本越高，同时，在运行中的风阻也越大，所以需要在设计中合理选择参数，使聚光器的高度适应使用要求。由上述计算结果可知，聚光器的高度为

$$H'=y_B-y_E=\frac{1}{4f}(x_B+d)^2-f-\frac{3d^2}{16f}+\frac{f}{3} \tag{2-38}$$

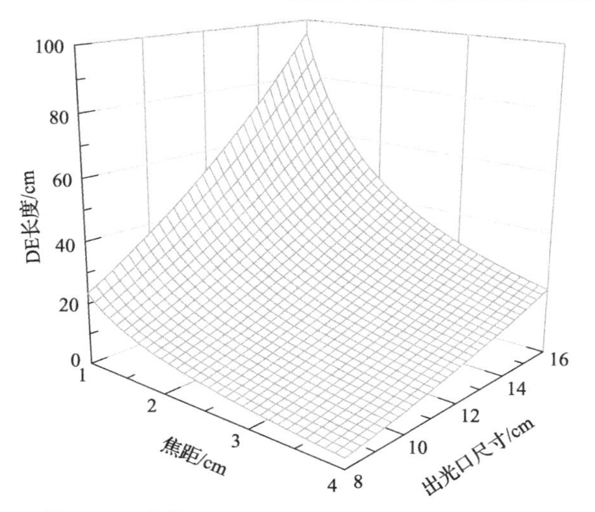

图 2-31　直线 *DE* 与聚光器焦距选取之间的关系

聚光器的安装稳定性可由高宽比来标定，高宽比越小，聚光器越稳定，装置重心也越低。顺向聚焦同向传光聚光器的高宽比可由下式计算：

$$\gamma = \frac{H'}{l} = \frac{\frac{1}{4f}(x_B + d)^2 - f - \frac{3d^2}{16f} + \frac{f}{3}}{\frac{5d}{2} - \frac{8f^2}{d} + 2\sqrt{\left(\frac{5}{8}d - \frac{2f^2}{d}\right)^2 + \frac{7}{2}d^2 - 4f^2}} \tag{2-39}$$

根据上述对顺向聚焦同向传光聚光器的设计原理及组成聚光器各曲线方程参数的变化规律，设计实验用全尺寸顺向聚焦同向传光聚光器模型，聚光器出光口的直径为 8cm，进光口的直径为 32cm，几何聚光比为 4.0，考虑到聚光器焦距与入光口、出光口之间的关系及其对高宽比的影响，本书设计的聚光器焦距选为 4cm，对于 d/f=2>4/3，符合设计要求。此时，组成顺向聚焦同向传光聚光器的方程为

$$y = \frac{1}{4\times 40}(x+80)^2 - 40 \tag{2-40}$$

$$y = \frac{1}{4\times 40}(x-80)^2 - 40 \tag{2-41}$$

直线段 *DE* 的高度可以计算为

$$H = y_D - y_E = \frac{3d^2}{8f} - \frac{2f}{3} = 3.33\text{cm} \tag{2-42}$$

全尺寸顺向聚焦同向传光聚光器的高度为

$$H' = y_B - y_E = \frac{1}{4f}(x_B + d)^2 - f - \frac{3d^2}{16f} + \frac{f}{3} = 30.33\text{cm} \tag{2-43}$$

借助光学计算软件 LightTools 对所设计的顺向聚焦同向传光聚光器的光学性能进行模拟计算可以为实际测试提供理论参考和优化方向。对于所设计的顺向聚焦同向传光聚光器的光学性能，如入射偏角、跟踪误差、汇聚光斑等，通过软件的追迹计算可以直观给出接收面的能流密度分布及其变化。

将建模软件 SolidWorks 所建立的聚光器三维模型导入光学计算软件 Light Tools 中。影响聚光器光学效率的主要因素包括系统光学误差和光源误差，当聚光器所构成的抛物线和材质确定后，其内表面反射率、光线传输方向及光线在聚光器内的反射次数是不变的。本书仅对聚光器在理想状态下的效率变化展开研究，因此光源误差、反射面轮廓误差、接收器位置误差和不完美镜面反射误差均不予考虑。

仿真计算时，设定光源为面光源，光源投射面积与聚光器入光口面积相同。入射光线为等间距平行光束，数量为 100 条×100 条，平均辐照度为 800W/m^2，每条光线携带的能量相同，发射光谱近似太阳光谱，抛物反射面材质为铝，光学性质为镜面反射，反射率为 0.9。当光线正入射时，入射光线在顺向聚焦同向传光聚光器内的光线追迹及焦斑表面的能流密度分布如图 2-32 所示。

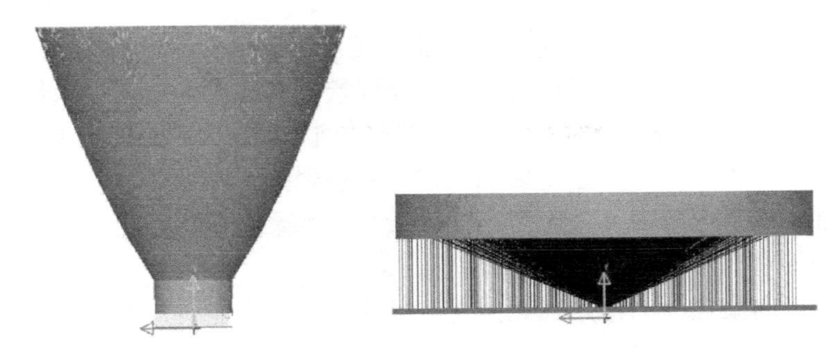

图 2-32　聚光器光线追迹及聚焦分布图

从图 2-32 可以看出，正入射到聚光器的平行光入射到抛物反射面上的光线均被反射到焦点，未入射到抛物反射面的光线直接从出光口投射出去。考量聚光器光学性能的重要指标之一是其对跟踪精度的要求，跟踪精度高的聚光器需要配置精密对日追踪系统，这会使建造成本、维护费用、调试运行等偏高，从而影响聚光器后续的推广应用及产业化。通过精确光线追迹法分析聚光器的光线接收率、聚光效率随太阳方位角跟踪误差角 α 和太阳高度角跟踪误差角 β 的变化可为其对日跟踪策略提供重要的参考价值。理想状态下，入射光线经顺向聚焦同向传光聚光器汇聚于焦点，尺寸较小，当存在跟踪误差时，将导致焦点偏离理想位置，随着像散的发生，焦点处汇聚光线的形状和尺寸也会发生变化。

设定聚光器跟踪太阳方位角存在误差，即入射光线在进入聚光器后与对称轴存在轴向入射偏角，即 $\alpha\neq0$，设置入射光线偏离聚光器光学对称轴的角度分别为 0°、1°、2°、3°、4°、5°、6°和 7°，为了定量分析顺向聚焦同向传光聚光器的光线接收率和聚光效率随轴向入射偏角增加的变化，将计算结果绘制成曲线，如图 2-33 所示。

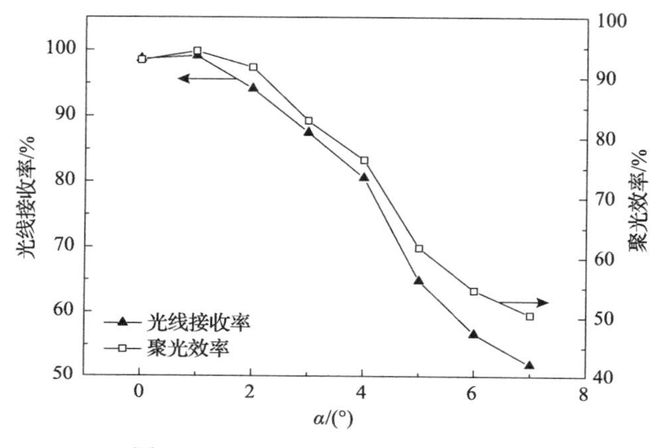

图 2-33　α 对聚光器聚光性能的影响

从图 2-33 可以看出，随着进入聚光器光线入射偏角的增大，光线接收率和聚光效率均减小。当光线正入射聚光器时，光线接收率和聚光效率均为最佳值，当入射偏角为 4°时，仍有 80.62%的光线从出光口传输出去，此时聚光效率为 76.36%，比正入射时减小了 17.8%。这主要和入射光线经聚光器反射面反射后的能量损耗有关。在轴向入射偏角为 0°～4°时，光线接收率和聚光效率的变化幅度可以满足聚光集热的要求。

在利用顺向聚焦同向传光聚光器所汇聚的高密度光能时，可以设置二次导光器将焦点处汇聚的光线再次生成沿固定方向传播的光束，以便于对光热的高效利用。理论上，二次导光器的焦点与顺向聚焦同向传光聚光器的焦点应该重合，这样才能满足光线的汇聚和二次传输的要求。但在实际工程中，将两个焦点理想化地安装重合的难度很大。设定与顺向聚焦同向传光聚光器焦点的偏差沿 y 轴正向为正、沿 y 轴负向为负，以偏差为 0cm 处的焦点为理想状态，其他偏差位置所形成的光斑直径与理想光斑直径之差随焦点偏差位置变化的曲线如图 2-34 所示。

由图 2-34 可以看出，在给聚光式太阳能海水蒸馏装置供能的过程中，需要将顺向聚焦同向传光聚光器所汇聚的光能通过二次导光器生成定向传输光束，从而以便于在蒸馏装置的加热水箱内实现光热直接转化，因此二次导光器又称为定向传光器。

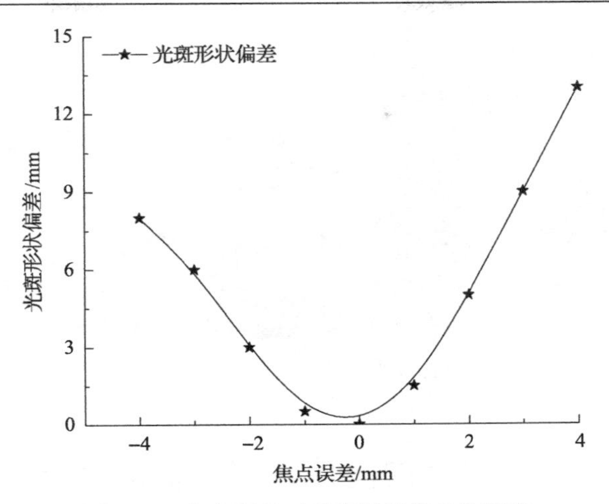

图 2-34　焦点误差对光斑形状偏差的影响

顺向聚焦同向传光聚光器的焦点即为二次导光器的光源，经二次导光器内表面的反射可以形成平行光束。根据顺向聚焦同向传光聚光器的设计曲线，可以推导出二次导光器的组成方程为

$$y = \frac{x^2}{-4 \times 19} \tag{2-44}$$

将二次导光器与顺向聚焦同向传光聚光器进行组合，并使两个聚光器的焦点重合。对于高纬度使用地区，由于太阳高度角小于 90°，顺向聚焦同向传光聚光器的对称轴与二次导光器的对称轴存在夹角，且与太阳高度角互成余角，因此在上述设计的基础上，利用 Soliworks 软件对组合聚光器进行建模。对组合聚光器进行光学仿真可以直观地给出入射平行光在聚光器内部的传播路径，尤其是二次导光器出光口处的光线传播方向，以此来验证组合聚光器设计的合理性和应用的可行性。将组合聚光器模型导入光学仿真软件中，设置与入光口面积相同的面光源，组合聚光器内部光线追迹如图 2-35 所示。

从图 2-35 可以看出，由进光口入射的平行光经顺向聚焦同向传光聚光器和二次导光器汇集，反射后全部传出出光口。右图为出光口光线传输的放大显示，从图中可以看出，出光口处的光束由两部分组成：一部分是斜向下传输的光束，为直接从面光源穿过顺向聚焦同向传光聚光器出光口传输的光束；另一部分是汇聚到二次导光器焦点处平行出射的光束。组合聚光器能够将斜入射光线首先汇聚成高密度光能，然后经过二次导光器全部沿向下方向传播，从而实现了对入射光线的能量聚焦和对传播方向的改变，有利于后期为聚光型太阳能海水蒸馏装置供能。

图 2-35 组合聚光器内部光线追迹及聚焦分布图

2.7 顺向聚焦同向传光聚光器的性能研究

2.7.1 顺向聚焦同向传光聚光器的性能测试方法

基于上述顺向聚焦同向传光聚光器及二次导光器的研究结果，搭建顺向聚焦同向传光聚光器光热性能测试实验台，在实际天气条件下测试聚光器的聚光性能和光热转化性能。测试时间为 2018 年 9 月 5～16 日，测试地点为内蒙古呼和浩特市（N40°50′，E111°42′）。实验中，将顺向聚焦同向传光聚光器的焦点与二次导光器的焦点重合，放置于圆柱加热水箱正上方，加热水箱内加满自来水，为减少热量损失，加热水箱的其他外表面均敷设保温材料，水体正上方安装高透光率的超白玻璃盖板。测试系统正南放置，入光口平面垂直于太阳的入射方向，测试数据包括太阳辐照度、环境温度、水体温度及环境风速等。为了提高水体温升的测试精度，在水体内沿竖直方向布置 3 个热电偶，在水体底部黑色吸光面布置 5 个热电偶。太阳辐照度由 TBQ-2 总辐射表测量，环境温度和环境风速由 TRM-GPS1 测试系统测量，水体温度由 K 型热电偶测量，上述数据由多通道数据采集仪进行实时监测，监测时间间隔为 1min。测试系统如图 2-36 所示。

图 2-36 顺向聚焦同向传光聚光器光热性能测试系统实物图

2.7.2 顺向聚焦同向传光聚光器的测试结果及分析

测试前，对 9 个测温热电偶及太阳辐照度测试仪等进行校核。测试时，顺向聚焦同向传光聚光器的入光口正南对光。组合聚光器的内表面是辐射反射率为 0.8 的反射铝膜，加热水箱直径为 13.3cm，水体体积为 0.56L，加热水箱内沿竖直从上到下的测温热电偶编号为 1～3，加热水箱底部黑色吸光体从南到北的测温热电偶编号为 4～6。测试日选择晴好天气，测试期间太阳辐照度变化范围为 600～770W/m^2，环境平均温度在 26℃左右。在顺向聚焦同向传光聚光器供热的条件下，加热水箱内的水体直接接收太阳能获得温升。根据聚光器光学性能的仿真计算，入射光束穿过玻璃盖板后直接进入水体并在水体内部实现光热转化，从而在水体竖直方向形成温度梯度。为了获悉水体内温度梯度随太阳辐照度的变化规律，对测温点 1～3 的温度变化进行测试对比，如图 2-37 所示。

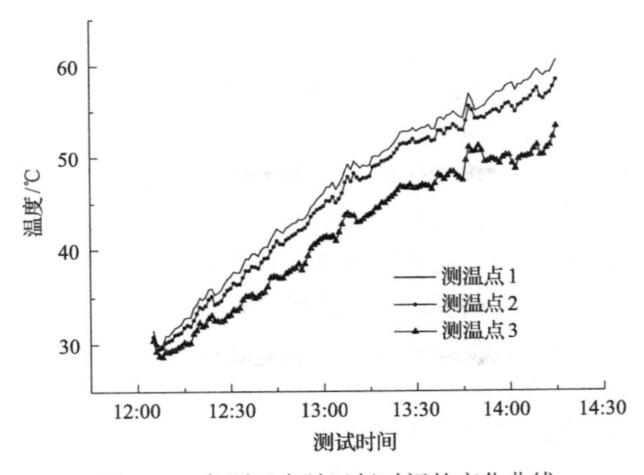

图 2-37　各测温点随运行时间的变化曲线

从图 2-37 可以看出，加热水箱内沿竖直方向 3 个测温点的温度随运行时间而升高，测温点 1 的温度高于测温点 2 的温度，测温点 2 的温度高于测温点 3 的温度。测温点 1 的温度最高达到 60.53℃，比测温点 2 的最高温度高 2.11℃，比测温点 3 的最高温度高 7.24℃。其主要原因是，经过组合聚光器汇聚的光束首先入射到水体上部，然后光束进入水体，最终传播到水体底部，在传播过程中实现光热转化。

水体底部黑色吸光体的表面是入射光束最后接触的平面，也是测试光热转化性能的主要单元。通过对水体底部温度分布的研究，可以得到二次聚光器向下投射光束的能流分布，对于后期优化聚光设计理论，匹配多效竖管降膜海水蒸馏器加热水箱的尺寸具有参考价值。测温点 4～6 的温度随运行时间的变化曲线如图 2-38 所示。

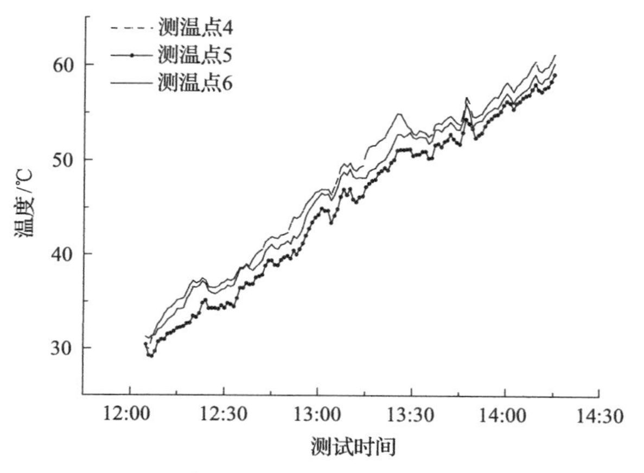

图 2-38 各测温点随运行时间的变化曲线

从图 2-38 可以看出，水体底部 3 个测温点的温度随运行时间的变化趋势一致，并随运行时间持续升高，位于水体底部中心的测温点 5 的温度最低，测温点 4 的温度最高，测温点 6 的温度居中。测温点 4 的最高温度为 61.17℃，比测温点 5 的最高温度高 2.09℃，表明与入光口相近的黑色吸光板接收的光束能量更高。

组合聚光器的光热转化效率是衡量其对太阳能利用率的指标。理论上，从顺向聚焦同向传光聚光器入光口入射的太阳光经组合聚光器后进入水体，为加热水箱提供热能，在此过程中，入射光线很难从入光口逸出。实验中，由于组合聚光器的加工精度难以达到光学精度，反射面所粘贴铝膜的光学精度低于镀膜的光学精度，加之聚光器没有对日跟踪系统，所以上述因素将导致组合聚光器的光热转化效率低于理论设计效率。综合考虑上述因素，选取太阳辐照度和环境温度较为恒定的 12:05～13:05 作为组合聚光器光热转化效率的测试时间区间，则组合聚光器光热转化效率随运行时间的变化趋势如图 2-39 所示。

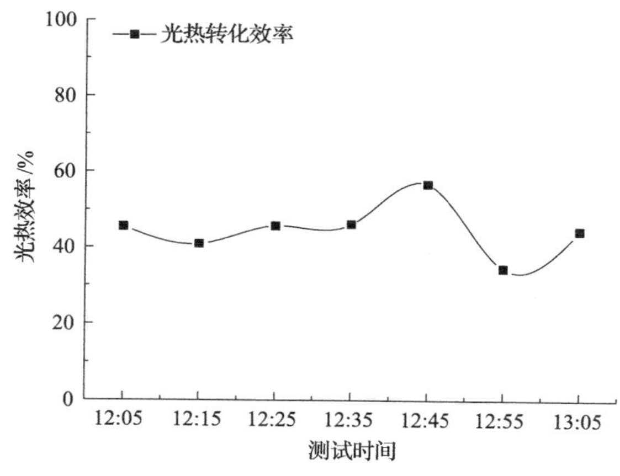

图 2-39 组合聚光器光热转化效率随运行时间的变化

从图2-39可以看出，当太阳辐照度和环境温度保持恒定时，组合聚光器光热转化效率的变化很小，光热转化效率最大为56.7%，平均光热转化效率为44.8%。组合聚光器光热转化效率的变化受水体温升、瞬时太阳辐照度、聚光器效率、聚光器放置位置等的影响。因此，可以通过继续优化顺向聚焦同向传光聚光器的结构参数、水体内添加光吸收体、增大加热水箱高度、聚光器反射面镀光学反射膜等方法提高顺向聚焦同向传光聚光器的光热转化效率。

参考文献

[1] 常泽辉. 聚光式太阳能海水淡化系统热物理问题研究[D]. 北京：北京理工大学, 2014.

[2] Petela R. Engineering thermodynamics of thermal radiation for solar power utilization[J]. McGraw-Hill Education, 2015: 124-127.

[3] Wang J, Seyed J. Effect of water turbidity on thermal performance of a salt-gradient solar pond[J]. Solar Energy, 1995, 54: 301-308.

[4] Stavn R H, Richter S J. Biogeo-optics: Particle optical properties and the partitioning of the spectral scattering coefficient of ocean waters[J]. Applied Optics, 2008, 47: 2660-2679.

[5] Safwat N A, Abdelkader M, Abdelmotalip A, et al. Enhancement of solar still productivity using floating perforated black plate[J]. Energy Conversion and Management, 2002, 43: 937-946.

[6] Zeng Y, Yao J, Horri B A, et al. Solar evaporation enhancement using floating light-absorbing magnetic particles[J]. Energy & Environment Science, 2011, 4: 4074-4078.

[7] Rajvanshi A K. Effects of various dyes on solar distillation[J]. Solar Energy, 1981, 27: 51-65.

[8] Wu X, Wu L M, Tan J, et al. Evaporation above a bulk water surface using an oil lamp inspired highly efficient solar-steam generation strategy[J]. Journal of Materials Chemistry A, 2018, 6: 12267-12274.

[9] Chen R, Wu Z J, Zhang T Q, et al. Magnetically recyclable self-assembled thin films for highly efficient water evaporation by interfacial solar heating[J]. RSC Advances, 2017, 7: 19849-19855.

[10] Zhou L, Tan Y L, Wang J Y, et al. 3D self-assembly of aluminium nanoparticles for plasmon-enhanced solar desalination[J]. Nature Photonics, 2016, 10: 393-398.

[11] Ni G, Zandavi S H, Javid S M, et al. A salt-rejecting floating solar still for low-cost desalination[J]. Energy & Environmental Science, 2018, 11: 1510-1519.

[12] Chen C J, Li Y J, Song J W, et al. Highly flexible and efficient solar steam generation device[J]. Advanced Materials, 2017, 29: 1-8.

[13] 薛晓迪. 复杂曲面聚光理论及其系统的性能研究 [D]. 北京：北京理工大学, 2012.

[14] Winston R. Solar concentrators of novel design [J]. Solar Energy, 1974, 61 (1): 89-95.

[15] Koshel R J. 照明工程非成像光学设计[M]. 武汉：华中科技大学出版社, 2016: 146-148.

[16] Zheng W D, Yang L, Zhang H, et al. Numerical and experimental investigation on a new type of compound parabolic concentrator solar collector[J]. Energy Conversion and Management, 2016, 129: 11-22.

[17] Singh D B, Tiwari G N. Effect of energy matrices on life cycle cost analysis of partially covered photovoltaic compound parabolic concentrator collector active solar distillation system[J]. Desalination, 2016, 397: 75-91.

[18] 余雷, 王军, 张耀明. 内聚光 CPC 热管式真空集热管的光学效率分析[J]. 太阳能学报, 2012, 33 (8): 1392-1397.

[19] Ortega N, García-Valladares O, Best R, et al. Two-phase flow modelling of a solar concentrator applied as ammonia

vapor generator in an absorption refrigerator [J]. Renewable Energy, 2008, 33: 2064-2076.

[20] 郑宏飞, 陶涛, 何开岩, 等. 多曲面复合聚焦槽式太阳能集热器的研究[J]. 工程热物理学报, 2011, 32(2): 193-196.

[21] 郑宏飞, 戴静, 陶涛, 等. 多曲面槽式太阳能集热器的光线追迹分析[J]. 工程热物理学报, 2011, 32(10): 1634-1638.

[22] Chang Z H, Zheng H F, Yang Y J, et al. A novel imaging light funnel and its collecting heat experiments [J]. Thermal Science, 2016, 20(2): 707-716.

[23] 常泽辉, 张海莹, 郑宏飞, 等. 多曲面槽式聚光太阳电池发电性能研究[J]. 电源技术, 2012, 36(10): 1467-1468.

[24] 常泽辉, 李文龙, 王帅, 等. 槽式复合多曲面太阳能聚光集热器光热性能研究[J]. 太阳能学报, 2018, 39(3): 729-736.

[25] 李文龙. 槽式复合多曲面太阳能聚光集热系统性能研究[D]. 呼和浩特: 内蒙古工业大学, 2019.

[26] 侯静, 郑宏飞, 常泽辉, 等. 一种复合抛物面槽式太阳能聚光集热器的性能研究[J]. 可再生能源, 2015, 33(7): 977-981.

[27] 常泽辉, 贾柠泽, 侯静, 等.聚光回热式太阳能土壤灭虫除菌装置光热性能 [J]. 农业工程学报, 2017, 33(9): 211-217.

[28] 贾柠泽. 用于建筑采暖的复合抛物面聚光集热装置性能研究[D]. 呼和浩特: 内蒙古工业大学, 2018.

[29] 李建业. 复合抛物面太阳能聚光集热系统热性能研究[D]. 呼和浩特: 内蒙古工业大学, 2020.

[30] 贾柠泽, 任志宏, 常泽辉, 等. 太阳能建筑采暖系统槽式复合多曲面聚光器性能研究[J]. 可再生能源, 2017, 35(8): 1156-1161.

[31] 李建业, 常泽辉, 李怡暄, 等. 可用于建筑采暖的槽式复合抛物面聚光器光热特性研究[J]. 可再生能源, 2019, 37(7): 978-983.

[32] 常泽辉, 李建业, 李文龙, 等. 太阳能干燥装置槽式复合抛物面聚光器热性能分析[J]. 农业工程学报, 2019, 35(13): 197-203.

[33] 常泽辉, 朱国鹏, 李建业, 等. 接收体对太阳能建筑采暖用聚光器性能影响[J]. 太阳能学报, 2019, 40(12): 3651-3656.

[34] 李怡暄, 李建业, 李雅茹, 等. 新型 V 形接收体复合抛物面聚光器性能分析[J]. 可再生能源, 2020, 38(8): 1029-1034.

[35] 常泽辉, 郑彦捷, 郑宏飞. 一种小槽聚光——真空管集热整体封装式太阳能集热器性能研究[J]. 太阳能, 2013, 5: 26-29.

[36] 侯静. 太阳能海水淡化系统热能高效利用技术研究[D]. 呼和浩特: 内蒙古工业大学, 2019.

第3章　聚光型太阳能海水淡化装置功能化水体的光吸收特性

本书提出的聚光型管式降膜太阳能海水淡化技术可以实现太阳能聚光集热温度与海水淡化用热温度的高效耦合。虽然海水会吸收部分入射太阳光并将其转化为热能，但仍无法满足海水受热蒸发生成水蒸气所需的能量需求，加之此光吸收过程需要大水体厚度(＞1m)。为了能够利用太阳光直接加热水体，所以水体必须具有较强的光吸收性能，可以将入射的高密度光能高效地转化为水体的热能，将此过程称为水体功能化，即将深色固体颗粒(毫米级)添加到水体中而使水体具有较强的吸光性能，吸收了太阳热能的深色固体颗粒在水体中将形成多点阵热源，并在扩散运动中实现与水体的热交换，使水体快速受热蒸发产生水蒸气。这种水体吸光的受热蒸发过程既可以改变原有的太阳能集热方式，通过调节固体粒子丰度实现了对功能化水体吸光能力的控制，同时克服了传统玻璃真空管外侧可选择性吸收涂层在高温集热时辐射散热损失大的缺陷，将表面换热优化为体内换热。已有文献证明，在流体介质中添加染料或黑色颗粒可以提高介质对太阳光的吸收能力[1-3]。

3.1　功能化水体的光学特性

3.1.1　功能化水体颗粒的特性

纯海水由纯水、各种溶解盐(平均重量占海水的35‰)和颗粒物组成，这些溶解物和颗粒物具有各自的光学特性，且在组成成分和浓度上有较大的差别[4]。因此，海水的光学特性在时间和地域上有较大的变化，其与自然水体的生物、化学、地质成分及预处理方法有着密切的联系。

聚光型管式降膜太阳能海水淡化装置中管式玻璃蒸发器中盛放的海水是经过预处理后的澄清状水体，需要提高水体的消光性能以吸收高密度光能。其中，在水体中添加深色液体或深色固体颗粒是提升水体消光性能的有效途径。考虑到聚光型管式降膜太阳能海水淡化装置的运行及维护特点，可以选择在海水中添加深色固体颗粒来实现对普通海水的功能化，以满足高密度光能与海水作用所需的水蒸气，从而实现盐水分离的要求。

颗粒是处于分割状态下的微小固体、液体或气体，也可以是具有生命力的微生物、细菌或病毒等。多数情况下，颗粒一词泛指固体颗粒，而液体或气体颗粒相应地被称为液滴或气泡[5]。由多个颗粒组成的体系称为颗粒群，由多个气泡组成的体系称为气泡幕。固体颗粒的粒度范围非常广，跨度可以达到 7 个数量级[6]。颗粒多为自然条件下形成，为了适应工农业生产的需要，可以对颗粒进行加工，从而满足不同形态的技术要求。在表面张力的作用下，分割状态下的液滴和气泡绝大多数会根据粒径尺度保持为球形或椭球形。

固体颗粒的形状受材料特性和加工工艺的影响，尺寸也从几纳米到几厘米不等，多为形态各异，包括棒形、条形和球形及其组合体形式，这也是颗粒尺寸不同的原因之一。表征固体颗粒的参数包括比表面积、密度、粒径等。

颗粒的比表面积定义为单位体积物体的表面积，计算公式如下：

$$S_{\mathrm{v}}=\frac{S}{V} \tag{3-1}$$

式中，S_{v} 为比表面积，m^2；S 为固体颗粒的总表面积，m^2；V 为固体颗粒的体积，m^3。

通过式 (3-1) 可以计算固体颗粒的比表面积，也可以通过比表面积仪测量获得。对于表面紧致的颗粒而言，比表面积越大，意味颗粒粒径越小；对于多孔介质颗粒，在粒径较大时也会获得较大的比表面积。颗粒的密度分为表观密度和容积密度，其中，表观密度是对单个颗粒而言的，与颗粒的物性参数有关，颗粒结构对其影响尤甚。容积密度是对颗粒群而言的，其定义是单位填充体积内颗粒的质量，计算公式如下：

$$\rho_{\mathrm{B}}=\frac{V_{\mathrm{B}}(1-\varepsilon)\ \rho_{\mathrm{P}}}{V_{\mathrm{B}}}=(1-\varepsilon)\rho_{\mathrm{P}} \tag{3-2}$$

式中，V_{B} 为颗粒群的密度，$\mathrm{g/cm^3}$；ρ_{P} 为颗粒的真密度，$\mathrm{g/cm^3}$；ε 为空隙率，是颗粒群中空隙体积占总填充体积的比值。

颗粒的粒径定义为颗粒所占据空间大小的尺度，可从纳米级一直到毫米级。对于球形颗粒而言，其粒径就是颗粒的直径，它的热力学特性将很容易处理。但对于棒形、条形等其他非规则颗粒，对其粒径的表征则比较复杂，可以比照球形颗粒直径的获得方法，即从颗粒表面任一点通过重心到达表面另一点的直线长度获得。不难发现，这样获得的长度有很多种，为了研究方便，可以用统计的方法来确定颗粒的最终直径，如几何平均直径、算术平均直径等。

本书在水体中所添加的深色固体颗粒称为功能粒子，根据其在水体内实现光热转化供能的技术参数要求，所筛选的颗粒应该具有如下特点：①固体颗粒颜色为深色，最佳选择应该是黑色，如黑珊瑚砂、火山石、黑贝壳屑等；②固体颗粒应为表面多孔材料，尽量减少入射光线因表面反射而逸出水体的比例，且多孔材料易对入射光形成“光陷阱”，以利于固体颗粒对入射光的吸收和转换，如火山灰（浮石）；③固体颗粒密度小于或接近海水密度（1.025×10^3kg/m^3），可以选用材质均匀、化学性能稳定的标准颗粒，如乳胶球，其折射率为 1.59，密度为 1.05×10^3kg/m^3；④固体颗粒材质坚硬，与海水进行热交换时，其相互碰撞产生的碎屑可随浓海水排到海洋或土壤中，不会对环境造成影响，如颗粒群可实现回收再利用，对水体污染小。

基于上述要求，在海水中添加的功能粒子可以选择表面粗糙、多孔结构、黑色的陶瓷粒子、椰壳颗粒、活性炭颗粒、火山石颗粒，且颗粒在水体中的丰度、粒径等参数的选取可根据聚光型太阳能海水淡化装置的具体运行状况进行优选。

3.1.2　水体的吸收和散射特性

水体的光学特性是指水体的体积或大尺度光学性质，可分为固有性质和表观性质两大类。固有光学性质（inherent optical properties，IOP）仅由水体性质决定，与水体所处的环境光场关系不大，其最基本的两个固有光学量是吸收系数和体散射函数，除此之外，还包括折射率、光衰减系数和单次散射反照率等。表观光学性质（apparent optical properties，AOP）由水体的固有性质和环境光场的几何结构共同决定，表现出规律性特征和充分的稳定性，表征其性质的参数有辐照度、反射率、平均余弦和各种漫射衰减系数等[7]。对于聚光型太阳能海水淡化装置中的功能化水体来说，研究其水体的光学特性，主要是研究其固有光学性质，可以通过实验手段研究功能化水体的通光性能和散射特性，间接获得功能化水体的吸光性能。

当入射光束投射到水体上并透射过水体后的辐照通量变化如图 3-1 所示。其中，入射光通量为 φ_i、水体在光束传播方向上的厚度为 Δd、水的体积为 Δv，入射光通量 φ_i 的一部分 φ_a 被水体吸收，另一部分 $\varphi_s(\beta)$ 穿过水体后散射（与光束传播方向呈 β 角度）到环境中，剩余部分光通量 φ_t 穿过水体后保持原方向传播。令 φ_s

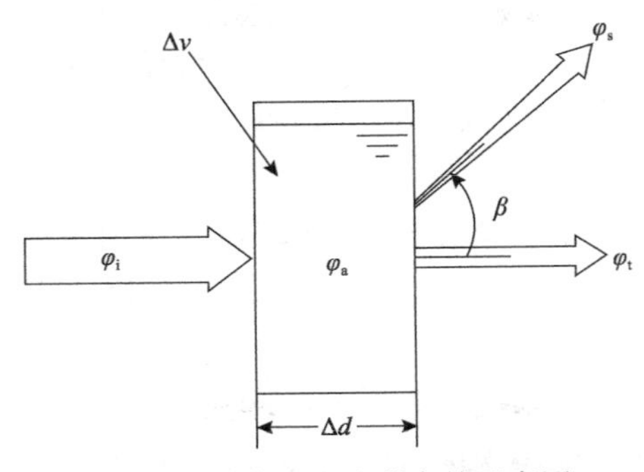

图 3-1　水体固有光学参数示意图

等于所有方向散射光的总通量，假设光子在散射过程中的波长没有发生变化，由能量守恒定律可得

$$\varphi_{\mathrm{i}} = \varphi_{\mathrm{a}} + \varphi_{\mathrm{s}} + \varphi_{\mathrm{t}} \tag{3-3}$$

将水体吸收的光通量与入射光通量之比定义为吸收率，表达式如下：

$$\omega = \frac{\varphi_{\mathrm{a}}}{\varphi_{\mathrm{i}}} \tag{3-4}$$

同理，将水体散射的光通量与入射光通量之比定义为散射率，表达式如下：

$$\psi = \frac{\varphi_{\mathrm{s}}}{\varphi_{\mathrm{i}}} \tag{3-5}$$

将透过水体且保持原方向传播的光通量与入射光通量之比定义为透射率，表达式如下：

$$\xi = \frac{\varphi_{\mathrm{t}}}{\varphi_{\mathrm{i}}} \tag{3-6}$$

由式(3-4)～式(3-6)可知：

$$\omega + \psi + \xi = 100\%$$

3.1.3　海水对太阳辐射的吸收

对于照射到海水中的太阳辐射包括直接辐射和散射辐射两部分，这两部分的总和叫作总辐射。其中直接辐射是投射到地球表面的那部分光线；散射辐射是非直接投射到地球表面的，而是通过大气、云、水滴、灰尘等不同方向的投射辐射。在紫外线、可见光和红外线范围内的太阳辐射以直射和散射的方式进入海水中，但是进入海水中的太阳辐射因海水的吸收和散射作用而随海水深度逐渐减弱，其中太阳辐射的衰减主要受波长的影响，海水对于长波辐射来说是不透明体，海水表面以下 1cm 处的太阳辐射将减小两个数量级[8]。

对于海水吸收太阳辐射的强弱可以采用太阳辐射透射率加以描述，即透过海水水层一定深度处的太阳辐照度与到达水层表面的太阳辐照度之比。根据 Booger-Beer 定律，透过海水表层进入一定深度 l 处的太阳辐射强度 $I_{l,\lambda}$ 可用下式计算：

$$I_{l,\lambda} = I_{0,\lambda} \times \mathrm{e}^{-K_{\lambda} l} \tag{3-7}$$

式中，$I_{0,\lambda}$ 为到达海水表层的太阳辐射值，W/m^2；K_{λ} 为波长 λ 的太阳辐射的消光

系数。

实验证明，影响太阳辐射透射率的主要因素是海水浊度而非海水中盐的浓度[9]。因此，太阳辐射在不同浊度海水中的总透射率可以采用如下公式，即

$$h_{\text{tot}} = \frac{\sum_{\lambda} \tau_{\lambda} G_{\lambda} \Delta\lambda}{\sum_{\lambda} G_{\lambda} \Delta\lambda} \tag{3-8}$$

式中，G_{λ} 为太阳光谱发射能，W/m^2；$\Delta\lambda$ =25nm；τ_{λ} 为入射深度为 l 处的太阳辐射与海水表层太阳辐射之比。

如果不考虑海水的浊度影响，太阳辐射透射率可以采用经验公式[10]，即

$$h(l) = \left[0.36 - 0.08\ln\left(\frac{l}{\cos r}\right)\right] \tag{3-9}$$

式中，r 为太阳辐射进入海水表层时的折射角，(°)。

Wang 和 Seyed[11]通过实验拟合了考虑海水浊度(单位:ntu)的太阳辐射透射率公式，即

$$\begin{aligned} h(Q,l) &= h(0.3,l)R(Q,l) \\ &= [0.58 - 0.076\ln(100l)][1 - 0.1975l(Q-0.3) + 0.0144l(Q-0.3)^2] \end{aligned} \tag{3-10}$$

式中，$0.3 \leqslant Q \leqslant 4.5$ntu；$h(0.3, l)$ 为海水浊度是 0.3ntu 时的参考辐射透射率；Q 为海水的浊度，ntu。则非均匀浊度海水的太阳辐射透射率为

$$h(f(Q_i),x) = \sum_{j=1}^{i} h\left(Q_j, \sum_{k=1}^{j} l_k\right) - \sum_{j}^{i-1} h\left(Q_{j+1}, \sum_{k=1}^{j} l_k\right) \quad \left(x = \sum_{j=1}^{i} l_j\right) \tag{3-11}$$

式中，$f(Q_i)$ 为穿过 i 层海水的综合浊度，ntu；x 为距海水表层的深度，m；Q_j 和 Q_{j+1} 分别为海水中第 j 层和第 j+1 层的浊度，ntu；l_k 为第 k 层的分层厚度，m。

海水对光线的透射率主要受光程和浊度的影响，反过来也说明功能化水体可以减弱对入射光的透射。

3.1.4　气泡的吸收和散射特性

功能化水体在与高密度光能相互作用的过程中，受热水体在功能粒子表面形成气泡，长时间作用于水体内形成气泡幕。水中气泡会对光的传播产生很大的影响，主要表现是对入射光线的吸收和反射作用。当气泡尺寸较小(＜1mm)时，一般采用 Mie 散射理论进行分析，但在实际计算过程中，Mie 散射理论需要采集大量数据，而且容易发生数据溢出，从而造成计算误差。因此，采用几何光学知识

对气泡的吸收和散射特性进行分析更加直观，计算量更小[12-14]。其主要是从光的折射、反射理论出发，分析经气泡表面反射的光线、在气泡内部折射的光线及穿过气泡继续传播的光线的变化规律。

光束从水中入射到气泡上，是由光密介质进入光疏介质，只有当光束沿着气泡直径传播才能保持其方向不变，其余光线则完全偏离原来的传播方向，或被吸收，或被反射[15,16]。光束经气泡后其光线的传播方向将发生变化，如图 3-2 所示。单个气泡是组成气泡幕的基本单元，对单个气泡的分析一般是从简单模型或复杂模型入手。其中，简单模型不考虑液膜厚度及液膜对光的吸收和散射等因素对光束传输能量的耗损；复杂模型则要考虑这些因素。

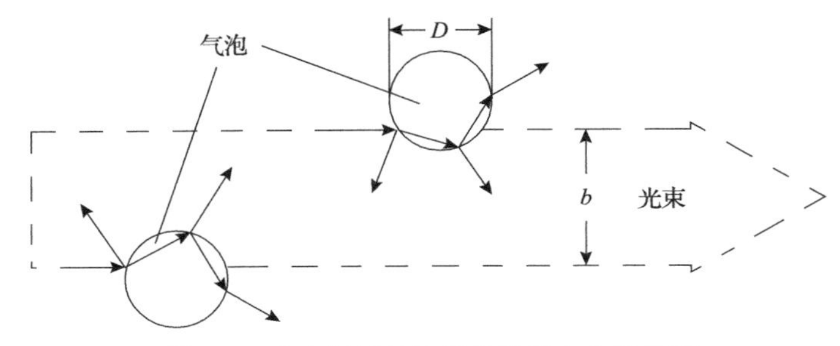

图 3-2　光束经过气泡后的传播方向示意图

聚光型太阳能海水淡化装置中功能化水体沸腾时所产生的气泡尺寸小于光束传播尺寸（$D<b$），则当单个气泡进入光束后，光束的光通量会变小，当气泡完全进入光束后，光通量达到最小，随着气泡的上升，光通量逐渐增大，当气泡完全离开光束时，光通量恢复到初始值，光通量的变化过程形成一个波谷。设气泡的直径为 D，光束宽度为 b，气泡上升速度为 v，波谷持续时间为 T_1，波动持续时间为 T_2[17]，则

$$T_1 = \frac{b - D}{v} \tag{3-12}$$

$$T_2 = \frac{b + D}{v} \tag{3-13}$$

由上式可得气泡的尺寸和速度分别为

$$D = \frac{(T_2 - T_1) \times b}{T_2 + T_1} \tag{3-14}$$

$$v = \frac{2b}{T_1 + T_2} \tag{3-15}$$

单个气泡的消光性能由消光截面 C_e 和消光系数 K_e 来描述。而对于气泡幕，

可采用浊度τ来描述其消光特性[18]。考虑气泡幕对入射光的不相关散射，根据勃朗特-比尔定律，气泡幕的浊度可由下式计算得到，即

$$\tau = N \times K_e \times \sigma = N \times K_e \tag{3-16}$$

式中，N为单位体积内的气泡数，即气泡丰度；σ为气泡在迎着光束传播方向上的挡光面积，对于直径为D的球形气泡，$\sigma = \pi D^2/4$。从上式可以看出，气泡幕的消光性能与气泡丰度和单个气泡的挡光面积成正比，气泡丰度越大，则浊度越大；气泡的挡光面积越大，气泡幕的浊度也越大。

3.1.5　水体中的颗粒迁移

水体中固体颗粒迁移的方式包括对流、扩散、沉降等。对流就是简单的颗粒移动，是水体流动的结果，而扩散和沉降是使颗粒离开水体的方式，在移动过程中均存在水体给予的阻力。

固体颗粒在水体内移动所遇到的阻力多为经验值，常用力和阻力系数表示，其中，力是动态压强与固体颗粒有效面积的乘积，具体表示如下：

$$F_D = \frac{\rho_L S U^2 C_D}{2} \tag{3-17}$$

式中，ρ_L为水体密度，kg/m^3；U为水体体积，m^3；C_D为阻力系数；S为颗粒的有效面积，m^2。由雷诺数计算公式：

$$Re = \frac{\rho_L l U}{\mu} \tag{3-18}$$

式中，μ为流体黏度，m^2/s。

由式(3-17)和式(3-18)可得阻力表达式为

$$F_D = \frac{\rho_L S U^2 f(Re)}{2} \tag{3-19}$$

由上式发现，阻力系数是雷诺数的函数，雷诺数对阻力系数起决定性作用。当雷诺数较小时，黏滞力大于惯性力，流体流动为有序的层流；随着雷诺数的逐渐增大，惯性力变得更为突出，流体流动出现涡流，甚至湍流。

对于较小雷诺数(Re<0.1)，在实际应用中，球体颗粒的阻力系数由斯托克斯首先提出，具体为

$$C_D = \frac{24}{Re} \tag{3-20}$$

但式(3-20)不适用于雷诺数过大的情形，没有基础理论来准确表示，必须通过实验测试来获得足够的测试数据，形成经验公式。值得注意的是，当雷诺数非常大时，阻力系数将变得非常复杂，但与水体颗粒无关。同时，水中颗粒的阻力对扩散和沉降过程也有很大的影响。

当水体中的颗粒非常小(几微米甚至更小)时，可以通过显微镜观察到颗粒做永恒的无规则运动。1827 年，英国植物学家罗伯特·布朗首先发现了颗粒的这种运动模式，即“布朗运动”。到 19 世纪末期，研究人员发现悬浮在水体中的颗粒的随机运动是由分子热运动造成的，水分子在做连续无序热运动的过程中，不断碰撞悬浮颗粒，导致颗粒的布朗运动。如果水体内存在单个颗粒，其可以与任何方向的水分子发生碰撞，但在某一瞬间，多个水分子碰撞颗粒会使得其向水分子碰撞数量少的一方移动，以此类推，颗粒将做出一系列随机迁移，称为随机漫步，颗粒移动的距离与时间的平方根成正比。扩散对于较小的颗粒具有重要的影响，尤其是对颗粒的团聚起到了重要的作用。

水体内的颗粒同样也会受到重力影响，这也与颗粒运动的初始速度有关，重力与阻力的平衡态也会影响颗粒的加速运动。重力的大小受颗粒的体积、颗粒与水体之间密度差的影响。对于球形颗粒，其所受的重力可以表示为

$$F_{\mathrm{g}}=\frac{\pi d^{3}g(\rho_{\mathrm{S}}-\rho_{\mathrm{L}})}{6} \tag{3-21}$$

式中，ρ_{S} 为固体颗粒密度，$\mathrm{g/cm^3}$。

由式(3-21)可知，当固体颗粒的密度小于水体密度时，其受力为负值，水体内的颗粒将向上迁移甚至漂浮在液面。同理，本书中提到的功能颗粒在水体内以悬浮状为佳。当水体内的颗粒数量较多时，即粒子丰度值较大时，颗粒的运动会受到相邻颗粒的流体动力学影响，从而对颗粒的沉降造成阻碍作用。在此条件下，无论颗粒的粒径大小，同一密度下所有悬浮颗粒将具有相同的沉降速度，也将在水体内出现区域沉降，使沉降颗粒群与水体之间产生明显的视觉边界。

3.2　功能颗粒制备及筛选

在水体内添加深色多孔颗粒进行光热直接转换的过程中，由于所选用深色多孔颗粒的材质、密度、表面结构的差异，所以对入射光的吸收性能也不尽相同。为了探究不同深色多孔颗粒对水体光吸收性能的影响，首先甄选测试研究所需的深色多孔颗粒并进行制备。基于前期大量的甄选结果，为了满足水体光吸收性能及光热转化的要求，本书选择深色多孔陶瓷颗粒、活性炭及火山石作为深色多孔颗粒材质进行测试研究。以活性炭颗粒为例，使用玛瑙研钵对活性炭颗粒进行

破碎，然后使用不同目数的医用药典筛对活性炭颗粒进行筛选，经清水清洗去除表面粉尘及杂质，晾干后按照粒径大小将活性炭颗粒分装在鸡心瓶中，如图 3-3 所示。

图 3-3　功能颗粒的筛选及分装

3.3　功能化水体的光学测试方法及系统

通过实验测试方法对含大量深色多孔颗粒水体的光吸收特性展开研究，分析影响功能化水体光吸收性能的物性参数，得到水体光吸收特性随温升甚或沸腾状态变化的函数关系，从而为聚光型太阳能海水淡化装置的应用提供实验数据。

3.3.1　功能化水体模拟温升测试方法

利用单通道法对功能化水体的光学特性展开研究。在水体测试实验台中，用透光性好的超白玻璃制成方形水槽作为功能化水体实验槽。功能颗粒选择密度与水体密度相近的深色多孔颗粒。实验装置由模拟太阳光发生系统、功能化水体实验槽、通光性能测试系统和气泡发生系统组成。实验装置示意图如图 3-4 所示。其中，实验水槽外壁面均用黑色挡光纸包覆，并在对应壁面开设实验用的通光孔；模拟太阳光发生系统采用非常接近太阳光谱的氙气灯作为光源，并由此提供轴向光束的光通量，通过调节三脚架来改变光束在功能化水体中的传播深度；通光性能测试系统利用硅光电池的光电流来反映入射光通量，在与光束等高处垂直于光束的侧壁面放置光度计探头，用来测量被气泡和功能颗粒反射而改变传播方向的照度值；功能化水体实验水槽底部全部放置有微孔陶瓷盘，通过空压机和导气管将空气鼓入微孔陶瓷盘，以此模拟功能化水体受热沸腾时所产生的气泡幕及水流扰动。

测试中，分别对模拟沸腾状态和非沸腾状态运行工况下功能化水体的光吸收特性进行了研究。模拟功能化水体的非沸腾状态是通过在超白玻璃水槽中放置微小扰流泵，利用扰流泵驱动水体和大量深色颗粒运动，使深色颗粒在水体内形成

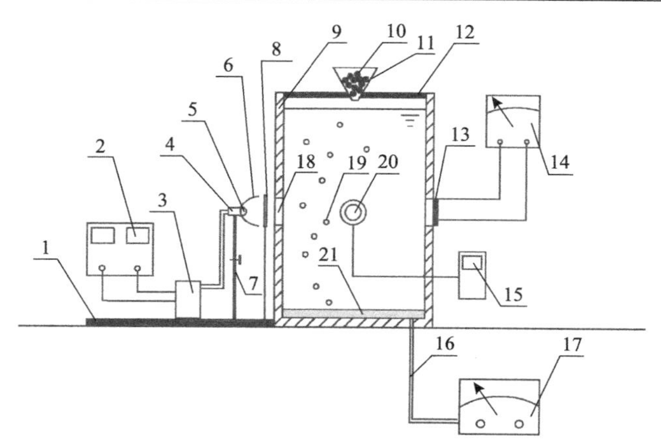

图 3-4　功能化水体的光吸收特性测试实验装置示意图

1. 导轨；2. 直流稳压电源；3. 电子镇流器；4. 散热环；5. 氙气灯；6. 抛物面反光罩；7. 三脚架；8. 透镜；9. 玻璃水槽；10. 粒子；11. 投放漏斗；12. 挡光板；13. 硅光电池；14. 微电流检流计；15. 光度计；16. 导气管；17. 空压机；18. 通光孔；19. 气泡；20. 光度计探头；21. 微孔陶瓷盘

吸光颗粒点阵，通过调节扰流泵上的变频控制按钮，可实现对不同受热温度功能化水体内热对流过程的模拟。模拟功能化水体的沸腾状态是将空气通入放置在超白玻璃水槽底部的微孔陶瓷气石以形成气泡、颗粒及水的混合多相流，通过调节鼓入气石的空气压强以实现对不同沸腾程度水体的模拟。

在对水体光吸收性能的研究中，使用硅基太阳能电池的电流变化近似为入射光通量，其存在太阳能电池随测试时间衰减、温升而造成的测试误差。本书引入检测光学元件通光率的重要测试装置——积分箱(integrating box)来间接测试并研究水体的光吸收特性，光学积分箱的外观结构为立方体，其内表面为白色漫反射涂层，以加强光线在其内部的均匀分布性。其与其他测试元件的集成如图 3-5 所示。

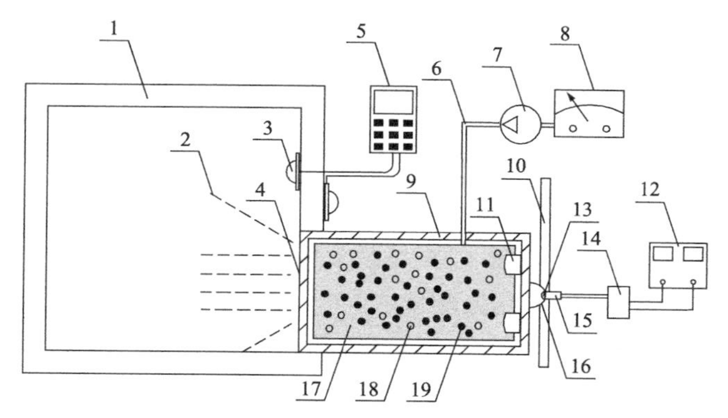

图 3-5　功能化水体的光吸收特性测试试验台示意图

1. 积分箱；2. 光线；3. 光学探头；4. 入光口；5. 照度计；6. 导气管；7. 空气泵；8. 稳压器；9. 玻璃水槽；10. 导轨；11. 扰流泵；12. 直流稳压电源；13. 氙气灯珠；14. 整流器；15. 散热环；16. 抛物反射瓦；17. 微孔陶瓷气石；18. 气泡；19. 深色多孔颗粒

实验中，所用光学积分箱由厚度为 1cm 的胶合板黏接而成，尺寸为 30cm×30cm×30cm，入光口尺寸为 15cm×30cm，与玻璃水槽透光壁面尺寸吻合。实验室内环境照度和积分箱内照度分别由照度计测量得到，相对误差为 3%。

为了验证光学积分箱的测试精度，需要在测试前对其进行校核。影响含深色多孔颗粒水体光吸收特性的参数包括粒子丰度(δ，单位水体内所含颗粒质量，g/L)、光程、颗粒粒径、沸腾程度(空气泵的工作气压)等，通过测试平行光穿过测试水体进入积分箱内的照度变化，可以得到水体光吸收特性随运行工况的变化规律。

对光学积分箱进行校核是保证测试精度的先决条件。校核时，在积分箱入光口放置一照度计来测试接收到的照度值，在积分箱内放置一照度计测试箱内照度的变化值，分析两者数值之间的对应关系，利用软件拟合出函数公式，如图 3-6 所示。从图中可以看出，对于结构和内表面反射涂层确定的光学积分箱，其内部测试照度值随入光口处照度值的增加而增大，且呈线性变化关系。经拟合计算照度比例因子为 0.19378，拟合度 R^2 为 0.9978，与文献中提到的数值关系吻合[19,20]，因此可以采用该积分箱对测试水体的光吸收特性进行研究。

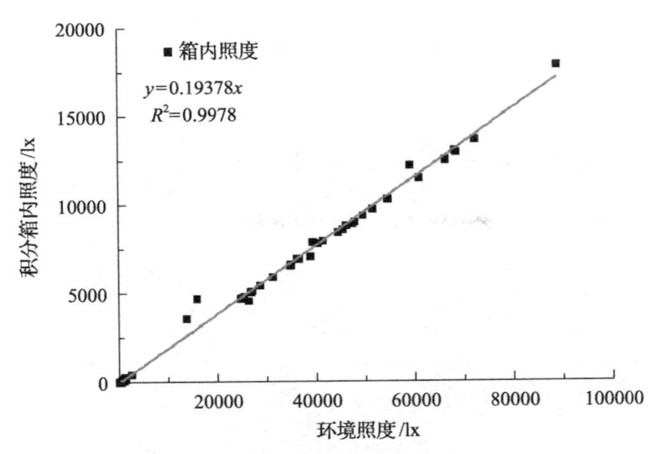

图 3-6　积分箱内照度随环境照度变化的函数关系

3.3.2　功能化水体实际温升测试方法

前述采用空气泵产生的气泡幕模拟水体受热运行工况，对实际运行工况下功能化水体光吸收特性存在偏差，所以在光学暗室实验室内搭建功能化水体光吸收特性测试实验系统，主要由光学积分箱、测试水罐、太阳光模拟系统、照度计、辅助加热系统及数据采集单元等组成，系统示意图如图 3-7 所示，实物图如图 3-8 所示。该系统选用透光性良好，以肖特玻璃为材质的圆柱形水罐作为功能化水体的盛放容器，其下方设置有可加热的热源，以模拟功能化水体受热运行工况，包括深色固体颗粒群的对流、扩散和沉降等迁移过程，水罐的特征尺寸与积分箱入光口的尺寸相近，用照度可调节且与太阳光谱接近的带抛物面反射瓦的氙气灯模拟入射光。用演色照度计(CL-70F，KONICA MINOLTA，日本)测量积分箱内照度值的变化，相对误差为3%。测温元件采用K型热电偶，测量精度为±0.5℃。

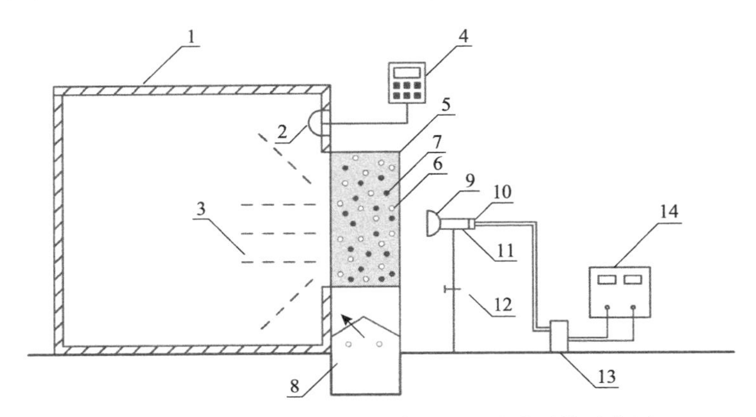

图 3-7　功能化水体光吸收特性测试试验系统示意图

1. 光学积分箱；2. 光学探头；3. 光线；4. 照度计；5. 玻璃水罐；6. 气泡；7. 深色固体颗粒；8. 加热热源；9. 抛物面反光罩；10. 散热环；11. 光源；12. 三脚架；13. 电子镇流器；14. 直流稳压电源

图 3-8　功能化水体光吸收特性测试试验系统实物图

测试前，对系统中所用的光学积分箱进行校核，通过改变积分箱入光口位置的照度值，分别测量积分箱内部与外部的照度值，并计算所得到的积分箱照度比例因子，拟合曲线如图 3-9 所示[21]。

从图中可以得到，实验所用的光学积分箱在校核过程中其内外照度值呈线性变化关系，经拟合得到拟合度数值为 0.97845，符合相关研究得到的结论，因此可以采用其对水体的光吸收特性进行测试。

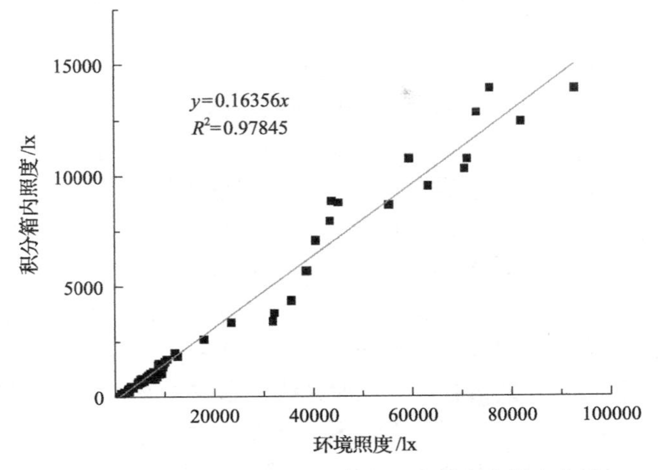

图 3-9　积分箱内照度随入射光照度的变化拟合曲线

3.3.3　功能化水体模拟温升测试的误差分析

在对功能化水体光吸收性能进行光学暗室测试的过程中，存在偶然误差和系统误差。其中，偶然误差和其他光学实验一样，并无特殊区别，本书不对其做详细分析。系统误差主要包括以下几方面[22]。

(1) 光通量损失。入射光束在传播过程中因通过玻璃界面，故会在其表面发生折射和反射，因此其在空气中的传播会被空气吸收、散射，从而引起误差。

(2) 出瞳发散损失。虽然反光罩会使氙气灯发出的光线呈平行光束，但当光束离开反光罩后，由于光的衍射作用，会使光束产生一定的发散角，使光通量减小从而引起的误差。

(3) 背景干扰误差。在测量过程中，光学暗室中的其他测试仪器会发出可见光，对接收体表面的光吸收产生影响，使输出的电信号发生变化，从而引起的误差。

(4) 电路采集数据误差。由于电路在采集数据的过程中会产生噪声，而噪声会对测试电信号产生扰动从而引起误差，同时电路在交直流转换的过程中也会产生误差。

3.4　功能化水体光吸收特性分析

在水体内添加深色多孔颗粒可以在透明水体内形成多颗粒悬浮点阵，利用颗粒表面的多孔结构吸收入射太阳光，颗粒向光表面液体受热温升，与颗粒背光表面液体形成温差，从而导致颗粒发生翻滚，不断在水体内形成多点热源，随着入射光的不断传输和进行光热转化，水体温度升高，从而满足海水淡化所需热能，形成了新型的可用于盐水分离的功能化水体。颗粒在水体内起到如下作用：①对进入水体内的高密度光能进行捕获，实现光热直接转化，由传统的表面光吸收优化为体内光捕获，减少了光热转化过程中的散热损失；②对经水体内气泡幕及颗粒群反射而未被光热转化的光线进行拦截，防止溢出水体造成损失，提高了水体的光吸收能力；③通过水体内颗粒的迁移，在受热水体对流运动的过程中，完成水体内传热，提高了水体温升的整体均匀性，为聚光型太阳能海水淡化装置的稳定供能提供了保障；④水体内颗粒的运动在一定程度上对功能化水体容器的内壁面形成自清洁，具有明显的阻垢抑垢功能，延长了透明接收体容器的使用寿命。

经太阳能聚光器汇聚的高密度光能与含深色多孔颗粒的功能化水体相互作用，在实现光热直接转化的过程中，入射光线在水体内发生包括光吸收、光散射、光反射、光折射等一系列复杂的物理过程，同时也伴随着热传导、热对流、热辐射、沸腾传热、蒸发传热等热现象，这些过程都将对入射太阳光能否在水体内高效转化为热能产生影响，通过技术测试水体的光吸收特性可以明晰水体光热直接转化的机理及传热传质的过程。

鉴于对功能化水体光吸收特性的研究方法鲜有报道，本书借鉴成熟的水体内颗粒测量技术，逆向使用消光法作为测试水体光吸收特性的方法，通过研究逸出水体光线照度的变化规律间接获得功能化水体的光吸收特性。消光法是光散射颗粒测量技术中的一种，又称浊度法。消光法的基本原理是：当光束穿过一个含有颗粒的介质时，由于受到颗粒的散射和吸收作用，穿过介质后的透射光强度受到衰减，其衰减程度与颗粒的大小和数量(浓度)有关。采用消光法测量时所接收到的并不是颗粒的散射光，而是透射光，所以光强较强，光源大都采用白光而非单色激光。消光法的工作原理简单，测量方便，对仪器设备的要求较低，测量范围相对较宽，测量结果准确，重复性好，测量速度快[23]。

消光法的理论基础是 Mie 理论，适用于解决任何尺寸的球形颗粒在平行于入射光下的散射问题。其测量原理如图 3-10 所示，当一束直径远大于被测颗粒粒径、

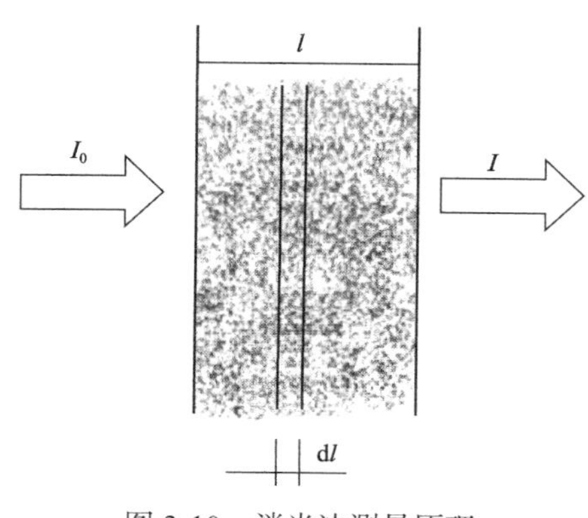

图 3-10　消光法测量原理

强度为 I_0、波长为 λ 的平行单色光入射到含有颗粒群的介质时，由于颗粒对入射光束的散射和吸收作用，光的强度将按下式衰减：

$$-\mathrm{d}I = I_0 \tau \mathrm{d}l \tag{3-22}$$

式中，I_0 为入射光强度，cd；τ 为介质的浊度，ntu；l 为入射光穿过介质的长度，m。如果颗粒群在介质内的分布均匀，即介质浊度与光程 l 无关，那么沿整个光程的积分如下式所示：

$$-\int_{I_0}^{I} \frac{1}{I} \mathrm{d}I = \int_0^L \tau \mathrm{d}l \tag{3-23}$$

则穿过含颗粒群介质的光束衰减值为

$$I = I_0 \exp(-\tau l) \tag{3-24}$$

上式就是 Lambert-Beer 定理。从式中可以看出，穿过含颗粒群介质后的光强与入射光强呈指数关系，这为后续测试研究提供了参考。

在对功能化水体在光束传播方向上通光率理论的分析计算中，假设颗粒为规则球形颗粒，忽略气泡对光线的吸收、散射等影响，且运动颗粒在水体中的分布是均匀的[24]。对于沿光束传播方向上单位微分长度的功能化水体的挡光面积可以表示为

$$S_{\mathrm{d}} = S_{\mathrm{r}} \times \mathrm{d}x \times R \times \pi \times \left(\frac{d}{2}\right)^2 \tag{3-25}$$

式中，S_{r} 为入射光面积，m^2；S_{d} 为功能化水体的挡光面积，m^2；R 为单位体积水体中的颗粒数量，个；d 为颗粒直径，m；$\mathrm{d}x$ 为沿光束传播方向上的单位微分长度，m。

其中，

$$R = \frac{m}{\rho} \times \frac{1}{V} \times \frac{1}{V_1} \tag{3-26}$$

式中，m 为投入水体中的粒子质量，g；ρ 为粒子密度，$\mathrm{g/cm^3}$；V 为测试水体的体积，m^3；V_1 为单个颗粒的体积，m^3。

入射光束通过 $\mathrm{d}x$ 长度水体后的通光面积可以表示为

$$S_{\mathrm{t1}} = S_{\mathrm{r}} - S_{\mathrm{d}} = S_{\mathrm{r}} - S_{\mathrm{r}} \times \mathrm{d}x \times R \times \pi \times \left(\frac{d}{2}\right)^2 \tag{3-27}$$

式中，S_{t1} 为光束通过 $\mathrm{d}x$ 长度水体后的通光面积，m^2。

光束通过整个传播长度水体后的通光面积为

$$S_{\mathrm{m}} = S_{\mathrm{r}} - \sum S_{\mathrm{d}} = S_{\mathrm{t}(n-1)} - S_{\mathrm{t}(n-1)} \times \mathrm{d}x \times R \times \pi \times \left(\frac{d}{2}\right)^2 \tag{3-28}$$

测试功能化水体的光线透射率可以表示为

$$\sigma = \frac{S_{\mathrm{m}}}{S_{\mathrm{r}}} \times 100\% = \frac{S_{\mathrm{t}(n-1)} - S_{\mathrm{t}(n-1)} \times \mathrm{d}x \times R \times \pi \times \left(\frac{d}{2}\right)^2}{S_{\mathrm{r}}} \times 100\% \tag{3-29}$$

对经功能化水体继续传播的光线测试可以利用硅基太阳电池输出的电流值进行间接分析，也可以利用光学积分箱内的照度变化进行测试研究。由于光电流与照射光通量近似成正比，所以可以用微电流检流计分别测得与入射光通量对应的纯水光电流和通过不同功能化水体的光通量所对应的光电流，然后通过公式(3-30)计算水体的通光率τ，通过式(3-31)计算水体的消光率ς，通过公式(3-32)计算水体透射率ψ。同理，功能粒子的挡光率ω可以通过公式(3-33)得到。

$$\tau = \frac{m_1}{m_2} \times 100\% \tag{3-30}$$

$$\varsigma = 100\% - \tau \tag{3-31}$$

$$\psi = \frac{m_1}{m_3} \times 100\% \tag{3-32}$$

$$\omega = \frac{m_4 - m_1}{m_2} \times 100\% \tag{3-33}$$

式中，m_1为通过含有不同密度的气泡和颗粒的功能化水体其光通量对应的光电流；m_2为通过纯水水体的光通量对应的光电流；m_3为与入射光通量对应的光电流；m_4为通过仅含有气泡的水体的光通量对应的光电流。

在利用光学积分箱内照度变化间接分析功能化水体光吸收特性的过程中，由于通过功能化水体后光束漫散射难于精确测量，而进入光学积分箱的光照度易于检测，所以提高了通过功能化水体后光束照度变化的测量精度。

本书借助照度比例因子[25]来描述积分箱内照度随环境照度变化的程度，其公式如下：

$$CF_{\mathrm{box}} = \frac{E_{\mathrm{in}}}{F_{\mathrm{aperture}}} = \frac{E_{\mathrm{in}}}{E_{\mathrm{out}}} \tag{3-34}$$

式中，CF_{box} 为照度比例因子；E_{in} 为积分箱内的照度变化值，lx；$F_{aperture}$ 为积分箱进光口处的入射照度值，lx；E_{out} 为积分箱平面接收到的照度值，lx。

为了便于描述功能化水体对入射光线的吸收特性，本书提出一个新的参数“光吸收比”，其定义为入射光束通过普通水体后积分箱内的照度变化与入射光束通过功能化水体后积分箱内照度变化的比值，其计算公式表述如下：

$$K = \frac{E_{in.water}}{E_{in.body}} \tag{3-35}$$

式中，K 为光吸收比；$E_{in.water}$ 为通过普通水体后积分箱内的照度变化值，lx；$E_{in.body}$ 为通过功能化水体后积分箱内的照度变化值，lx。显而易见，功能化水体的光吸收比越大，水体对入射光的吸收能力就越强。

3.5　功能化水体光吸收暗室测试研究

功能化水体的光吸收效应是由水体中的深色多孔颗粒群和沸腾状所产生的气泡幕对入射光的直接吸收实现的[26]，同时伴随的反射效应是由深色多孔颗粒表面和气泡表面对光的反射使光束偏离原来的传播路径溢出水体而体现的。功能化水体的光吸收特性就是受上述两种效应叠加的影响，基于消光法，搭建功能化水体光吸收特性实验台，通过分析穿过功能化水体后光束产生的光电流或光学积分箱内的照度变化可以得到影响水体光吸收特性的因素，进而为提高功能化水体的光吸收能力提供测试数据和理论依据。

3.5.1　穿过功能化水体的光电流变化测试研究

测试中，用城市自来水代替海水，用实验水槽底部的微孔陶瓷盘所产生的气泡幕模拟海水受热沸腾状态，通过改变水体中多孔颗粒粒径、光束在功能化水体中的光程、气泡幕的密度、光束在水体中传播的深度及多孔颗粒的丰度来对功能化水体的光吸收性能进行实验研究。在测试前，对微电流检流计的测试精度和硅基太阳电池进行了校核。实验中，改变空压机气压所产生的单位水体的气泡密度来模拟功能化水体的沸腾程度，空压机气压的变化范围设定为 0.002～0.014MPa，气压调整间隔为 0.002MPa，依次投入的多孔颗粒的质量范围为 1.0～10.0g，质量调整间隔为 1.0g。选定距导轨竖直高度分别为 21.0cm、13.0cm 和 4.0cm 的三个通光孔并设定为 1 号、2 号、3 号测试孔，通光孔的开口面积为 11.2cm^2，与光束面积相近。实验中所使用测量仪器的技术参数详见表 3-1。

在相同粒子丰度和系统稳定工作的状态下，对光束在功能化水体中不同深度的通光率进行实验测试。实验测试孔分别选定为前述中提到的 1、2、3 号测试孔[27]。实验中，逐渐增大水体中的粒子丰度，测试并计算水体通光率随粒子丰度的变化曲线，如图 3-11 所示。

表 3-1　所使用测量仪器的技术参数

装置	范围	精度
照度计/TES-1339	0.01～999900lx	±3.0%
微电流检流计/FMAC15/4	300nA～100mA	±2.0%
电子秤/HC ES-06B	0.1～500g	±0.5%

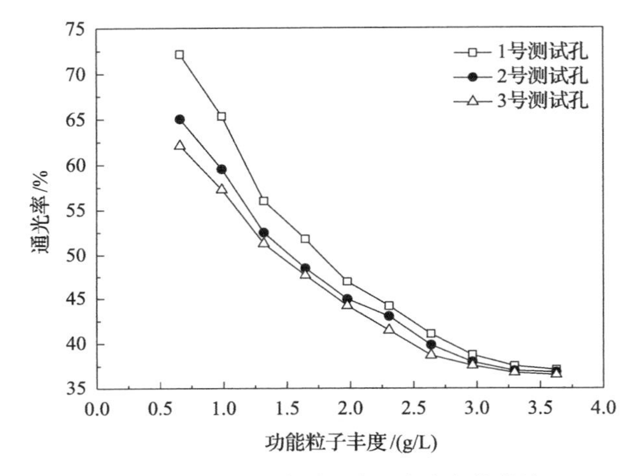

图 3-11　不同深度测试孔通光率变化曲线

从图中可以看到，3 个测试孔的通光率变化随粒子丰度的增大均呈减小的趋势，而且当粒子丰度小于 2.63g/L 时，通光率减小的速率很快，随后减小速率逐渐变慢。其中，1 号测试孔的通光率大于 2 号和 3 号测试孔的通光率，原因为：1 号测试孔距离水面较近，当上升的气泡到达水面后破裂时，它会将水中的部分光线反射到硅光电池上，所以增大了硅光电池的光电流；3 号测试孔距离微孔陶瓷盘较近，单位体积的气泡密度比其他 2 个测试水体大，由于气泡对光线有较强的吸收，所以硅光电池的光电流最小；2 号测试孔测量的通光率受上述两种影响因素的综合作用最小，因此能够准确反映入射光线在功能化水体中的实际传播情况，在实验中选择 2 号孔为测试孔。

对照实验测试结果，将理论计算参数设定为：入射光面积 11.2cm^2，粒子密度 8.9g/cm^3，沿光束传播方向的水体长度 10.3cm，水体体积 3033cm^3。将参数代入公式(3-32)中可以计算出光束在通过给定长度水体后的透射率，理论计算与实验测量值的比较曲线如图 3-12 所示。

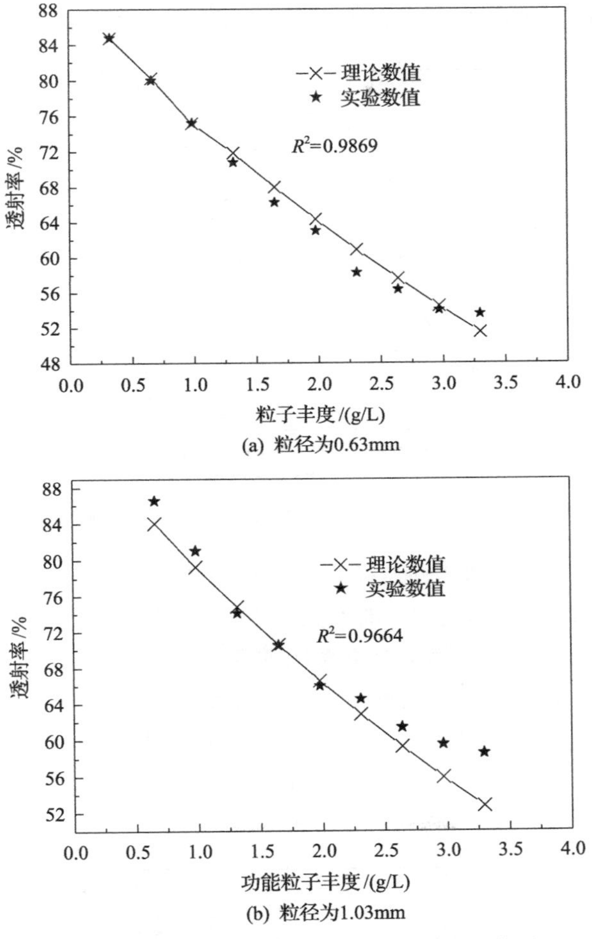

(a) 粒径为0.63mm

(b) 粒径为1.03mm

图 3-12　功能化水体透射率的理论值与实验值对比

从图中可以看出，水体透射率的理论计算值和实验测量值均随粒子丰度的增加而减小，测试粒径为 0.63mm 的理论计算值和实验测试值吻合得很好，只有当粒子丰度大于 3.0g/L 后，实验测量值大于理论计算值。这主要是因为在实验中，当粒子丰度增大后，水体中的粒子会相互遮挡，所以有效挡光面积会减小，水体透射率就会大于理论计算值。这种现象在粒径为 1.03mm 的功能化水体中表现得更为明显。同时，从比较结果也能发现，一定体积功能化水体的透射率不会随着粒子丰度的增大而一直减小，其存在水体透射率对应的功能粒子极限丰度值。

当实验系统稳态运行时，通过改变多孔颗粒粒径来研究其对功能化水体光吸收性能的影响程度。实验中，测试水体厚度设定为 20.0cm，多孔颗粒粒径分别选定为 0.63mm、1.03mm 和 2.00mm，鉴于气泡尺寸与多孔颗粒粒径相差不大，故用短曝光、连续拍摄的照相机对气泡进行拍摄。从图中可得气泡直径约为 1.4mm，功能化水体的消光率随颗粒粒径的变化曲线如图 3-13 所示。

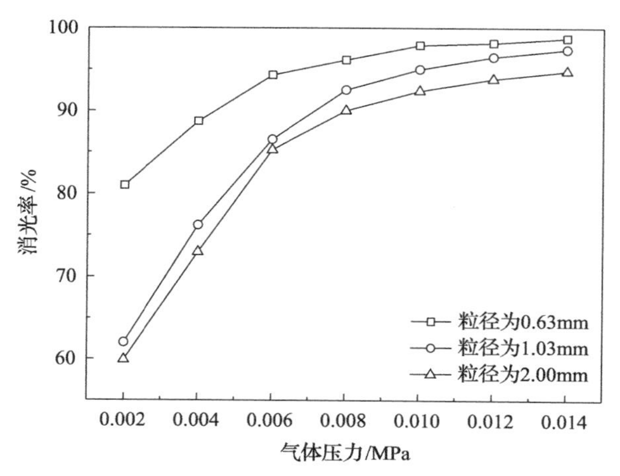

图 3-13　不同粒径的颗粒对消光率的影响

从图中可以看出，添加三种粒径的多孔颗粒水体的消光率随沸腾程度（通过改变空压机气压模拟）的加剧呈增大的趋势。粒径为 0.63mm 的多孔颗粒的消光率最大，这主要是因为当单位水体的气泡密度随空压机气压升高而增大时，多孔颗粒的迁移运动加剧，粒径小的颗粒在运动中相互遮挡的概率小，其有效挡光面积较大，挡光效果明显，所以其消光率大于含有其他两种粒径颗粒的水体。通过改变多孔颗粒在水体中的丰度，研究功能化水体通光率随水体中粒子丰度变化的关系，实验曲线如图 3-14 所示。

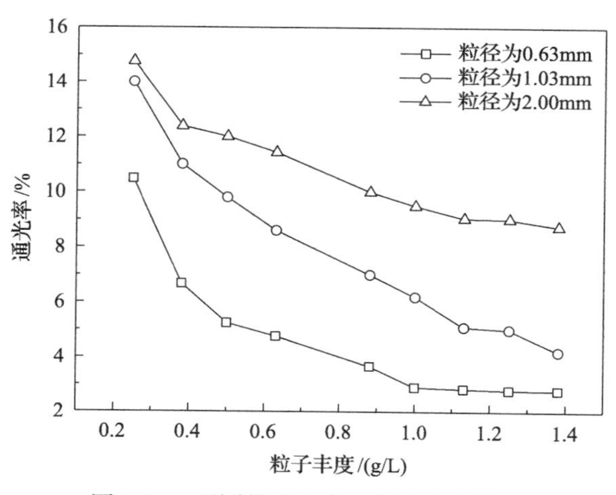

图 3-14　不同粒子丰度对通光率的影响

从图中可以发现，含有三种颗粒的水体通光率随丰度变化的趋势相同，均为随多孔粒子丰度的增大，水体通光率逐渐减小，当粒子丰度较小时，减小速率较大，而当粒子丰度较大时，减小速率较小。其中，添加粒径为 0.63mm 多孔颗粒的水体通光率随丰度增加的减小程度最大，光吸收性能最好。

从光学角度分析，水体通光率是一种光学效应，它表示光线透过水体时被吸收的程度。水体中多孔颗粒的丰度越大，水体对光线的吸收能力越强，但是丰度大的水体中的颗粒对入射光线所产生的反射作用也越强。为了测试计算经颗粒和气泡表面反射而逸出水体的光线，在实验水槽侧壁面与光束传播高度相同的位置放置照度计，采集添加颗粒和无颗粒时模拟沸腾水体侧壁面的照度值，所添加颗粒粒径依然为上述 3 种粒径，对应的无颗粒模拟沸腾水体侧壁面照度值分别为 324.3lx、357.1lx 和 431.4lx。与无颗粒模拟沸腾水体相比，含有 3 种粒径的功能化水体侧壁面照度值随粒子丰度增加的变化率计算见表 3-2。

表 3-2　不同粒径下侧壁面的照度值及其变化率

粒子丰度 /(g/L)	侧壁面照度值 (0.63mm)/lx	照度增加率/%	侧壁面照度值 (1.03mm)/lx	照度增加率/%	侧壁面照度值 (2.00mm)/lx	照度增加率/%
0.334	451.7	39.29	494.1	38.37	569.2	31.94
0.659	426.6	31.55	471.3	31.98	546.6	26.70
0.989	396.5	22.26	438.7	22.85	521.2	20.82
1.319	379.5	17.02	417.2	16.83	509.8	18.17
1.649	371.9	14.68	414.6	16.10	522.3	21.07
1.978	362.8	11.87	405.9	13.77	520.1	20.56
2.308	339.2	4.60	386.1	8.12	512.9	18.89
2.638	307.2	–5.27	358.4	0.364	498.9	15.65

从表中可以看出，随着水体中粒子丰度的增加，水体侧壁面的照度值随之减小，相比于无多孔颗粒的沸腾水体的侧壁面照度增加率也随之变小，甚至出现了负数，这表明功能化水体的通光性能随粒子丰度的增加而减弱。但是，粒径为 2.00mm 的照度值在粒子丰度为 1.649g/L 时反而出现了增大的趋势。究其原因，粒径大的单个颗粒的迎光面积大，随着水体中粒子丰度的增加，对光的反射作用增强，故经反射逸出水体的光线比例也随之增加。但随着粒子丰度的继续增加，入射光经反射被再次吸收的比例逐渐增大，所以才会出现侧壁面光度值先减小后增大再减小的趋势。其变化曲线如图 3-15 所示。

对含有粒径为 0.63mm 多孔颗粒的水体通光率随粒子丰度和沸腾程度的变化关系展开实验研究，并与未添加颗粒的普通水体进行对比，其变化曲线如图 3-16 所示。

从图中可以看到，未添加颗粒的水体通光率变化曲线与添加多孔颗粒的水体通光率变化曲线的趋势一致，均为先快速减小，然后减小趋势减缓，随着功能粒子丰度的增加，其通光率的相对减小量逐渐变小，对水体消光性能的贡献率逐渐降低，所以对于特定体积的功能化水体，所添加多孔颗粒存在一个经济性设计丰度。

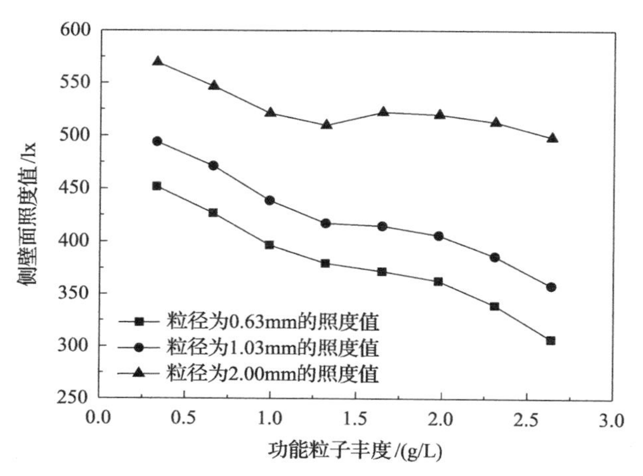

图 3-15　侧壁面照度值随粒径变化曲线

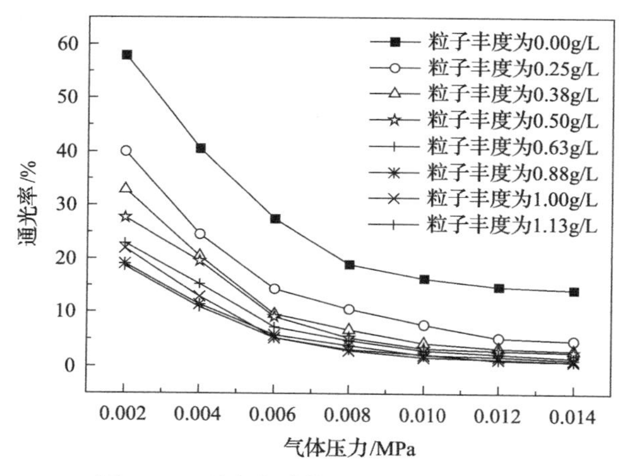

图 3-16　通光率随粒子丰度的变化曲线

实验水槽侧壁面照度值的变化反映了多孔颗粒和气泡对水体中光束传播方向改变的程度。在水槽侧壁面与光束等高位置处放置照度计，采集添加多孔颗粒和无颗粒水体侧壁面的照度值，照度随粒子丰度的变化曲线如图 3-17 所示。

从图中可以看出，随着水体沸腾程度的加剧，侧壁面照度值呈现上升的趋势，这说明光束经多孔颗粒和气泡反射改变传播方向所占比例逐渐增大，且照度值的增加率先大后小，在气压为 0.006MPa 处形成一个拐点，当小于该压力时，添加多孔颗粒的侧壁面照度值大于没有添加颗粒的水体；当在大于该压力时，情况正好相反，而且粒子丰度越大，侧壁面照度值越小。原因在于当气压小时，单位水体的气泡密度小，多孔颗粒的迁移速度小，在单位时间内颗粒及气泡相互遮挡的

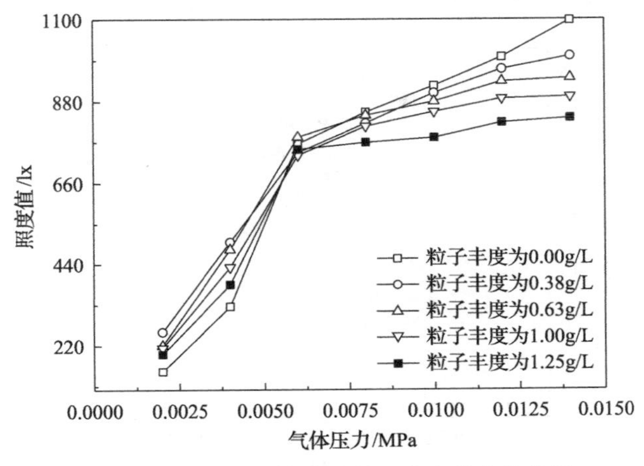

图 3-17　侧壁面照度值随粒子丰度的变化曲线

概率小，光线经其表面反射而到达照度计探头的比例较大，这使得其侧壁面照度值大于没有多孔颗粒的水体，但随着粒子丰度增加，对光线吸收作用的增强，侧壁面照度值随之减小。当气压增大时，单位水体的气泡密度增大，颗粒迁移的速度加快，在单位时间内颗粒和气泡相互遮挡的概率增大，挡光吸收现象明显，所以出现了其随粒子丰度增大侧壁面照度值减小的现象。实验结果说明，随着粒子丰度和水体沸腾程度的增加，经颗粒表面和气泡表面反射而离开水体的光线比例逐渐减小，从而实现了对光线的有效吸收。

在粒子丰度一定的条件下，功能化水体通光率随多孔颗粒和气泡密度的增大而减小，为了定量反映通光率随模拟沸腾程度变化的衰减过程，对有无颗粒的水体通光率随水体沸腾程度的变化趋势进行函数回归拟合，曲线如图 3-18 和图 3-19 所示。

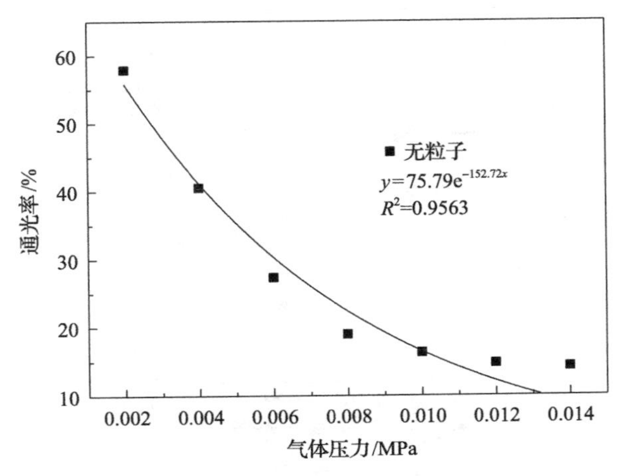

图 3-18　无粒子水体通光率随气压衰减曲线

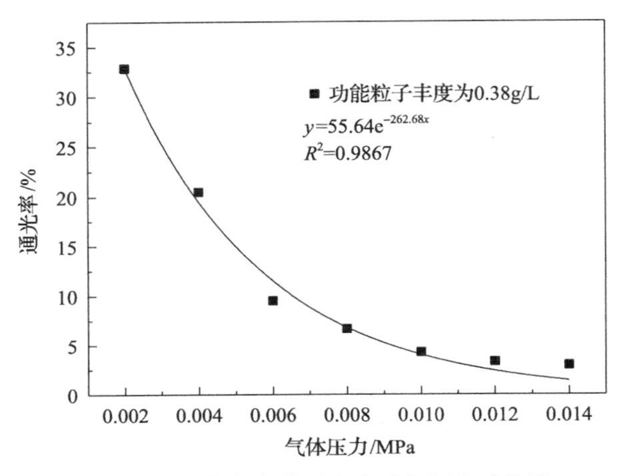

图 3-19　功能化水体通光率随气压衰减曲线

从图中可以得到，有无多孔颗粒的水体通光率与水体沸腾程度均呈指数函数关系变化，且拟合度较好，R^2 均在 95%以上。在无多孔颗粒水体中的最小通光率是 14.21%，而当粒子丰度为 0.38g/L 时，功能化水体的最小通光率为 2.95%，通光率下降了 79.23%。

从公式(3-24)中发现，水体的光吸收特性还受光程 l 的影响。为此，选用两种不同长度的玻璃水槽作为实验水槽，即改变光束在水中的传播距离。1 号实验水槽参数为长 10.00cm、宽 9.5cm、高 31.0cm，2 号实验水槽参数为长 20.00cm、宽 9.5cm、高 31.0cm。在 1 号和 2 号实验水槽中添加一定丰度粒径分别为 0.63mm、1.03mm 和 2.00mm 的多孔颗粒，依次调大通入两个实验水槽中水体的空压机气压，测试并计算的功能化水体对入射光线的透射率随粒径变化的曲线如图 3-20 所示。

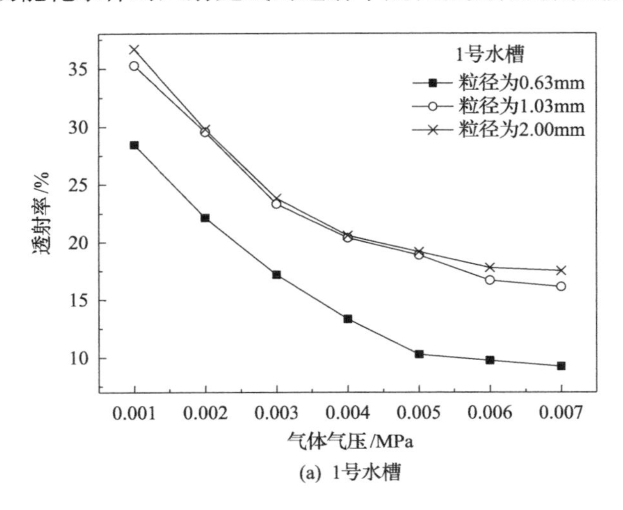

(a) 1号水槽

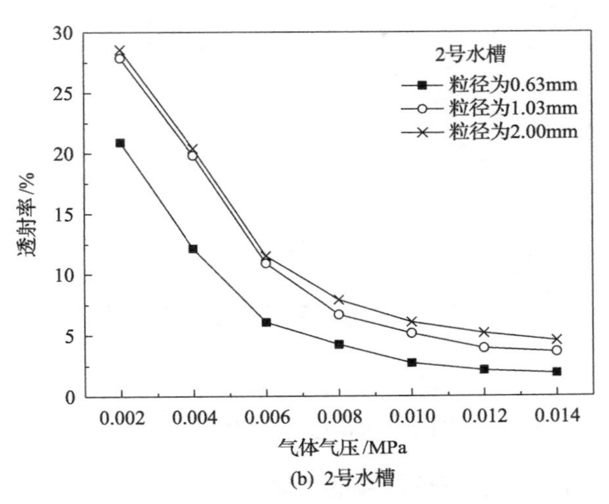

(b) 2号水槽

图 3-20　功能化水体透射率随粒径的变化曲线

从图中可以看出，添加不同粒径多孔颗粒的水体透射率随气体气压变化曲线的趋势一致，均随气压增大而减小，减小率的变化先大后小。在两个实验水槽中，在气压的变化范围内，含有粒径为 0.63mm 颗粒的水体透射率小于含有其他两种粒径颗粒的水体透射率，且透射率分别减小了 67.57%和 91.01%。

在实验系统稳态运行时，通过逐渐改变多孔颗粒在测试水体中的丰度，研究功能化水体光线透射率随颗粒丰度的变化关系。两个实验水体的光线透射率随粒子丰度的变化曲线如图 3-21 所示。

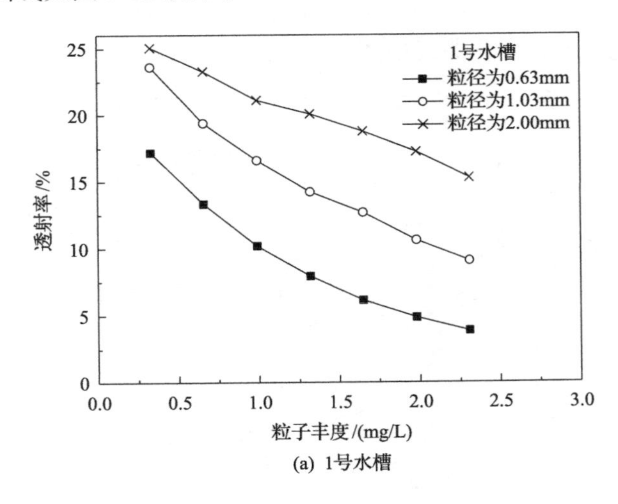

(a) 1号水槽

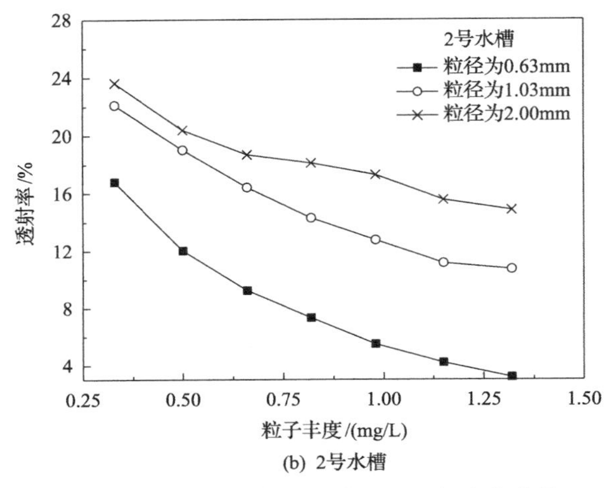

(b) 2号水槽

图 3-21　功能化水体透射率随粒径的变化曲线

从图中可以看出，含有三种颗粒的水体透射率随粒子丰度变化曲线的趋势相同，均为随多孔粒子丰度的增大，透射率逐渐减小，当粒子丰度较小时，减小率较大，而当粒子丰度较大时，减小率较小。粒径为 2.00mm 的水体透射率变化曲线中段均出现减小率很小但向上凸起的变化趋势，这主要由于随着粒子丰度的增加，大粒径的颗粒表面对光线的反射比例增加，从而使透射率的减小率变小。在入射光强相同的条件下，含有粒径为 0.63mm 颗粒的水体透射率小于含有其他粒径的水体透射率。当粒子丰度从最小变到最大时，水体透射率分别降低了 77.53%和 81.06%。

选择对光线吸收效果最好的含有粒径为 0.63 mm 多孔颗粒的水体作为测试对象，通过与普通水体进行光线透射率的对比分析，研究水体透射率随粒子丰度、气体压力的变化关系，变化曲线如图 3-22 所示。

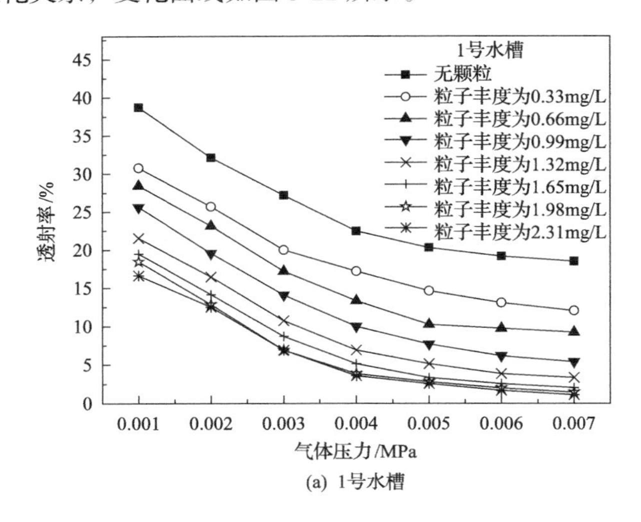

(a) 1号水槽

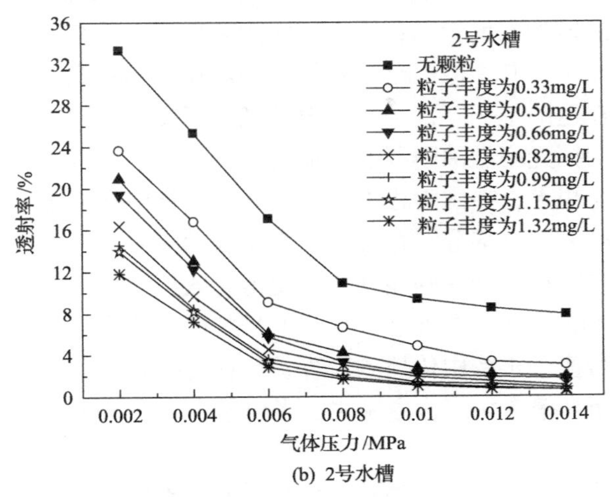

(b) 2号水槽

图 3-22　功能化水体透射率随粒子丰度的变化曲线

从图中可以看到，普通水体与添加多孔颗粒的水体透射率曲线的变化趋势一致，均为先快速减小，然后减小趋势变缓，且功能化水体透射率小于普通水体透射率。随着粒子丰度的增加，其透射率的减小率逐渐变小。这主要是因为，随着粒子丰度增加，气体压力增大，颗粒在功能化水体中运动时相互遮挡，从而使颗粒的总有效挡光面积逐渐减小，对光线的吸收作用逐渐减弱。

在相同的入射光强、粒子丰度、气体压力和颗粒粒径条件下，在 1 号和 2 号实验水槽中，研究功能化水体中粒径为 0.63mm 颗粒群的挡光率随丰度的变化规律，计算结果如表 3-3 所示。表中用气泡丰度 ε(单位水体中气泡数量)来定量表示输入气体压力数值，其值由下式(3-36)进行计算：

$$\varepsilon = \frac{V_k}{V_q \times V_w} \tag{3-36}$$

式中，V_k 为单位时间通入水体中的气体体积流量，cm^3/s；V_q 为平均单个气泡体积，cm^3；V_w 为实验水槽的水体体积，cm^3。

表 3-3　不同粒子丰度下两实验水体的挡光率　　(单位：%)

丰度/(mg/L)	ε=5 个/cm^3		ε=11 个/cm^3		ε=15 个/cm^3	
	σ_1	σ_2	σ_1	σ_2	σ_1	σ_2
0.33	12.08	15.24	12.23	16.19	12.15	15.71
0.66	18.67	21.91	17.08	23.33	16.25	20.95
0.99	23.75	29.52	21.25	30.38	21.22	28.79
1.31	30.42	32.61	27.78	33.86	26.67	29.77

从表中可以看出，在相同的气体压力条件下，1 号和 2 号实验水槽中颗粒群

的挡光率随丰度的增加而增大。在丰度相同的条件下，颗粒群的挡光率随水体沸腾程度的增大而减小。其中原因是当水体中的颗粒达到一定丰度后，随着沸腾程度的加剧，颗粒在运动中相互遮挡，有效挡光面积减小，使挡光率下降。2 号实验水槽中颗粒群的挡光率随沸腾程度增加而呈现先增大后减小的趋势，这是因为 2 号水槽水体的容积大，在沸腾程度小的时候，水槽中会有部分颗粒没有随水流运动，当沸腾加剧后，这部分颗粒参与了对光线的吸收，故挡光率增大，但是当气压继续增大，颗粒在运动中的相互遮挡使得有效挡光面积减小，挡光率下降。其中，2 号实验水槽颗粒群的挡光率大于 1 号实验水槽颗粒群的挡光率，其可以解释为光束在 2 号实验水槽中传播的光程长，在传播距离上的颗粒数量多，挡光效果明显，所以挡光率变大。这也说明，当粒径为 0.63mm 的颗粒在沸腾程度加剧后，由于气泡在运动中对粒子的作用，颗粒在水槽中将出现团聚现象，从而无法对入射光进行有效吸收，因此挡光率出现了随沸腾程度加剧而减小的趋势，挡光率随粒子丰度的增大而增大，延长了入射光在水体中的光程，从而有利于水体对光的吸收。

3.5.2　穿过功能化水体照度值变化测试研究

测试工作在光学暗室内进行。影响含深色多孔颗粒水体光吸收特性的参数包括粒子丰度 δ、光程 l、颗粒粒径 d、沸腾程度(空气泵工作气压)等，通过测试平行光穿过测试水体进入积分箱内的照度变化就可以得到水体光吸收性能随运行工况的变化规律。

选择合适的深色多孔颗粒材质是研究水体光吸收特性的关键，为此，前期对大量相关材质进行了选择，包括浮石、竹炭、椰壳、贝壳等，经过悬浮实验验证，选择竹炭(ρ=0.89g/cm^3)和陶瓷(ρ=1.06g/cm^3)作为本节研究使用的颗粒材质，通过改变测试水体中所添加深色多孔颗粒的材质，研究水体的吸光受热过程尤其是沸腾运行工况下的光吸收特性，这对于探索聚光高密度光能的光热转化具有参考价值。实验中，选用空气泵通过导气管经微孔陶瓷气石向水中送入直径约为 1mm 的气泡幕，含有竹炭和陶瓷颗粒水体的光吸收比随气体压力的变化曲线如3-23 所示。

从图中可以看出，随着送入水体空气压力的增加，两种测试水体的光吸收比均呈增大的趋势。在相同粒子丰度的条件下，含有陶瓷颗粒测试水体的光吸收比大于含有竹炭颗粒测试水体的光吸收比，且随着气体压力的增加，二者差距逐渐增大。当送入水体的气体压力为 14kPa 时，含有陶瓷颗粒水体的光吸收比为 8.94，是含有竹炭颗粒水体光吸收比的 2.12 倍。这主要是因为当送入水体的气体压力增加时，单位水体内所含气泡丰度增大，驱动颗粒运动加快，所以光吸收比自然增大。竹炭颗粒的密度小，易形成团聚，因此含有该颗粒水体的光吸收比的增幅小于含有陶瓷颗粒的水体。

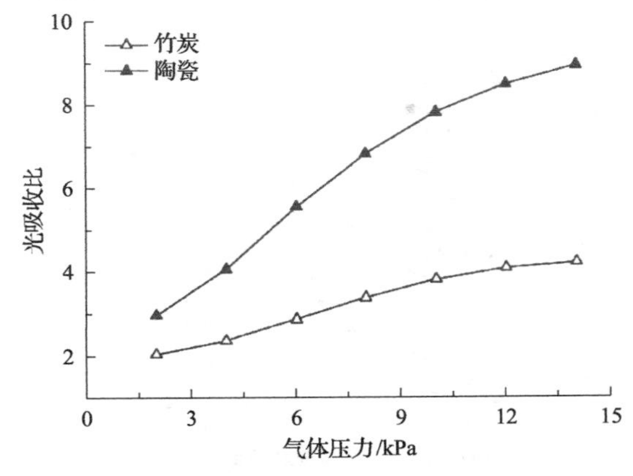

图 3-23　含不同材质颗粒水体的光吸收比随气体压力的变化曲线

本节的研究测试选择陶瓷材质的颗粒作为水体的添加颗粒。含有黑色陶瓷颗粒的水体在与入射光束相互作用的过程中，水体经过两个光热转化阶段：非沸腾温升阶段和沸腾运行阶段。在非沸腾温升测试中，测试含有颗粒粒径分别为 0.5mm、1.0mm 的水体在丰度相同条件下光吸收比的变化规律，曲线如图 3-24 所示。

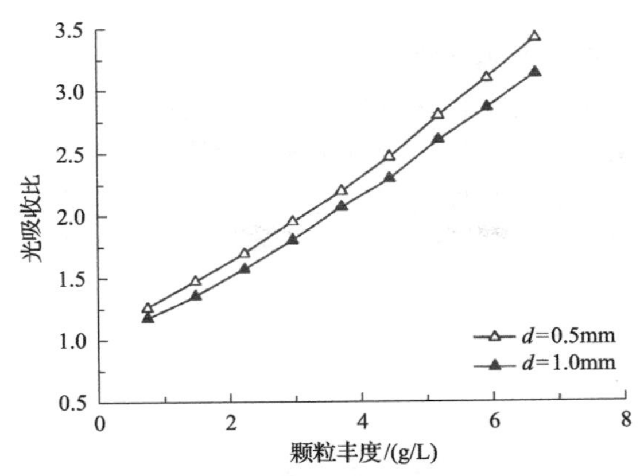

图 3-24　含不同粒径颗粒水体的光吸收比随粒子丰度的变化曲线

从图中可以看出，水体的光吸收比随所添加颗粒粒径的减小而增加，随所添加粒子丰度的增大而增大。在丰度为 6.7g/L 的运行工况下，含有粒径为 0.5mm 黑色陶瓷颗粒水体的光吸收比是 3.42，而含有粒径为 1.0mm 颗粒水体的光吸收比是 3.11。究其原因，在相同运行工况下，水体内粒径小的颗粒其总比表面积要大于粒径大的颗粒，所以光束与颗粒作用的总面积增大。

在沸腾运行阶段，颗粒点阵与气泡幕相互作用，同时不断吸收、散射、反射和透射入射光。测试中，水体所添加颗粒粒径为 0.5mm，水体光吸收比与粒子丰度的变化关系如图 3-25 所示。

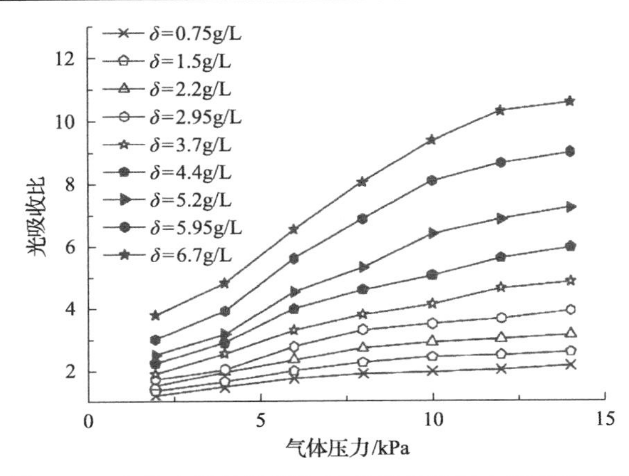

图 3-25　水体光吸收比随粒子丰度气体压力的变化曲线

从图中可以看出，水体的光吸收比随所添加粒子丰度和送入气体压力的增大而增大。当送入水体的气体压力为 14kPa、粒子丰度为 6.7g/L 时，水体的光吸收比是 10.52，比粒子丰度为 0.75g/L 时增加了 179.78%。这表明增加水体内的粒子丰度可以有效提高光吸收能力，其中水体沸腾时产生的气泡幕对于光吸收起到了一定的促进作用。

光束在水体内传输的距离 l 即光程的变化也会对水体的光吸收特性造成一定影响，如果光程长，需要的水体热容量就大，所以水体温升时间增加；如果光程短，光束没有被充分吸收就逸出，所以光热转化效率降低。因此，选择合适的水体厚度(光程)也是本研究的重要内容。测试中，通过改变玻璃水槽的长度，即改变光束的光程，测试光程分别选为 15cm 和 30cm，光吸收比随水体厚度的变化曲线如图 3-26 所示。

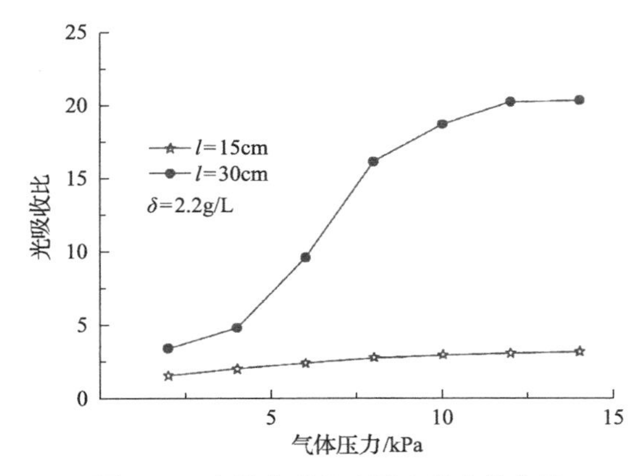

图 3-26　水体光吸收比随光程变化曲线

从图中可以看出，在相同的运行工况下，水体的光吸收比随光程的增加而增大。当送入水体的气体压力小于 10kPa 时，随着气体压力的逐渐增大，光程对水体光吸收比的影响程度急速变大，但当气体压力大于 10kPa 后，水体光吸收比的增加幅度减缓。当送入水体气体压力为 14kPa，光程为 15cm 时的光吸收比为 3.10，而光程为 30cm 时的光吸收比为 20.22，是前者的 6.5 倍。由此可见，光程的增加可以有效提高水体的光吸收比。其原因是光程的增加使参与光束作用的颗粒的总比表面积增大，同时参与光吸收、光散射、光折射的气泡幕的厚度增大，从而使水体的光吸收比增大。在实际工程中，需要优化水体厚度与粒子丰度二者之间的匹配关系。

基于上述研究结果，当水体所含粒子丰度一定时，光吸收比随送入水体空气压力(沸腾程度)的增加而增大，说明沸腾水体对提高光热转化效率是有益的。为了定量研究水体沸腾程度与光吸收比之间的对应关系，对测试水体的光吸收比随沸腾程度加剧的变化趋势进行函数拟合，结果如图 3-27 所示。

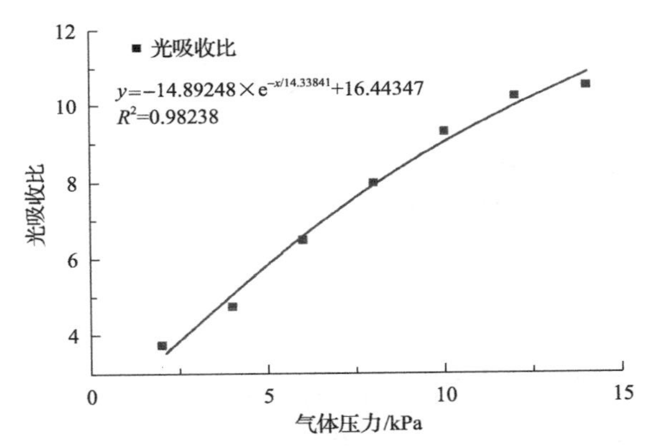

图 3-27　水体光吸收比随空气压力变化函数关系拟合曲线

从图中的函数拟合结果可以看出，含有黑色多孔陶瓷颗粒水体的光吸收比与水体沸腾程度呈指数函数关系，且拟合度较好，R^2 为 0.98238。当气体压力为 14kPa 时，水体的光吸收比是 10.52，比气体压力为 2kPa 时增加了 179.8%。

前述研究主要使用空气泵驱动空气经微孔陶瓷气石产生气泡幕模拟功能化水体沸腾，而在实际功能化水体受热产生的气泡内，空气温度与水体温度存在温差和压差。为了更准确地明晰功能化水体的温度变化对深色多孔颗粒群、气泡幕等的影响机理，进而得到功能化水体光吸收特性与水体参数之间的互馈关系。本节利用水体底部加热模拟太阳能加热，对颗粒材质分别为活性炭和火山石进行了筛选，并展开系列水体光吸收性能研究，为功能化水体的光吸收室外测试提供测试数据和理论参考。

为了计算光线传播过程中的损失，将功能化水体吸收光通量与入射光通量之比定义为吸收率，由下式可得

$$\lambda = \frac{\varphi_a}{\varphi_i} \times 100\% \tag{3-37}$$

式中，φ_a 为入射光线通过含不同深色多孔颗粒水体后水体吸收的光通量，lx；φ_i 为入射光线通过水体前的光通量，lx。吸收率越大，说明光线在传播过程中由于散射、反射、折射等形式散失到环境中的光线损失越少。

首先对未添加深色多孔颗粒的普通水体进行温升光吸收性能研究。实验中，在实验水槽下方放置可控恒温热源对实验水体进行加热以模拟功能化水体的运行状态，测试功能化水体经温升直至沸腾过程中影响光吸收性能的主要因素。测试前，对普通水体进行杂质过滤，消除干扰测试结果的不利因素，测试温度范围为 20～95℃，温度数据采集时间间隔为 5℃。在普通水体的温升过程中，水体通光率及侧壁面照度值的变化曲线如图 3-28 所示。

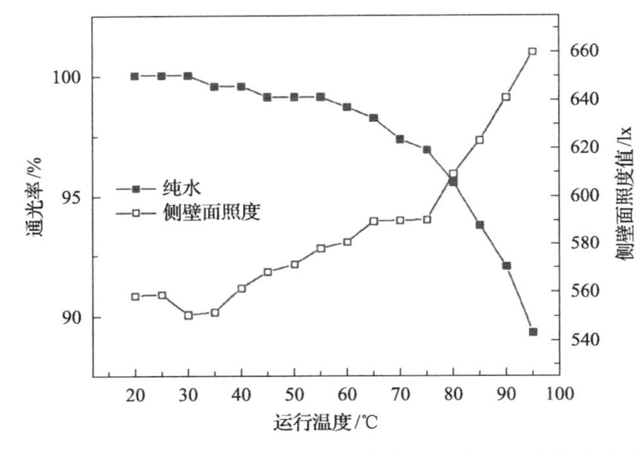

图 3-28 普通水体温升过程中通光率与侧壁面照度值的变化

从图中可以看出，随着测试水体运行温度的升高，水体通光率呈下降的趋势，普通水体温度为 95℃时的通光率较 20℃时降低了 10.7%。原因在于随着普通水体温度的升高，溶于水体中气体的溶解度随之减小，水体内部不断产生气泡，并且生成气泡的速率与数量随加热温度的升高而增加，水体内的气泡对入射光线产生吸收、反射和折射等作用，降低了水体的通光率，提高了水体的光吸收能力。

由图 3-28 中侧壁面照度随运行温度的变化可知，随着测试水体运行温度的升高，水体侧壁面照度呈增长的趋势，且变化幅度与通光率的趋势相反。当入射光线未通过水体且光通量 φ_i 不变时，侧壁面照度值的提高表明入射光线通过水体后经散射、反射、折射等形式逸出水体的光线比例增加，水体对入射光的吸收能力减弱。

以普通水体的光吸收测试结果为参考，分别选用粒径分别为 0.25～0.35mm、0.45～0.85mm 及 1～2mm 的深色多孔颗粒添加到普通水体内，制备三种测试用功能化水体，保持其丰度统一为 1.5g/L，经充分浸泡，待颗粒迁移稳定后分别测试功能化水体通光率随温升的变化趋势，如图 3-29 所示。

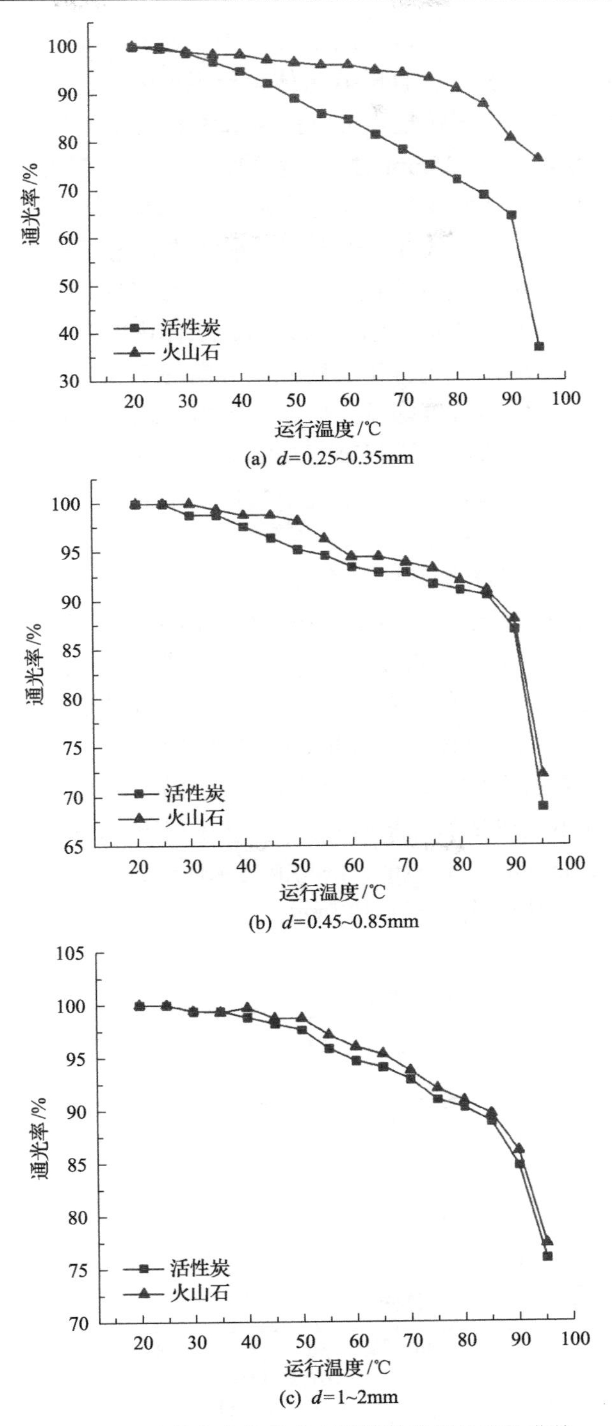

图 3-29　功能化水体通光率随颗粒粒径的变化曲线

由图 3-29 可知，在丰度相同的条件下，含有活性炭测试水体的通光率小于含火山石测试水体的通光率，且随着水体运行温度的提高，通光率逐渐减小，这表明添加活性炭或火山石颗粒均可以提高水体的光吸收能力。由图 3-29(a)可知，当颗粒粒径为 0.25～0.35mm 时，随着测试水体运行温度的升高，含有不同深色多孔颗粒的测试水体的通光率变化明显，当水体运行温度为 95℃时，含有活性炭测试水体的通光率比含有火山石测试水体的通光率低 39.5%。主要原因在于多孔颗粒粒径小、单一颗粒体积小、在水体内易实现悬浮状、可对平行入射光进行有效吸收。随着水体运行温度的升高，水体内的对流传热加剧，促使颗粒群的迁移加剧，这增加了垂直于入射光束方向的总迎光面积，加之随着水体运行温度的提高，气体溶解度降低，所以在颗粒表面会形成气泡，进而使水体内气泡幕的规模增大，这进一步提高了功能化水体的光吸收能力。由于活性炭的密度小于火山石，故发生迁移所需推力小于火山石，更易于在其水体内均布，因此对水体通光率的影响更大。

功能化水体内深色多孔颗粒的丰度直接决定了其对入射光的拦截效果，在颗粒粒径一定的条件下，粒子丰度越小，颗粒在水体对流作用下相互遮挡的概率越小，功能化水体对入射光的吸收能力越弱；同样，粒子丰度越大，颗粒在水体对流作用及沸腾气泡幕作用下的相互遮挡概率越大，对未吸收光线的再次反射和吸收能力越强，所以功能化水体对入射光的吸收能力也越强。但是，随着丰度的增大，水体光吸收性能提升的效果将逐渐减弱，因此研究不同粒径颗粒及丰度变化对功能化水体光吸收特性的影响很有必要。在相同丰度条件下，对含有活性炭粒径分别为 0.25～0.35mm 和 1～2mm 的功能化水体进行光吸收性能测试，水体通光率随运行温度的变化曲线如图 3-30 所示。

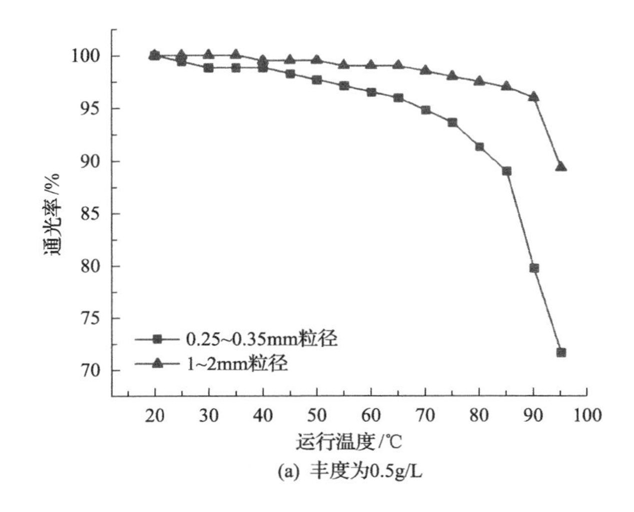

(a) 丰度为0.5g/L

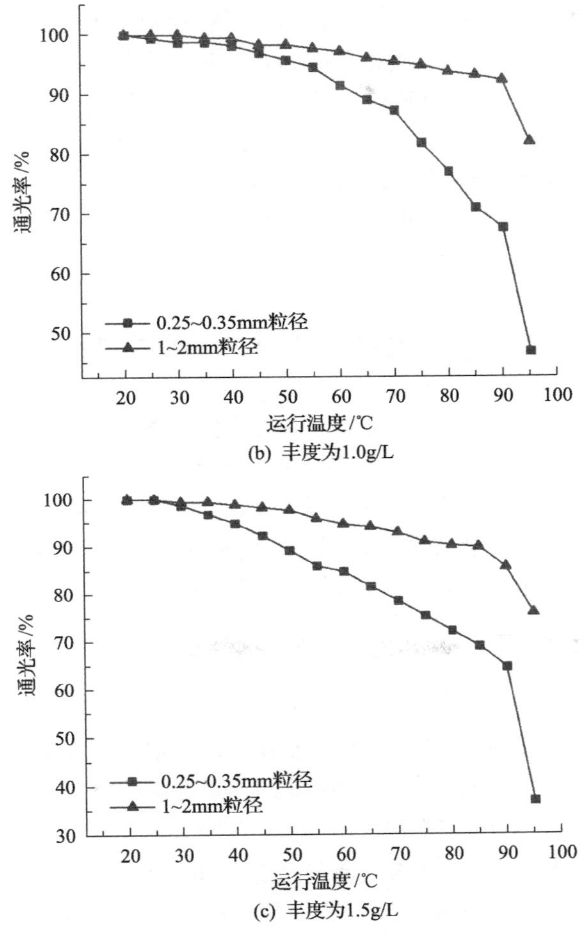

(b) 丰度为1.0g/L

(c) 丰度为1.5g/L

图3-30　功能化水体通光率随运行温度的变化曲线

从图中可以看出，含有粒径为0.25～0.35mm与1～2mm颗粒的功能化水体的通光率均随粒子丰度的增大和运行温度的升高而减小，其中含有粒径为0.25～0.35mm颗粒的水体通光率均较相同条件下含有粒径为1～2mm颗粒的水体的减小幅度大。当水体运行温度为95℃，活性炭的粒子丰度为0.5g/L时，含有粒径为0.25～0.35mm的水体比含有粒径为1～2mm的水体通光率低17.67%。当丰度为1.0g/L时，含有粒径为0.25～0.35mm颗粒的水体比含有粒径为1～2mm颗粒的水体通光率低35.16%。当活性炭丰度为1.5g/L时，含有粒径为0.25～0.35mm颗粒的水体比含有粒径为1～2mm颗粒的水体通光率低38.98%。测试结果表明，添加粒径为0.25～0.35mm活性炭颗粒的功能化水体的光吸收性能在测试组别中是最优的。

究其原因，在相同丰度的条件下，随着粒径的减小，功能化水体内活性炭颗粒的总比表面积增大，颗粒数量增多，提升了颗粒对入射光拦截的概率和效果，有效光的吸收面积增大，加之随着水体温升，热对流加剧，颗粒群的迁移加速，粒径小的活性炭颗粒表面更易产生气化核心，从而可以有效提高水体内气泡幕的密度，二者共同作用可有效提升功能化水体的光吸收性能。同理，随着活性炭颗粒粒径的增大，颗粒数量减少，随着水体热对流发生迁移的惯性减小，对入射光的有效拦截面积小于颗粒粒径小的水体，所以难以在水体内部形成均匀点阵，故与含有颗粒粒径小的水体相比，其光吸收能力稍差。

3.6　功能化水体光吸收的室外测试研究

前述对聚光型太阳能海水淡化系统中功能化水体的光吸收性能进行了光学暗室研究，这为聚光型太阳能海水淡化系统的实际运行和供能方式提供了测试数据和研究基础。基于功能化水体光吸收的暗室测试结果，在实际天气条件下，分别利用槽式复合抛物面聚光集热装置和碟式聚光集热装置对功能化水体进行加热，分析影响功能化水体温升及蒸发的因素，探索提高功能化水体光吸收能力的方法和途径。

3.6.1　槽式复合抛物面聚光水体的光吸收性能测试

槽式复合抛物聚光水体的光吸收特性测试系统所采用的聚光器为第 2 章中的设计款型，其聚光性能在前述已做了详细分析，并根据聚光器的接收半角范围设计了单轴跟踪系统，采用光敏探头跟踪模式，聚光器反射表面粘贴反射率为 0.93 的反射铝板，厚度为 1mm，平整度符合测试要求。实验地点选择在北京市(北纬 39°57′，东经 116°18′)，测试在大气质量良好、晴好的天气条件下进行。

槽式复合抛物面聚光水体的光吸收性能测试实验系统由聚光集热单元、管式功能化水体接收体、水蒸气收集单元及数据采集单元等组成，系统结构如图 3-31 所示。测试期间正午时分的太阳高度角为 47.6°，故槽式复合抛物面聚光器与地面的安装倾角为 42.4°，太阳辐射表的安装倾角与此相同。

装置工作原理如下：进料海水由进水管路进入管式玻璃蒸发器中，并与多孔颗粒混合成为功能化水体，太阳光入射到槽式复合抛物面聚光器的反射面上，聚光后汇聚到管式玻璃蒸发器中形成条状焦斑，功能化水体受热升温蒸发形成高温水蒸气，蒸发器内的蒸气压力增大，水蒸气经管路进入冷凝水箱内并浸没于冷却水中的铜质盘管内冷凝生成淡水，槽式聚光器呈南北倾斜放置，东西向跟踪太阳光，跟踪控制系统由光敏探头控制调节，管式玻璃蒸发器为定做的双层透明真空玻璃管，测试系统实物如图 3-32 所示，由配套耐高温硅胶密封塞密封，密封塞上开有进料海水和水蒸气传输管路通孔，水蒸气管路外有 4mm 厚的保温棉包裹。测试中，冷凝水箱中的水温保持恒定。

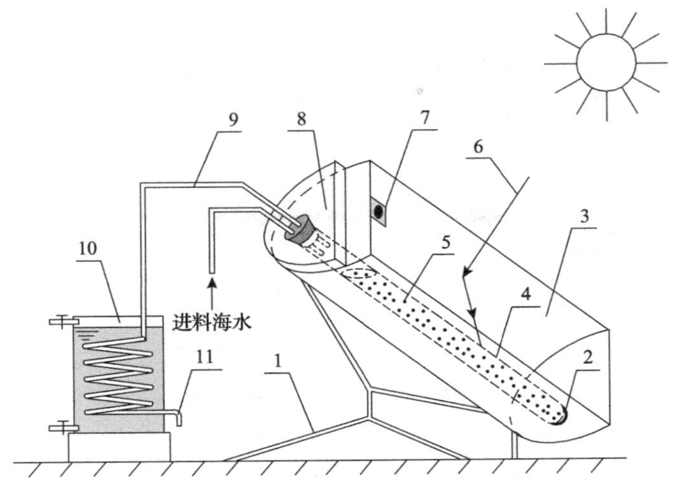

图 3-31　槽式复合抛物面聚光水体光吸收性能测试系统示意图

1. 支架；2. 胶垫；3. 槽式复合抛物面聚光器；4. 管式玻璃蒸发器；5. 多孔颗粒；6. 光线；7. 光敏探头；8. 跟踪机构；9. 蒸气管路；10. 冷凝水箱；11. 淡水出口

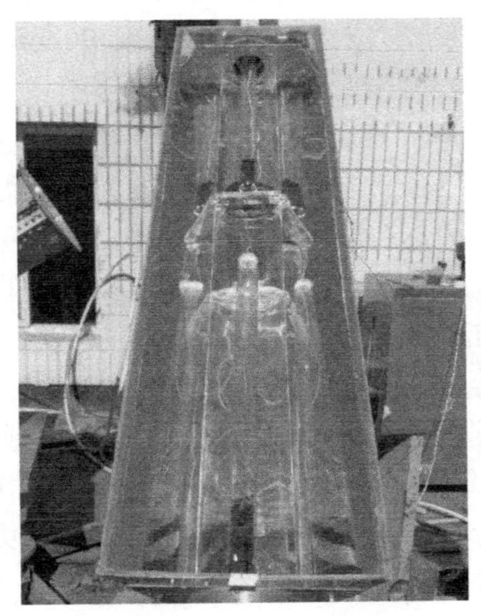

图 3-32　槽式复合抛物面聚光水体光吸收性能测试系统实物图

鉴于功能化水体对所聚焦的高密度光能具有明显的吸收作用，对于正入射光线，可以在管式真空玻璃蒸发器正下方的聚光槽底部安装热电偶，通过热电偶的温度变化间接获得水体对正入射太阳光的吸收能力。对于经聚光槽反射后的光线，可以通过装在水体中热电偶的温升变化来获得，为了避免焦斑对热电偶的影响，热电偶外套有不锈钢遮光套。

测试中，用城市自来水代替海水，由于两者的蒸发性能相近，蒸发率相差低于 3%，符合实验要求。实验前对所有测试用热电偶进行校核。太阳辐照度由 PC-2

型辐射记录仪采集，采集间隔为 5min，所测各点温度由 TYD-WD 多路温度监测系统记录仪采集，采集间隔为 1min。水体蒸发量由精密电子秤称量。功能化水体中添加颗粒粒径分别为 0.63mm、1.03mm、2.00mm，采用对比实验法，在相同运行工况下进行测试。实验中所选用测量仪器的技术参数详见表 3-4。

表 3-4　所使用测量仪器的技术参数

测量装置	测量范围	测量精度/%
辐射记录仪/PC-2	0～±25MV	0.5
总辐射表/TBQ-2L	0～2000W/m^2	±3
多路温度监测系统记录仪/TYD-WD	–50～400℃	±0.5
K 型热电偶/WRNT-01	0～300℃	±0.5
电子秤/HC ES-06B	0.1～500g	±0.5

槽式复合抛物面聚光器入光口的宽度为 45cm，底部抛物面进光口宽度为 20cm，竖直反射面的高度为 20mm，管式玻璃蒸发器为双层透明真空玻璃管，其长度为 100cm，直径为 75mm，位于距聚光槽底部 90mm 处的聚光器焦斑的位置。根据前述所得到的光学实验结论，选定功能化水体中多孔粒子丰度为 6.9g/L，测试方式选用对比实验法。

为了精确得到实际天气条件下功能化水体的光吸收温升变化，测试时间选择在太阳辐照度变化幅度较小的 10:30～13:30，测试数据包括太阳辐照度、含粒径为 0.63mm 颗粒的功能化水体温度、含粒径为 1.03mm 颗粒的功能化水体温度、含粒径为 2.00mm 颗粒的功能化水体温度、普通纯水温度、环境温度、蒸气温度、槽底温度和水体蒸发量等。

在相同的太阳辐照度下，在管式玻璃蒸发器中分别盛有普通纯水、含粒径为 1.03mm 颗粒的功能化水体、含粒径为 2.00mm 颗粒的功能化水体、含 0.2mm 碳粉末的功能化水体，并分别与含粒径为 0.63mm 颗粒的功能化水体在聚光条件下的槽底温度、水体温度及水体蒸发量进行对比实验研究，实验测定时间为 60min。

测试日一、测试日二的太阳辐照度及环境温度如图 3-33 所示。在相同条件下，改变功能化水体中深色多孔颗粒的粒径，比较多孔颗粒粒径对水体温升及装置水体蒸发量的影响。实验中，制备颗粒粒径分别为 0.63mm、1.03mm 和 2.00mm，颗粒近似为黑色多孔球形，保证水体中粒子丰度均为 6.9g/L。实验分为 3 组进行，分别是含粒径为 0.63mm 颗粒的功能化水体与纯水、含粒径为 1.03mm 颗粒的功能化水体、含粒径为 2.00mm 颗粒的功能化水体进行对比实验，对比分析相同运行时间内水体的温升变化、聚光器槽底的温度变化及水体蒸发量，温度曲线如图 3-34～图 3-36 所示。

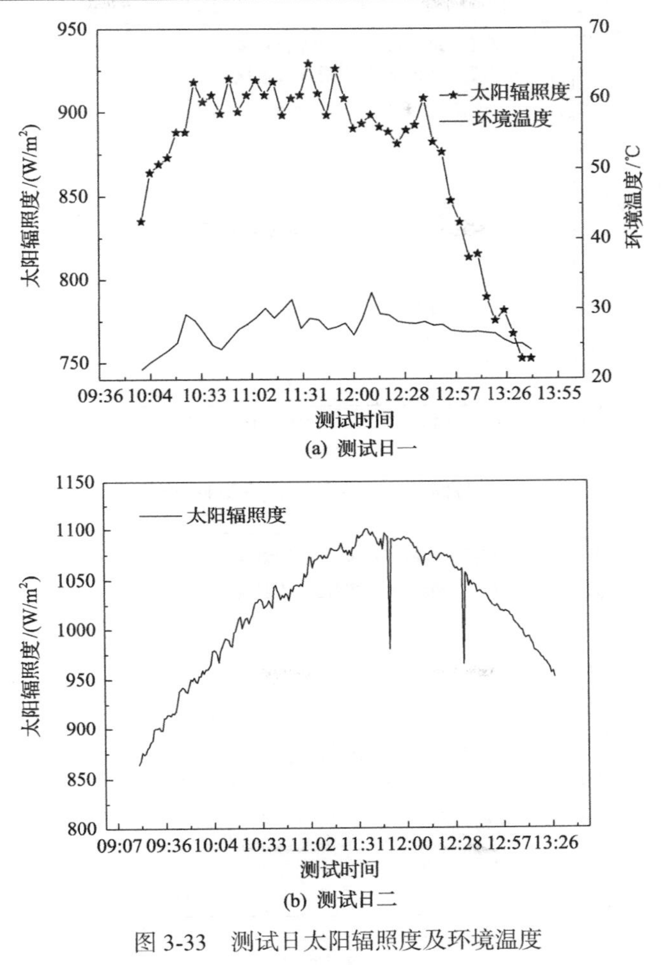

(a) 测试日一

(b) 测试日二

图 3-33 测试日太阳辐照度及环境温度

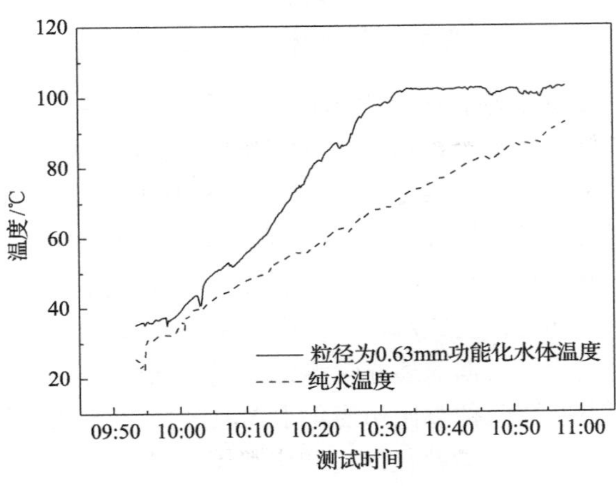

图 3-34 功能化水体与纯水的温升曲线

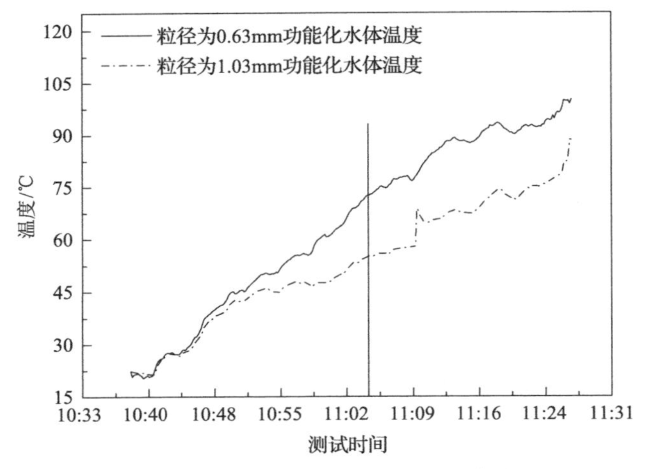

图 3-35　两种功能化水体的温升对比曲线（一）

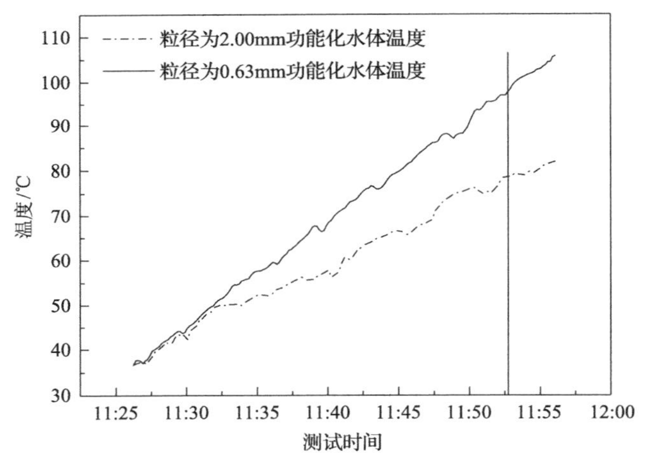

图 3-36　两种功能化水体的温升对比曲线（二）

从图 3-34 可以看出，在相同的太阳辐照度及集热条件下，放置于管式透明真空玻璃管内的含颗粒粒径为 0.63mm 的功能化水体的温升速度及温升幅度均高于普通纯水，功能化水体由初始温度为 35℃温升到 100℃用时 37min，而纯水由初始温度 35℃温升到 90℃用时 60min，温升时间缩短了 43.9%。对于纯水，由于集热和散热的原因，所以很难在短时间内达到沸腾温度，而功能化水体有内热源，故可以实现短时间内沸腾，生成水蒸气，进而生成淡水。

当颗粒粒径增大后，根据前述光学测试结论，功能化水体的光吸收能力有所下降，在实际天气下所测两种对比功能化水体温度变化与此结论相符。从图 3-35 和图 3-36 可以看出，含有不同粒径的功能化水体的温升随太阳辐照度的变化趋势相似，含有粒径为 0.63mm 颗粒的功能化水体温升速度要快于含有粒径为 1.03mm

和 2.00mm 颗粒的功能化水体。在相同的运行时间内，图 3-45 中画竖线处的温差为 16.57℃，图 3-36 中画竖线处的温差为 20.37℃。可见，功能化水体的温升速度随粒径增大而减小。对于聚光型太阳能海水淡化装置而言，采用小粒径的深色多孔颗粒固然对功能化水体的温升有益，但是颗粒的回收及补充也是技术应用后需要考虑的问题之一，后续研究应该综合考虑颗粒回收的难易程度与水体光吸收能力提升之间的关系。

基于前期功能化水体光吸收性能的暗室测试结果，通过研究功能化水体的通光率可以间接得到水体的光吸收性能。对于复合抛物面聚光功能化水体的光吸收性能测试系统，除了对比研究水体的温升变化规律，考虑入射太阳光直接经过普通纯水和功能化水体后，由于水体对光的吸收、反射、散射等，辐射能量均比入射能量要小，通过在聚光器槽底反射铝表面布置热电偶，测量其温度变化可以间接得到穿过水体后太阳辐射能减小的变化规律。含有粒径为 0.63mm 颗粒功能化水体的槽底温度与普通纯水的槽底温度随测试时间变化如图 3-37 所示。

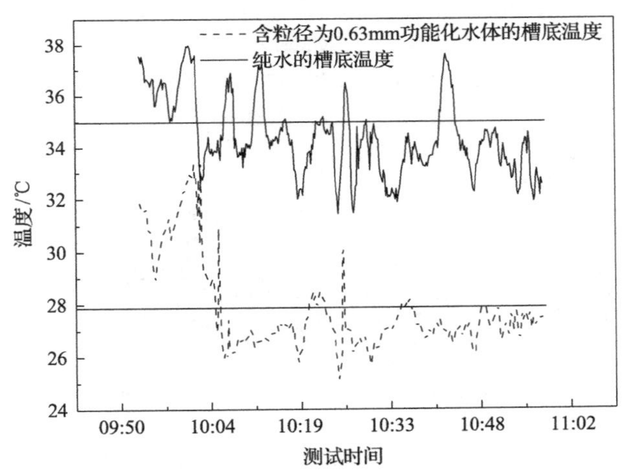

图 3-37　纯水与功能化水体所用聚光器的槽底温度

从图中可以看出，纯水所用聚光器的槽底温度与含粒径为 0.63mm 颗粒功能化水体槽底温度的变化趋势一致，但功能化水体的槽底温度整体低于纯水的槽底温度。鉴于温度波动较大，采用槽底平均温度衡量穿过水体后太阳辐射能的变化趋势。经过计算，纯水的槽底平均温度为 34.8℃，而功能化水体的槽底平均温度为 27.7℃，即约有 21%的正入射光线被功能化水体吸收，其原因在于装在管式透明真空玻璃管内的普通纯水对入射太阳光的吸收能力弱于含有深色多孔颗粒的功能化水体。

为了进一步验证功能化水体所含深色多孔颗粒粒径对其光吸收能力的影响，解释图 3-35 和图 3-36 中的水体温升规律，得到颗粒粒径与颗粒迁移运动之间的关系及水体内颗粒群、气泡幕对入射光的吸收作用，分别对含有粒径为 0.63mm、1.03mm 和 2.00mm 颗粒水体的槽底温度进行对比测试，变化曲线如图 3-38 和图 3-39 所示。

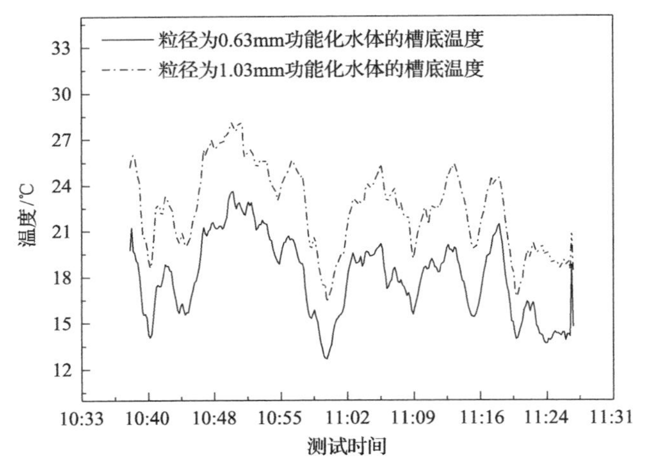

图 3-38　两种功能化水体的槽底温度变化对比曲线（一）

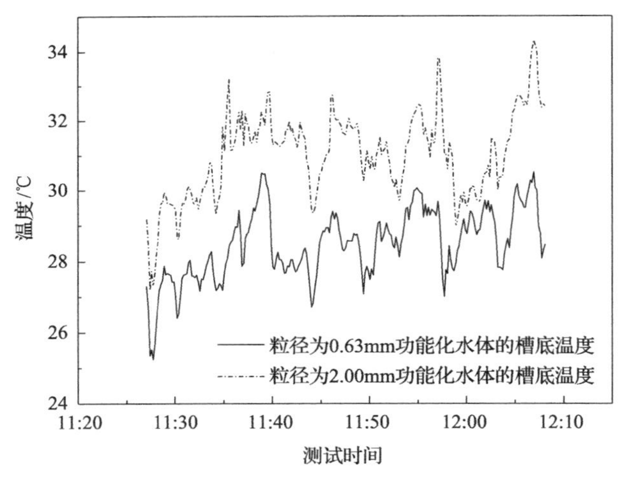

图 3-39　两种功能化水体的槽底温度变化对比曲线（二）

测试中，正入射太阳光经含有不同颗粒粒径的功能化水体后，其辐射能量的变化会引起所用聚光器槽底温度的变化。从图 3-38 和图 3-39 可以发现，两组测试中含不同颗粒粒径功能化水体的槽底温度变化趋势相似，含有粒径为 1.03mm 和 2.00mm 颗粒功能化水体的槽底温度均高于含有粒径为 0.63mm 颗粒功能化水体的槽底温度。为了定量分析并对比温度的差别，采用平均温度作为对比参数。其中，如图 3-38 所示，含有粒径为 0.63mm 颗粒功能化水体的槽底平均温度为

18.22℃，含有粒径为 1.03mm 颗粒功能化水体的槽底平均温度为 22.56℃。如图 3-39 所示，含有粒径为 0.63mm 颗粒功能化水体的槽底平均温度为 28.02℃，含有粒径为 2.00mm 颗粒功能化水体的槽底平均温度为 31.86℃。考虑到环境温度和风速对槽底热电偶有一定的影响，所以所测温度变化的波动较大。

通过纯水和功能化水体的温升实验可以看出，所添加深色多孔颗粒的丰度对水体在聚光运行工况下的温升有着重要影响。改变功能化水体中的粒子丰度，通过测试其对水体温升及槽底温度变化的影响，进一步探索粒子丰度对功能化水体光吸收能力的影响机理。测试时，在水体中添加对光线吸收效果较好的粒径为 0.63mm 的颗粒，对比测试丰度不同时水体温度的变化，曲线如图 3-40 所示，两测试水体的槽底温度变化如图 3-41 所示。

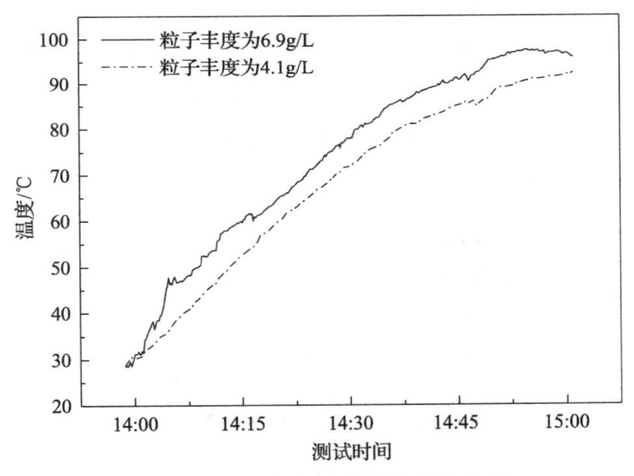

图 3-40　粒子丰度对水体温升影响曲线

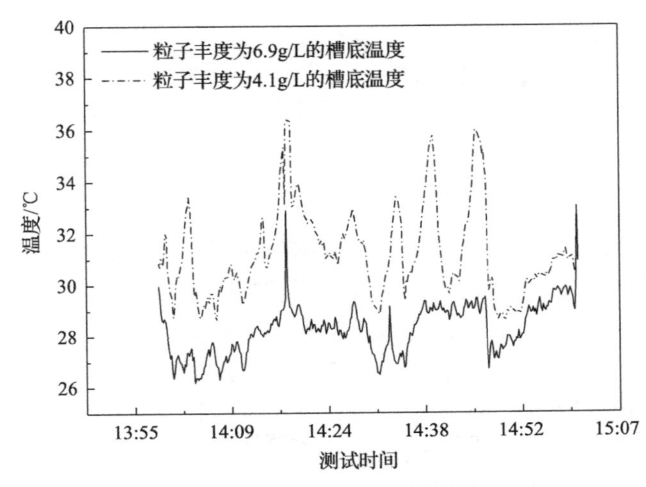

图 3-41　两组功能化水体的槽底温度对比

从图 3-40 可以看出，两组颗粒丰度不同的功能化水体的温度随运行时间的变化趋势一致，均呈上升趋势，且粒子丰度大的功能化水体的温升大于粒子丰度小的功能化水体,在整个温升过程中,两者温差基本保持恒定,温差约为 7.5℃。这也可以由两组测试水体聚光器的槽底温度变化加以解释，如图 3-41 所示，粒子丰度为 6.9g/L 功能化水体的槽底温度低于粒子丰度为 4.1g/L 的槽底温度，两条曲线随时间的变化趋势相似。其中，粒子丰度为 6.9g/L 功能化水体的槽底平均温度为 28.3℃，粒子丰度为 4.1g/L 功能化水体的槽底平均温度为 31.2℃，温度升高了约 9.3%。这表明在相同颗粒粒径条件下，粒子丰度大的功能化水体单位体积内的颗粒数量多，颗粒之间相互作用的概率大，沿光线汇聚方向的有效截面积大于粒子丰度小的功能化水体，所以光吸收能力更强，穿过功能化水体的光线减弱，使聚光器槽底温度降低。

功能化水体的光吸收性能也可以通过受热后水蒸气的蒸发量来体现，随着水体温度的升高，液面蒸发产生水蒸气，测试系统对水蒸气进行凝结取值可以得到淡水产量。对含有粒径为 0.63mm 颗粒功能化水体的蒸发量进行称量统计，产水量随时间的变化如图 3-42 所示。

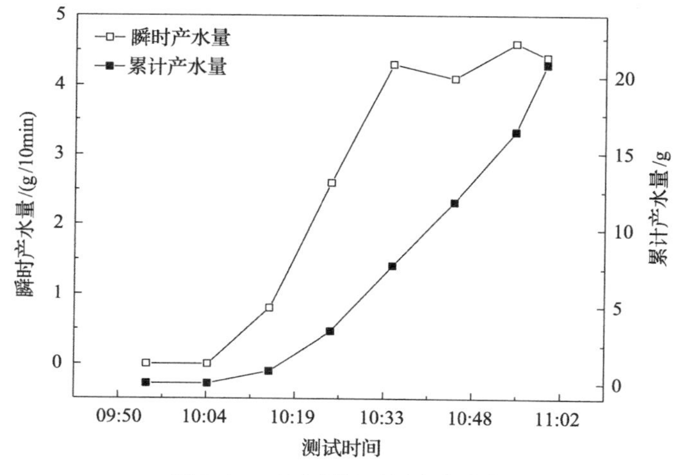

图 3-42　产水量随时间变化曲线

从图中可以看出，水体蒸发量所生成的瞬时淡水量(瞬时产水量)只有在水体温度上升到一定程度后才开始快速上升，当功能化水体沸腾后，瞬时产水量的上升趋势变缓并达到稳态，而累计产水量随运行时间呈直线上升变化。这也可以由功能化水体的温度变化曲线来解释，对应于水体温度变化曲线图 3-34，当温度升高到 85℃时，瞬时产水量开始快速上升，当温度达到或超过 95℃后，瞬时产水量趋于稳态，由于管路凝结淡水的速度滞后于水体温度测量时间，所以产水量变化对应的时间略落后于温度变化时间。

从实验研究结果可以得出，在相同粒子丰度的条件下，功能化水体的温升速度随所含颗粒粒径的减小而加快；在颗粒粒径相同的条件下，功能化水体的温升速度随所含粒子丰度增大而加快；此外，太阳辐照度对功能化水体的温升也有影响。装置的能量利用效率如何？与产水量关系如何？本书采用性能系数GOR(gain output radio)作为表征功能化水体吸收太阳能实现光热转化效率的重要参数，性能系数越大，表明功能化水体对入射太阳能的光热转化效率越高，水体的光吸收能力越强。功能化水体吸收的太阳能可以由下式计算：

$$\sum Q = \int_{t_1}^{t_2} G_Z \times A_{CO} \times dt \tag{3-38}$$

式中，G_Z 为太阳辐照度值，W/m^2；A_{CO} 为聚光器入光口的面积，m^2；dt 为功能化水体的光吸收时间，s。

根据能量守恒定律，在实际天气条件下，功能化水体受热蒸发产水的性能系数GOR可表示为

$$GOR = \frac{M_e \times h_{fg}}{\sum Q} \tag{3-39}$$

式中，M_e 为装置运行时间内的淡水产量，kg；h_{fg} 为水的汽化潜热，kJ/kg，近似取为2300kJ/kg。根据上式，在实际天气下，含粒子丰度为6.9g/L功能化水体经光吸收蒸发淡水量及性能系数如表3-5所示。

表3-5　实验装置的产水量及性能系数

测试时间	粒径为0.63mm		粒径为1.03mm		粒径为2.00mm	
	产水量/g	GOR	产水量/g	GOR	产水量/g	GOR
测试日一	27.4	0.18	—	—	16.2	0.11
测试日二	—	—	22.7	0.13	—	—

从表中可以看到，对含有三种颗粒粒径的功能化水体单位时间内的蒸发量不做比较，原因是功能化水体光吸收蒸发的运行工况是不一样的。通过对GOR的变化分析可以发现，其随颗粒粒径的增大而减小。这可以解释为，在丰度相同的条件下，含有小粒径多孔颗粒的水体对入射光的透射率低，即通过水体后逸出的光线少，与水体相互作用的太阳光多，产生的热能也随之增加，对能量的利用效率高；相反，粒径大的多孔颗粒对入射太阳光的反射面大，逸出光线也多，因而含有大粒径颗粒功能化水体在产水过程中的GOR就会越小。

3.6.2　碟式聚光水体的光吸收性能测试

槽式复合抛物面聚光功能化水体的光吸收测试系统属于低聚光比供能蒸发系

统，为了测试高聚光比功能化水体的光吸收性能，本节选用碟式聚光集热装置来测试功能化水体接收高密度光能过程中水体温升、温度均匀性及蒸发量的变化规律，为此，设计搭建了碟式聚光功能化水体的光吸收性能测试系统[27]，碟式聚光器安装有双轴实时跟踪系统，采用光敏探头跟踪模式，使用耐高温玻璃器皿盛放功能化水体作为接收体，其几何聚光比为 225，反射表面粘贴反射率为 0.9 的反射铝膜，厚度为 0.6mm，与聚光反射面的贴合度符合测试要求。测试系统由碟式聚光器、双轴跟踪控制单元、管式玻璃蒸发器、水蒸气收集单元和数据采集系统等组成。系统结构如图 3-43 所示。测试期间的太阳高度角为 55°，碟式聚光器与地面的安装倾角为 45°，太阳辐照度表的安装倾角与此相同。

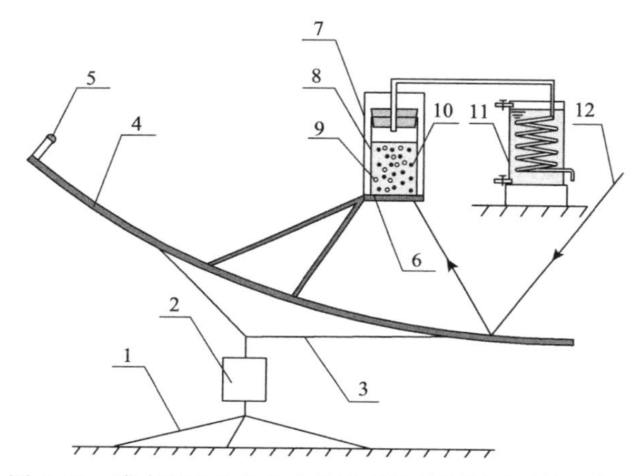

图 3-43　碟式聚光功能化水体光吸收性能测试系统示意图

1. 支架；2. 跟踪控制盒；3. 跟踪旋转机构；4. 碟式聚光器；5. 光敏探头；6. 托架；7. 遮光罩；8. 管式玻璃蒸发器；9. 气泡；10. 功能粒子；11. 冷凝水箱；12. 太阳光线

测试系统的工作原理如下：进料海水在管式玻璃蒸发器中与深色多孔颗粒混合成为功能化水体，太阳光入射到碟式聚光器的反射面上，聚光后汇聚到管式玻璃蒸发器底部形成圆形焦斑并进入功能化水体内，功能化水体吸光受热后升温生成高温蒸气，蒸发器内的蒸气压力大于蒸气管路内的压力，蒸气经管路进入冷凝水箱中的铜质盘管内凝结生成淡水，碟式聚光器双轴实时自动跟踪太阳，跟踪控制系统由光敏探头控制调节，管式玻璃蒸发器为定做的单层玻璃管，蒸气出口用橡胶密封塞密封，密封塞上通有蒸气排出管道，蒸气管路外由 4mm 厚的保温棉包裹，为了消除其他杂光对测试结果的影响及空气流动对玻璃蒸发器热量传输的影响，在玻璃蒸发器外面罩有金属遮光罩，罩内表面全部喷涂为黑色，以防止从功能化水体中逸出的光线经遮光罩内表面的二次反射再次进入水体而影响测试结果。

系统运行过程中，高密度光能从管式玻璃蒸发器下方进入功能化水体内，多孔颗粒竖直方向的迁移对水体温度变化的影响很小，而且焦斑会使水体中沿水平方向的温度分布呈现不均匀性。为了准确获得水体温度的变化情况，在蒸发器开口处的橡胶塞上沿水平方向等距竖直布置 6 个热电偶，将所得温度的平均值作为水体温度值，由于水体中的光束会对热电偶造成影响，所以热电偶外套有不锈钢遮光套。

测试中，用城市自来水代替海水，因为两者的蒸发性能相近，蒸发率相差小于 3%，所以能够达到功能化水体的要求。测试前对所有测试用热电偶及称重用精密电子秤进行校核。太阳辐照度由 TRM-2 型太阳能测试系统采集，采集间隔为 1min。各测点温度由无纸温度记录仪实时采集，采集间隔为 1min，水体受热蒸发量经冷凝后所产的淡水量由电子秤称取。测试中所选用测量仪器的技术参数详见表 3-6。

表 3-6　所使用测量仪器及其技术参数

测试仪器	测量范围	测量精度
太阳能测试系统/TRM-2	0～2000W/m^2	<5%
总辐射表/TBQ-2L	0～2000W/m^2	±3%
无纸温度记录仪/R4100	–100～500℃	±1℃
K 型热电偶/WRNT-01	0～300℃	±0.5%
电子秤/HC ES-06B	0.1～500g	±0.5%

碟式聚光器直径为 150cm，管式玻璃蒸发器为单层耐热玻璃管，其高度为 150mm，直径为 104mm，由托架支撑于聚光器的焦斑位置，遮光罩高度为 200mm，直径为 112mm，底部开有与管式蒸发器面积相同的通光孔，以便于高密度光能进入蒸发器中。功能化水体中添加的深色多孔颗粒粒径分别选择为 0.72mm、1.06mm、2.00mm，在相近的运行工况下对水体的光吸收性能进行对比测试。

实验中，测试时间选择在太阳辐照度变化幅度较小的 10:30～13:30，分别采集太阳辐照度、环境温度、含粒径为 0.72mm 颗粒功能化水体的平均温度、含粒径为 1.06mm 颗粒功能化水体的平均温度、含粒径为 2.00mm 颗粒功能化水体的平均温度、普通纯水温度及装置的蒸发量。其中，玻璃蒸发器内测量水体温度的 6 个热电偶布置如图 3-44 所示，所测温度值如图 3-45 所示。

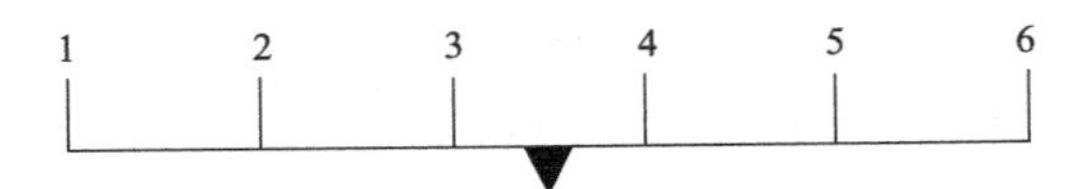

图 3-44　水体中的测温点布置

注：数字代表温度测量点编号，下三角代表蒸发器中心

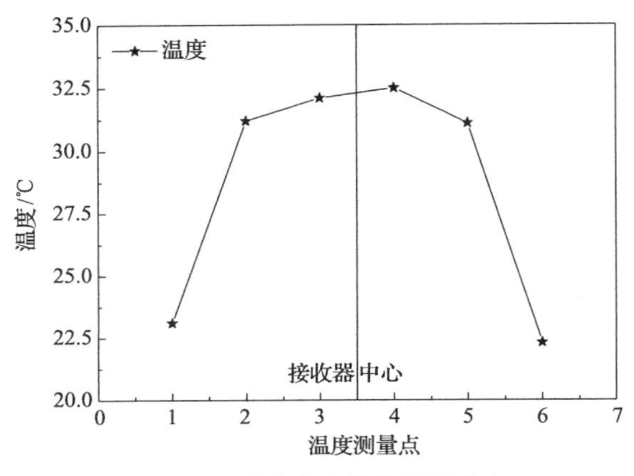

图 3-45　功能化水体的温度分布

从蒸发器内功能化水体的受热温度可以看出，水体距对称中心越近，温度越高，且水体温度以蒸发器中心为对称轴分布，实验中的水体温度为 6 个测点温度的平均值。温度分布趋势主要是由于蒸发器底部中心位置的功能化水体在短时间内受热形成气泡幕，气泡在上升过程中破裂，释放出内部热量，从而使水体中心温度高于边缘温度。

在对功能化水体的光学性能研究中，水体中粒子丰度、粒径会影响水体的光吸收性能。为了测试功能化水体在实际天气聚光集热工况下的光吸收性能，本书在相同测试时间间隔内，对普通纯水和含有不同深色多孔颗粒粒径、丰度的功能化水体进行对比研究，了解了多孔粒子丰度、粒径对功能化水体受光温升启动时间和蒸发量的影响。同时，在可以忽略管式玻璃蒸发器侧壁面辐射散热的温度范围内(30～60℃)对蒸发器内水体的比效率进行分析，得到热能利用效率随颗粒粒径、丰度变化的关系。

测试分别于 2013 年 9 月 7 日、9 月 10 日和 9 月 11 日进行，测试日的太阳辐照度及环境温度如图 3-46 所示。

在深色多孔颗粒粒径不变的条件下，逐渐成倍增大水体中的粒子丰度，并与相同容积的普通纯水进行温升和蒸发量的对比。在太阳辐照度相近的条件下，各测试水体的温升随加热时间的变化曲线如图 3-47 所示。

从图 3-47 可以看出，管式玻璃蒸发器中普通纯水或功能化水体的温度均随加热时间的增加而升高，且都能达到沸腾温度，功能化水体在聚光受热条件下达到沸点温度的时间比普通纯水短。在三个测试日的运行工况下，纯水从初始温度升温至 95℃大约需要 20min，而粒子丰度为 0.00625g/L 时含有粒径分别为 1.06mm、2.00mm 和 0.72mm 的功能化水体达到相同温度分别需要 11min、10.4min 和 9.8min，显然深色多孔颗粒的加入使水体具有较强的光吸收能力。

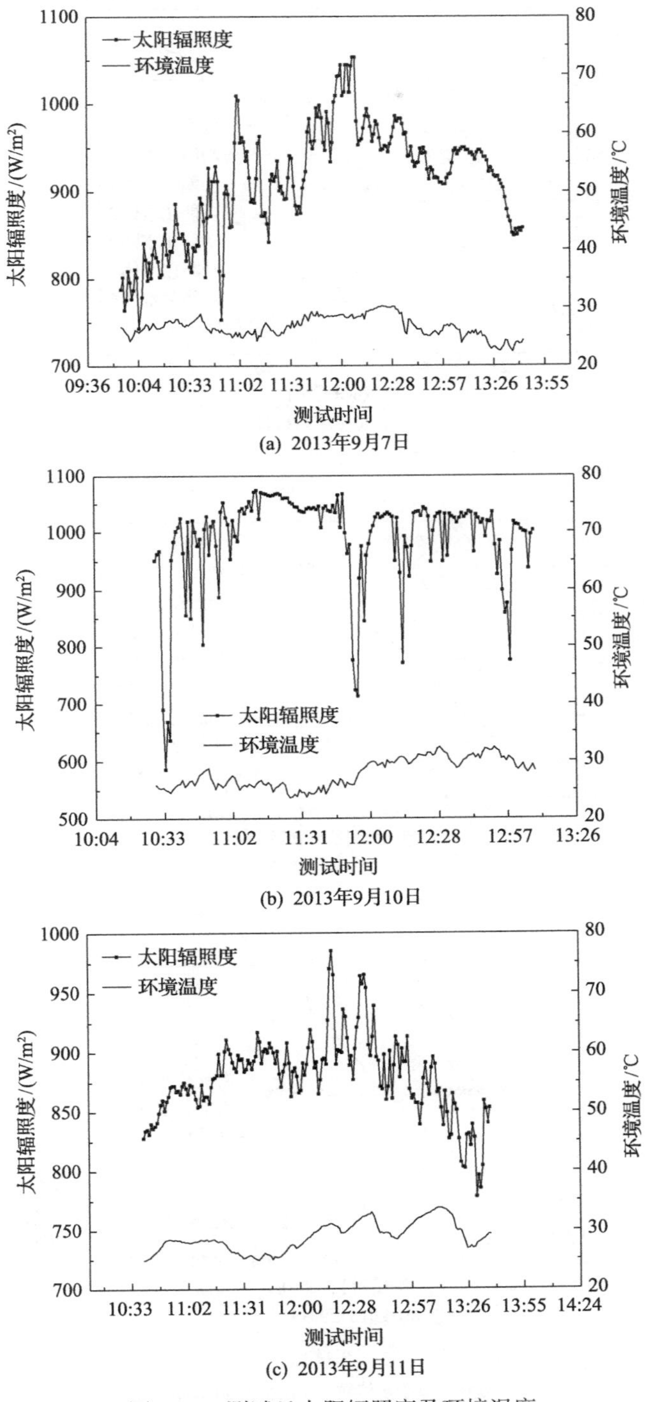

图 3-46　测试日太阳辐照度及环境温度

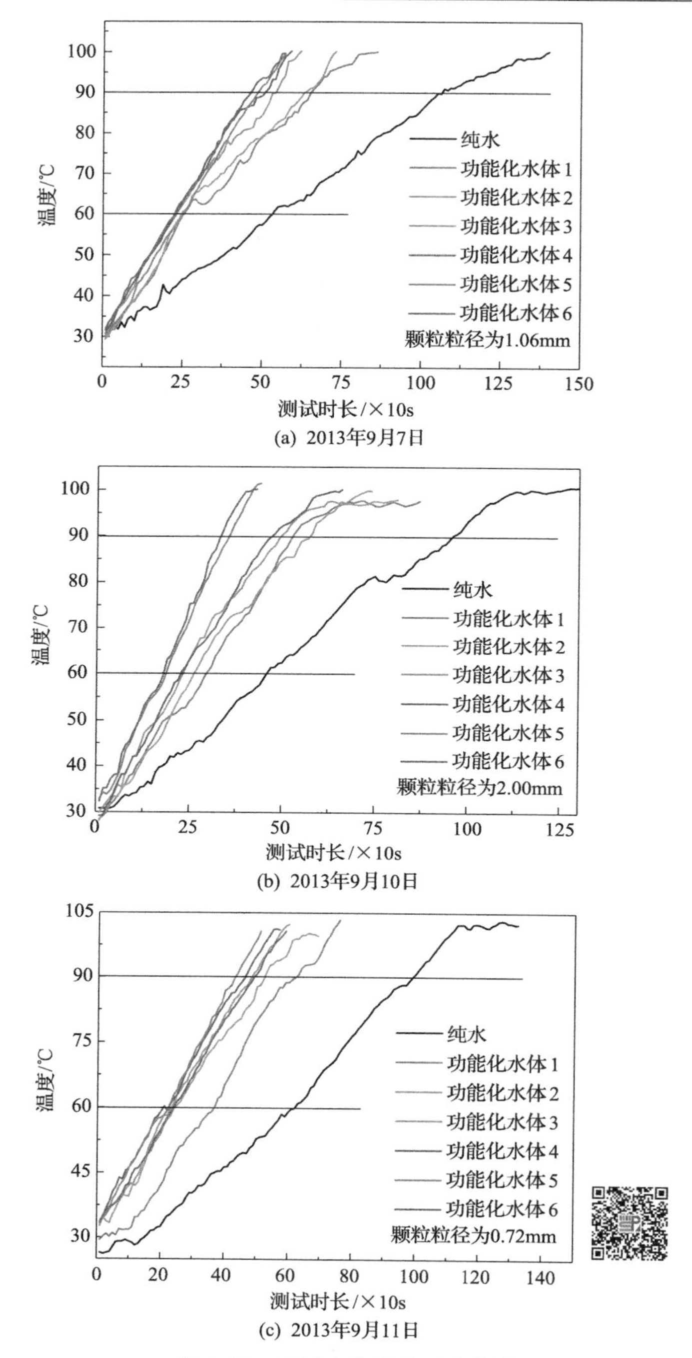

图 3-47　测试水体温升对比曲线

注：图中功能化水体 1～6 分别对应于水体粒子丰度为 0.00625g/L、0.0125g/L、0.025g/L、0.0375g/L、0.05g/L、0.0625g/L

从图3-47还可以看出,功能化水体的受热温升速度随粒子丰度的增加而增大,其增加率在粒子丰度较小时比较大，当粒子丰度较大时，增加率变小，这与前述功能化水体光学性能测试的研究结论相符，即对于特定容积的玻璃蒸发器存在最优经济粒子丰度设计值。对于含有粒径为 1.06mm 颗粒的功能化水体，当粒子丰度为 0.00625g/L 时，由初始温度升高到 95℃(沸腾温度)需要 11.8min，当粒子丰度增大为 0.0375g/L 时，升高相同温度需要 8.9min，当粒子丰度继续增大时，温升时间没有明显减少。对于含有粒径为 2.00mm 颗粒的功能化水体，当粒子丰度为 0.00625g/L 时，由初始温度升高到 95℃(沸腾温度)需要 10.5min，当粒子丰度增大为 0.0375g/L 时，升高相同温度需要 8.7min。对于含有粒径为 0.63mm 颗粒的功能化水体，当粒子丰度为 0.00625g/L 时，由初始温度升高到 95℃(沸腾温度)需要 11.5min，当粒子丰度增大为 0.0375g/L 时，升高相同温度则需要 8.3min。

在图 3-47 中，当功能化水体温度在 30～60℃时，温升曲线的斜率均大于纯水的温升曲线斜率，当功能化水体温度在 60～90℃时，粒子丰度小于 0.0125g/L 的功能化水体的温升斜率与纯水的温升斜率近似相等，而粒子丰度大于 0.0125g/L 的功能化水体的温升斜率大于纯水的温升斜率。这主要是因为管式玻璃蒸发器是单层耐热玻璃容器，没有保温措施，当功能化水体的温度小于 60℃时，主要以热传导的方式与外界换热。当温度大于 60℃后，与外界的换热方式为辐射换热和热传导两种。当水体温度低于 60℃时，功能化水体的温升斜率大，说明水体与外界的换热量小于纯水。当温度大于 60℃后，粒子丰度大于 0.0125g/L 的功能化水体的温升斜率仍大于纯水，说明功能化水体的散热小于纯水。经综合分析，可以得到在水体中添加深色多孔颗粒可以明显提高水体的储热能力，这对于提高玻璃蒸发器的热能利用率也是有益的。

从测试结果可以发现，在相同粒径条件下，功能化水体的温升速度随所含粒子丰度的增大而加快，增加率呈现先增大后减小的趋势；深色多孔颗粒群具有储热功能，能够减小水体的散热损失，且太阳辐照度值对功能化水体的温升也有影响。对于碟式聚光功能化水体的光吸收性能测试系统，除采用性能系数 GOR 对其进行性能分析外，对功能化水体温度处于 30～60℃时，还提出新的特征参数“比效率”来对功能化水体的吸光热性能进行评价，其定义为功能化水体在温升过程中的热能利用效率与相同温升过程中普通纯水的热能利用效率之比。计算公式如下：

$$\gamma = \frac{\eta_{\mathrm{fu}}}{\eta_{\mathrm{w}}} \tag{3-40}$$

$$\eta_{\mathrm{w}} = \frac{c_{\mathrm{p}} \times m_{\mathrm{w}} \times \Delta T}{\sum Q} \tag{3-41}$$

式中，η_w 为在相同测试条件下，纯水升高相同温度时的热效率，%；c_p 为水的定压比热容，J/(kg·℃)，取近似值为 4200 J/(kg·℃)；m_w 为纯水的质量，kg；ΔT 为纯水的温度变化值，℃；η_{fu} 为功能化水体温升的热效率，%。

根据实验测量的不同粒子丰度下的功能化水体在单位时间内的蒸发量，计算可得在碟式聚光功能化水体光吸收性能系统中水体蒸发凝结过程的性能系数 GOR，如表 3-7 所示。

表 3-7　功能化水体的蒸发量及性能系数

粒子丰度/(g/L)	粒径为 0.72mm		粒径为 1.06mm		粒径为 2.00mm	
	M_e/(g/20min)	GOR	M_e/(g/20min)	GOR	M_e/(g/20min)	GOR
0.00625	92	0.160	88	0.147	90	0.140
0.0125	96	0.163	89	0.144	93	0.144
0.0188	96	0.165	94	0.145	98	0.142
0.0250	103	0.177	101	0.159	101	0.147
0.0312	108	0.177	108	0.173	108	0.159
0.0375	112	0.175	112	0.184	124	0.183
0.0438	123	0.206	120	0.196	130	0.190
0.0500	119	0.206	126	0.202	139	0.203
0.0563	125	0.212	129	0.216	133	0.198
0.0625	134	0.231	131	0.232	125	0.189

表 3-7 的数据显示，含有粒径分别为 0.72mm 和 1.06mm 颗粒功能化水体的蒸发量随粒子丰度的增大而增大，性能系数随粒子丰度的增大而增大，但其随着颗粒粒径的增大而减小。其中，含有粒径为 2.00mm 颗粒功能化水体的蒸发量随粒子丰度的增大呈先增加后减小的趋势。同样，其性能系数也存在这样的变化趋势，这主要是因为颗粒在水体中除光吸收外，颗粒表面还会对入射光线具有反射作用，随着颗粒粒径的增大，单个颗粒的表面积成倍增大，对光线的反射面积也会成倍增大，则含有大粒径颗粒功能化水体的吸光性能就会随着粒子丰度的增大而减小，这也会影响碟式聚光供能水体的光吸收性能。对于含有粒径为 0.72mm 和 1.06mm 颗粒的功能化水体，当粒子丰度由 0.00625g/L 增大为 0.0625g/L 时，水体蒸发量分别增大了 45.7%和 48.9%。通过上述分析，在碟式聚光供能的水体光吸收过程中，深色多孔粒子丰度和粒径都会对水体蒸发量造成影响，对于特定结构的玻璃蒸发器，对粒子丰度和粒径的优化配置研究十分具有必要性。

从能量利用的角度来说，对功能化水体与高密度光能相互作用的过程展开研究，探索深色多孔颗粒对入射光束的吸收、反射、散射等机理。测试中，当管式玻璃蒸发器中功能化水体的受热升温处于 30～60℃时，水体与环境之间的辐射换热可以忽略不计。在测试温度范围内，含有不同粒子丰度功能化水体的温升时间 Δt 和比效率 σ 对比如表 3-8 所示。

表 3-8　水体温升时间及比效率对比表

粒子丰度/(g/L)	粒径为 0.72mm		粒径为 1.06mm		粒径为 2.00mm	
	Δt/min	σ	Δt/min	σ	Δt/min	σ
0	9.0	1.00	8.83	1.00	7.78	1.00
0.00625	4.8	1.89	4.6	1.94	4.2	1.88
0.0125	4.0	2.21	4.0	2.04	3.8	2.02
0.0188	3.8	2.34	3.8	2.25	3.6	2.27
0.0250	3.8	2.36	3.6	2.26	3.6	2.37
0.0312	3.6	2.48	3.6	2.35	3.6	2.39
0.0375	3.5	2.53	3.7	2.38	3.6	2.33
0.0438	3.6	2.53	3.5	2.44	3.6	2.34
0.0500	3.3	2.66	3.1	2.53	3.1	2.51
0.0563	3.4	2.70	3.1	2.59	3.1	2.58
0.0625	3.3	2.78	3.4	2.57	3.3	2.43

注：与表 3-8 对应的纯水温升的效率 η_w 分别为 0.124、0.122 和 0.144。

从表 3-8 可以看出，功能化水体吸收高密度光能后，从 30℃升温至 60℃所需的时间 Δt 随粒子丰度的增大而缩短，水体的比效率随粒子丰度的增大而增大，升高相同的温度，功能化水体的温升时间随粒子丰度的减小率呈先增大后减小的趋势。含有颗粒粒径为 0.72mm 功能化水体的粒子丰度由 0 增大为 0.00625g/L，温升时间缩短了 4.2min，时间缩短率为 46.7%，当粒子丰度继续增大为 0.025g/L 时，温升时间缩短了 1.0min，时间缩短率为 20.8%，当粒子丰度达到 0.05g/L，继续增大丰度，温升时间的变化基本很小了。这也可以由前述功能化水体光学性能的实验研究结果来解释，随着粒子丰度的增大，在光束传播方向上的透过率逐渐减小，温升时间就会缩短，但随着粒子丰度继续增大，颗粒在运动中相互遮挡的概率增大，但有效吸光累计截面积不会继续增大，所以对光线的吸收作用不会增强，粒子丰度大的水体中的颗粒更多地表现为储热供能，所以功能化水体对环境的散热损失小于纯水的散热损失。

比效率可以客观地比较深色多孔颗粒粒径对功能化水体热能利用效率的优劣。表 3-8 中的数据显示，随着颗粒粒径的增大，功能化水体的比效率减小，随着粒子丰度的增大，水体的比效率增加。含有不同粒径颗粒的功能化水体在丰度为 0.00625g/L 时，其比效率相差不大，这主要是由于水体的受热运动推动颗粒群一起迁移，丰度小会导致颗粒群存在团簇现象，而粒径的差别不会对比效率造成直接影响。在相同丰度的条件下，随着颗粒粒径的增大，在光束传播方向上，颗粒相互遮挡的概率增加，颗粒的有效吸光面积减小，热能利用效率也会相应降低。比效率随粒子丰度的增大而增加，这缘于多孔颗粒具有储热和光吸收的双重作用，但是随着粒子丰度的持续增加，颗粒表面对光束的反射作用会加大，而对光束的反射会削弱水体对热能的吸收，尤其是当光束在透过玻璃蒸发器底部进入功能化水体时，部分光线会被蒸发器底部的大量颗粒反射，这使得光线无法进入水体中实现光热转化，从而限制水体的温升趋势，造成热能的损失。

不管是对槽式聚光功能化水体光吸收性能测试系统还是碟式聚光功能化水体光吸收性能测试系统进行研究，都是为聚光型太阳能海水淡化系统能够大规模、低成本运行提供高效供能的理论依据。大型聚光型太阳能海水淡化系统中，为了充分利用宝贵的聚焦高密度光能、尽可能产生数量可观的水蒸气并实现对运行工况的控制，需要根据入射光强的变化情况调整功能化水体中的粒子丰度，提高高密度光能与水体的光热转化效率，减少太阳能集热单元与海水淡化单元之间冗长的管路，减小收集太阳能的传热距离，从而实现太阳能集热温度与海水淡化温度的耦合。

参 考 文 献

[1] 高林朝, 沈胜强, 郝庆英,等. 添加固体颗粒提高太阳能集热管内导热油光热转换性能[J]. 农业工程学报, 2013, 29 (10): 206-210.

[2] Safwat N A, Abdelkader M, Abdelmotalip A, et al. Enhancement of solar still productivity using floating perforated black plate[J]. Energy Conversion and Management, 2002, 43: 937-946.

[3] Zeng Y, Yao J, Horri B A, et al. Solar evaporation enhancement using floating light-absorbing magnetic particles [J]. Energy & Environmental Science, 2011, 4: 4074-4078.

[4] 李铜基. 中国近海海洋——海洋光学特性与遥感[M]. 北京: 海洋出版社, 2012.

[5] 蔡小舒, 苏明旭, 沈建琪. 颗粒粒度测量技术及应用[M]. 北京: 化学工业出版社, 2010.

[6] Gregory J. 水体颗粒物的特性与加工工艺[M]. 北京: 冶金工业出版社, 2019.

[7] 张渊智, 陈楚群, 段洪涛, 等. 水质遥感理论方法及应用[M]. 北京: 高等教育出版社, 2011.

[8] 葛少成. 太阳池辐射透射及热盐双扩散特性的实验和数值模拟研究[D]. 大连: 大连理工大学, 2005.

[9] Rable A, Nielsen C E. Solar ponds for space heating [J]. Solar Energy, 1975, 17: 1-12.

[10] Bryant H C, Colbeck I. A solar pond for London [J]. Solar Energy, 1977, 19: 321-322.

[11] Wang J, Seyed J. Effect of water turbidity on thermal performance of a salt-gradient solar pond[J]. Solar Energy, 1995, 54: 301-308.

[12] 张运林, 秦伯强, 陈伟民, 等. 太湖水体光学衰减系数的分布及其变化特征[J]. 水科学进展, 2003, 14(7): 448-453.

[13] 孙文策, 王华, 黄丽萍, 等. 苦卤太阳池池水的太阳辐射透射率与浊度的试验研究[J]. 太阳能学报, 2007, 28(5): 489-493.

[14] 赵军, 潘功配, 陈昕. 离散泡沫的光学衰减原理研究[J]. 应用光学, 2008, 29(3): 473-480.

[15] 张建生, 孙传东, 冀邦杰, 等. 水中气泡的运动规律和光学散射特性[J]. 鱼雷技术, 2000, 8(1): 22-25.

[16] 曹静, 康颖, 王江安. 水中气泡光学特性的蒙特卡罗模拟[J]. 激光与红外, 2006, 36(5): 392-394.

[17] 纪延俊, 马祥, 何俊华, 等. 尾流中气泡对光传播的影响[J]. 光子学报, 2004, 33(5): 626-628.

[18] 马治国, 王江安, 余扬, 等. 水下气泡幕消光特性研究[J]. 激光技术, 2009, 33(1): 18-20.

[19] 李瑞晨. 聚光型太阳能苦咸水淡化装置热性能研究[D]. 呼和浩特: 内蒙古工业大学, 2020.

[20] Yu X, Su Y H, Chen L. Application of RELUX simulation to investigate energy saving potential from daylighting in a new educational building in UK [J]. Energy and Buildings, 2014, 74: 191-202.

[21] Yu X, Su Y H, Zheng H F, et al. A study on use of miniature dielectric compound parabolic concentrator (dCPC) for daylighting control application [J]. Building and Environment, 2014, 74: 75-85.

[22] 路婧. 光学系统可见光透过率测试技术研究[D]. 长春: 长春理工大学, 2008.

[23] 常泽辉, 郑宏飞, 侯静, 等. 添加黑色粒子降低太阳能苦咸水淡化系统中水体通光性能[J]. 农业工程学报, 2013, 29(12): 204-210.

[24] 常泽辉, 刘洋, 侯静, 等. 聚光集热苦咸水蒸馏装置中含吸光颗粒水体的光吸收特性[J]. 农业工程学报, 2018, 34(11): 187-193.

[25] 张宏宇, 侯静, 张思宇, 等. 应用于土遗址博物馆的太阳能照明装置光学性能研究[J]. 可再生能源, 2016, 34(8): 1124-1128.

[26] 常泽辉, 郑宏飞, 侯静, 等. 聚光直热太阳能海水淡化中水体消光性能研究[J]. 工程热物理学报, 2014, 35(5): 839-843.

[27] 侯静, 杨桔材, 郑宏飞, 等. 聚光蒸发式太阳能苦咸水淡化系统水体光热性能分析[J]. 农业工程学报, 2015, 31(20): 235-240.

第4章　横管太阳能海水淡化技术

能够用在聚光型太阳能海水淡化系统中将水蒸气凝结生成淡水的海水淡化装置包括太阳能蒸馏器(solar still)、低温多效海水淡化器和多级闪蒸海水淡化系统等设备。其中传统太阳能蒸馏器的结构简单、维护方便、对操作人员技术要求不高、运行费用低，因而被人们广泛采用。但这类装置尤其是盘式太阳能蒸馏器存在严重的缺点，即装置的热能利用效率低，单位采光面积的产水量较低，所以一般需要较大的集光面积才能满足使用者的用水需求[1]。多级闪蒸或多效蒸馏系统能够很好地利用装置中蒸气的凝结潜热，能量利用率高，但结构复杂，运行维护成本较高，只有大规模运行时才具有经济性。因此，对技术相对成熟、结构简单、易于控制的太阳能海水蒸馏器在运行过程中的热物理问题展开研究，对于获得水蒸气在多效蒸馏装置中的传热传质机理并为聚光型太阳能海水淡化系统中水蒸气冷凝生产淡水提供技术支持和理论依据是很有必要的。

4.1　横管太阳能海水淡化系统

管式蒸馏器具有其独特的优势，如结构紧凑、易实现规模化生产、可实现多管组合运行、易与低品位能源(如太阳能、地热能等)匹配和可用非金属制造等。本书设计的新型多效横管太阳能蒸馏器有三种类型，分别是含有一个蒸发冷凝过程的单效装置、含有两个蒸发冷凝过程的两效装置和含有三个蒸发冷凝过程的三效装置。为了对装置的工作原理和结构进行说明，图4-1和图4-2分别给出了两效横管海水淡化装置的结构示意图和装置截面的结构图。其工作原理为：海水从进料口3、4分别进入第二效蒸发槽1和第一效蒸发槽8内，第一效蒸发槽内的海水在电加热器10的加热下受热蒸发生成水蒸气，由于第一效套筒7内壁面的温度低于水蒸气的温度，所以在套筒与蒸发槽之间的蒸发冷凝腔内的水蒸气会在第一效套筒7的内壁上冷凝生成淡水同时释放汽化潜热，所形成的淡水会顺着套筒内壁面流到套筒下部，通过第一效淡水出口9流到淡水罐6中；电加热器所产生的热量还会通过对流和辐射两种传热方式传到第二效蒸发槽1中，并使其中的海水升温，同时第一效套筒内壁凝结的蒸气所释放的汽化潜热也会加热第二效蒸发槽中的海水，第二效蒸发槽中的海水受热蒸发生成水蒸气，由于管式外壳2的内壁面温度低于水蒸气的温度，因此水蒸气会在管式外壳2的内壁面上凝结生成淡水，所产淡水会顺着套筒内壁流下并通过第二效淡水出口5进入淡水罐6中，随着装置运行时间的延长，蒸发槽内的海水液面下降，可适时补充海水。

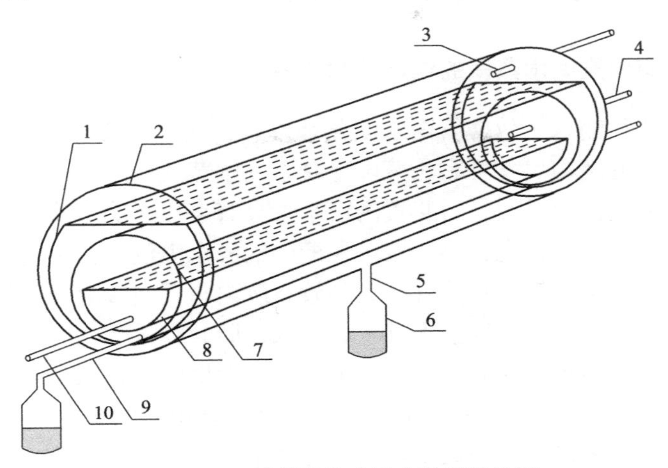

图4-1　两效横管海水淡化装置结构图

1. 第二效蒸发槽；2. 管式外壳；3. 第二效进料口；4. 第一效进料口；5. 第二效淡水出口；6. 淡水罐；7. 第一效套筒；8. 第一效蒸发槽；9. 第一效淡水出口；10. 电加热器

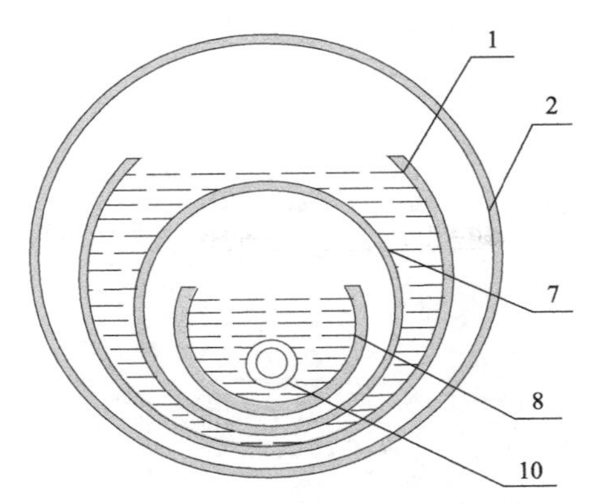

图4-2　两效横管海水淡化装置截面(图注同图4-1)

单效横管海水淡化装置和三效横管海水淡化装置与两效横管海水淡化装置的工作原理相同，只是组成装置的各部件数量和尺寸有所不同。经过分析，多效横管太阳能海水淡化装置具有如下特点：①采用多效结构运行，能够多次利用水蒸气凝结释放的汽化潜热，从而提高装置能量的利用效率；②装置的凝结面面积比对应的蒸发面面积大，这样有利于提高装置内部蒸气的传质系数，获得较好的淡水产量，而且冷凝套筒采用圆柱面，这样更加有利于对淡水的收集；③装置结构简单、易于加工、可使用非金属材料制作、投资成本低；④除了可以作为单个装置使用，也可以多个装置组合运行，可实现多装置集成、大规模运行。

4.2 半圆形有限空间水蒸气热质传递过程

4.2.1 半圆形有限空间水蒸气的能量传输关系

当有外部能量输入三效横管海水淡化装置时，装置内部的能量传输如图 4-3 所示。装置设计的结构尺寸可影响蒸发冷凝腔内水蒸气的蒸发凝结过程，从而改变装置内部的能量传递过程，对装置的产水量具有直接影响。蒸发冷凝腔内水蒸气的传热传质过程为：首先，第一效蒸发槽中的海水由浸入其中的换热管加热，海水受热升温产生水蒸气，水蒸气在第一效空腔内与干空气混合；然后，饱和水蒸气上升并在第一效套筒内壁上冷凝生成淡水，同时释放汽化潜热，第一效装置内部的热能以对流和辐射的方式传递给第二效蒸发槽中的海水，由第一效传递的热量使第二效蒸发槽中的海水升温，通过与第一效相同的传热传质方式生成淡水；同时，将能量传递给下一效蒸发槽中的海水，装置最外一效的热量通过对流和辐射的方式散失到环境中。

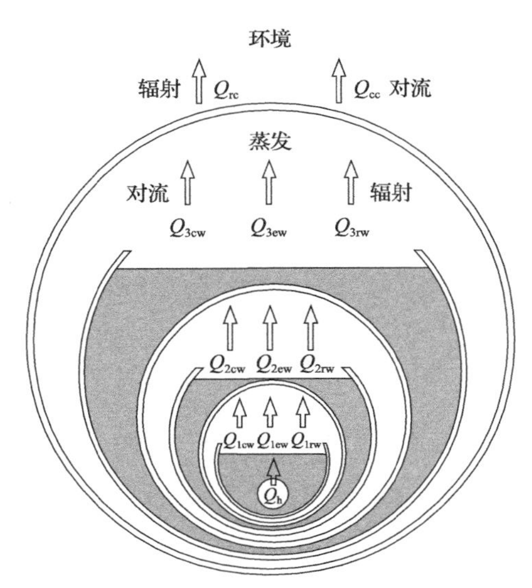

图 4-3 三效横管海水淡化装置内的传热传质过程

装置蒸发冷凝腔内水蒸气的传热传质过程存在能量平衡关系。其中，第一效内的能量平衡关系为[2]

$$Q_{i} = Q_{1r} + Q_{1e} + Q_{1c} + \left(\rho \cdot C \cdot V\right)_{1} \cdot \frac{dT_{1}}{dt} \tag{4-1}$$

第二效内的能量平衡关系为

$$Q_{1r}+Q_{1e}+Q_{1c}=Q_{2r}+Q_{2e}+Q_{2c}+(\rho\cdot C\cdot V)_2\cdot\frac{dT_2}{dt} \tag{4-2}$$

第三效内的能量平衡关系为

$$Q_{2r}+Q_{2e}+Q_{2c}=Q_{3r}+Q_{3e}+Q_{3c}+(\rho\cdot C\cdot V)_3\cdot\frac{dT_3}{dt} \tag{4-3}$$

装置与环境之间的能量平衡：

$$Q_{3r}+Q_{3e}+Q_{3c}=Q_{rc}+Q_{ca}+(\rho\cdot C\cdot V)_c\cdot\frac{dT_c}{dt} \tag{4-4}$$

式中，t 为加热时间，s；Q_r 为海水液面、水槽和冷凝套管之间的辐射换热量，J/s；Q_e 为蒸发面和冷凝套管之间的蒸发冷凝换热量，J/s；Q_c 为蒸发液面和冷凝套管之间的对流换热量，J/s；ρ 为密度，kg/m^3；C 为比热容，J/(kg·K)；V 为体积，m^3。公式下角标：c、a 分别冷凝套管、周围环境；1、2、3 分别为第一效、第二效、第三效对应的物性参数。

通过上式可以计算多效横管太阳能海水淡化装置内的能量传递情况，为了对装置的性能进行研究和优化，本书对三效横管太阳能海水淡化装置稳态运行时的传热传质过程和能量传递进行了计算，有

$$\frac{dT_1}{dt}=0,\quad \frac{dT_2}{dt}=0,\quad \frac{dT_3}{dt}=0,\quad \frac{dT_c}{dt}=0$$

装置稳态运行时，式(4-1)～式(4-4)可简化为

$$Q_i=Q_{1r}+Q_{1e}+Q_{1c} \tag{4-5}$$

$$Q_{1r}+Q_{1e}+Q_{1c}=Q_{2r}+Q_{2e}+Q_{2c} \tag{4-6}$$

$$Q_{2r}+Q_{2e}+Q_{2c}=Q_{3r}+Q_{3e}+Q_{3c} \tag{4-7}$$

$$Q_{3r}+Q_{3e}+Q_{3c}=Q_{rc}+Q_{ca} \tag{4-8}$$

4.2.2　半圆形有限空间水蒸气的传热传质过程

在横管太阳能海水淡化装置的蒸发冷凝腔内填充不同物性参数的气体介质，这会影响装置内水蒸气的蒸发和冷凝过程。这主要是由水蒸气在不同物性参数的气体介质中质扩散与热浮升情况不同而引起的，不同物性参数的气体介质也会对半圆形有限空间内水蒸气的传热传质过程造成影响。为了便于对腔内填充不同物性参数气体介质时装置的传热传质特性及产水性能开展研究，本书将装置蒸发冷凝腔内与水蒸气混合传热传质的填充气体视作一个整体来考虑，即认为装置内的

填充气体为单一组元。装置运行时，半圆形有限空间内气水二元混合气体的组成为气体介质和水蒸气，对应参数如图 4-4 所示。

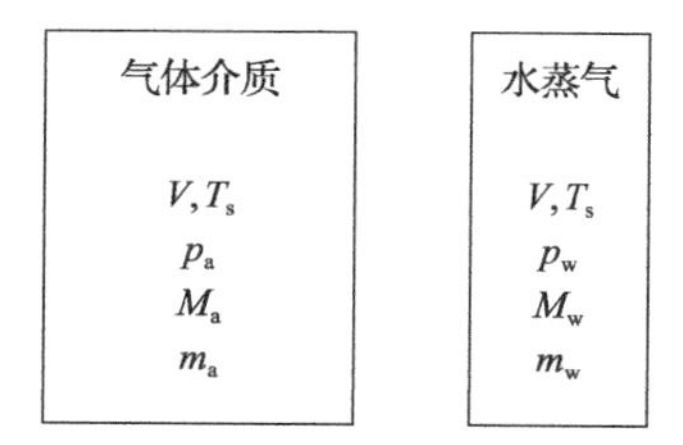

图 4-4　气水二元混合气体组成

在计算中，假设装置蒸发冷凝腔内组成气水二元混合气体的组分均为理想气体，其遵守理想气体状态方程：

$$P_{\mathrm{a}}V = m_{\mathrm{a}}R_{\mathrm{ga}}T \tag{4-9}$$

$$P_{\mathrm{w}}V = m_{\mathrm{w}}R_{\mathrm{gw}}T \tag{4-10}$$

气水二元混合气体的密度可以由下式计算得到：

$$\rho_{\mathrm{m}} = \frac{m_{\mathrm{a}} + m_{\mathrm{w}}}{V} = \frac{P_{\mathrm{a}}M_{\mathrm{a}} + P_{\mathrm{w}}M_{\mathrm{w}}}{RT_{\mathrm{av}}} = \rho_{\mathrm{a}} + \rho_{\mathrm{w}} \tag{4-11}$$

式中，R 为摩尔气体常数，一般取 8.3145J/(mol·K)；R_{g} 为气体常数，$R_{\mathrm{g}}=R/M$；T_{av} 为装置内蒸发面和冷凝面的平均温度；P 为平均压力；下标 a、w 分别为气体介质和水蒸气。

假设装置稳态运行时，横管太阳能海水淡化装置内部为饱和水蒸气，则不同温度下水蒸气的饱和蒸气压 p_{w} 可以利用经验公式[3]计算得到：

$$p_{\mathrm{w}} = 1000 \times 10^{\left(\frac{-2900}{T} - 4.65\times\log T + 21.738\right)} \tag{4-12}$$

式中，T 为气水二元混合气体的温度，K。

在三效横管太阳能海水淡化装置的蒸发冷凝腔内进行的是自然对流，在半圆形有限空间中进行的自然对流传质过程可以用如下经验公式描述为

$$Sh = C \times (Gr' \times Sc)^{n} \tag{4-13}$$

式中，C 和 n 分别为两个经验常数；Sh 为舍伍德数，其含义是表面上的无量纲浓度梯度，用来度量表面上所发生对流传质的强弱程度；Gr' 为修正的格拉晓夫数，其含义是作用在流体上的浮力和黏性力之比。在横管太阳能海水淡化装置内，除

海水表面蒸发与冷凝温差外，还存在水蒸气的密度差。如果所填充气体的密度大于水蒸气的密度，那么在蒸发冷凝腔中，蒸发传质过程会促进热量的传递。因此，为了精确得到二者之间的互促关系，需要对格拉晓夫数进行修正，可以采用 Sharpley 和 Boelter 的定义式[4]:

$$Gr_{\mathrm{m}}' = \frac{x_1^3 \times \rho_{\mathrm{m}}^2 \times g}{\mu^2} \times \left(\frac{M_{\mathrm{c}}' T_{\mathrm{e}}}{M_{\mathrm{e}}' T_{\mathrm{c}}} - 1 \right) \tag{4-14}$$

式中，x_1为横管海水淡化装置内空腔的特征尺寸；ρ_{m}为气水二元混合气体的密度；μ为混合气体的动力黏度；M'为湿空气的摩尔质量；T为温度；下标 e、c 分别为蒸发面和冷凝面的状态。

式(4-14)中，x_1为半圆形有限空间的特征尺寸，可以通过下式计算得到：

$$x_1 = \frac{\int_{-\theta}^{\theta} \left[R_{\mathrm{c}} - (h - R_{\mathrm{w}}) / \cos\theta \right] \cdot \mathrm{d}\theta}{\pi(d_2 - d_1) / (\ln d_2 - \ln d_1)} \tag{4-15}$$

式中，R_{c}为冷凝套管的半径，m；R_{w}为蒸发水槽圆管的半径，m；h为蒸发水槽的竖直高度，m；d_1为蒸发水槽圆柱体直径，m；d_2为冷凝套管直径，m；θ为环形空腔弧面对应夹角的一半，rad。

在横管太阳能海水淡化装置中，气水二元混合气体的摩尔质量M'存在如下关系：

$$M' = M_{\mathrm{a}} \frac{P_{\mathrm{a}}}{P_{\mathrm{T}}} + M_{\mathrm{w}} \frac{P_{\mathrm{w}}}{P_{\mathrm{T}}} \tag{4-16}$$

式中，P_{T}为装置内湿空气的总压力，其大小与环境大气压相同，即P_{T}=101.3kPa。将式(4-16)代入式(4-14)，整理后可得修正的格拉晓夫数，即

$$Gr_{\mathrm{m}}' = \frac{x_1^3 \times \rho_{\mathrm{m}}^2 \times g}{\mu^2 T_{\mathrm{c}}} \left[T_{\mathrm{e}} - T_{\mathrm{c}} + \frac{(P_{\mathrm{e}} - P_{\mathrm{c}}) T_{\mathrm{e}}}{\dfrac{M_{\mathrm{a}} P_{\mathrm{T}}}{M_{\mathrm{a}} - M_{\mathrm{w}}} - P_{\mathrm{w,e}}} \right] \tag{4-17}$$

式中，对于空气介质，M_{a}=28.96g/mol，表示干空气的摩尔质量；M_{w}=18g/mol，表示水蒸气的摩尔质量。

式(4-13)中的施密特数(Sc)是动量扩散系数与质量扩散系数之比，计算公式如下：

$$Sc_{\mathrm{m}}=\frac{v}{D_{\mathrm{v}}}=\frac{\mu}{D_{\mathrm{v}}\rho} \tag{4-18}$$

式中，v 为气水二元混合气体的运动黏度，$\mathrm{m^2/s}$；D_{v} 为蒸发冷凝腔内水蒸气在干空气中的质扩散系数。将上述方程整理化简可得

$$Sh=C\left\{\frac{x_{\mathrm{l}}^{3}\left(P_{\mathrm{a}}M_{\mathrm{a}}+P_{\mathrm{w}}M_{\mathrm{w}}\right)g}{\mu_{\mathrm{m}}D_{\mathrm{v}}T_{\mathrm{c}}RT_{\mathrm{s}}}\left[T_{\mathrm{e}}-T_{\mathrm{c}}+\frac{(M_{\mathrm{a}}-M_{\mathrm{w}})(P_{\mathrm{e}}-P_{\mathrm{c}})T_{\mathrm{e}}}{M_{\mathrm{a}}P_{\mathrm{T}}-(M_{\mathrm{a}}-M_{\mathrm{w}})p_{\mathrm{e}}}\right]\right\}^{n} \tag{4-19}$$

式中，C、n 均为大于 0 的参数，多由实验测试数据拟合得到；μ_{m} 为气水二元混合气体的运动黏度，单位为 $10^{-7}\mathrm{Pa\cdot s}$，可以通过文献中给出的公式进行计算；$D_{\mathrm{v}}$ 为气水二元混合气体的扩散系数，可以采用如下的经验关联式[5]进行计算：

$$\mu_{\mathrm{m}}=\frac{y_{\mathrm{a}}\mu_{\mathrm{a}}}{y_{\mathrm{a}}+y_{\mathrm{w}}\varphi_{\mathrm{aw}}}+\frac{y_{\mathrm{w}}\mu_{\mathrm{w}}}{y_{\mathrm{w}}+y_{\mathrm{a}}\varphi_{\mathrm{wa}}} \tag{4-20}$$

式中，φ_{aw} 和 φ_{wa} 存在如下关系：

$$\varphi_{\mathrm{aw}}=\left(\frac{M_{\mathrm{a}}}{M_{\mathrm{w}}}\right)^{\frac{1}{2}}={\varphi_{\mathrm{wa}}}^{-1} \tag{4-21}$$

式中，M_{a} 和 M_{w} 分别为气体介质和水蒸气的摩尔分数。

$$D_{\mathrm{v}}=\frac{0.00143T_{\mathrm{av}}^{1.75}}{P_{\mathrm{T}}M_{\mathrm{aw}}^{0.5}\left[\left(\sum_{\mathrm{v}}\right)_{\mathrm{a}}^{1/3}+\left(\sum_{\mathrm{v}}\right)_{\mathrm{w}}^{1/3}\right]^{2}} \tag{4-22}$$

$$M_{\mathrm{aw}}=\frac{2}{1/M_{\mathrm{a}}+1/M_{\mathrm{w}}} \tag{4-23}$$

式中，P_{T} 为气体的总压力，单位为 bar①；D_{v} 单位为 $\mathrm{cm^2/s}$；T_{av} 单位为 K；Σ_{v} 为气水二元混合气体各组分的分子扩散体积，干空气的分子扩散体积为 19.7。

如果横管太阳能海水淡化装置的蒸发冷凝腔内是干空气气体介质，则上式中的 D_{v} 和 μ_{m} 的计算可以简化为

$$D_{\mathrm{v}}=D_{0}\frac{P_{0}}{P}\left(\frac{T}{T_{0}}\right)^{3/2} \tag{4-24}$$

式中，当压力 P_{0}=101325Pa，温度 T_{0}=298K 时，水蒸气在空气中的质扩散系数

① 1bar=0.1MPa。

D_0=0.256×10^{-4}m^2/s。其他水蒸气的相关参数可以采用如下经验公式进行计算[6]：

$$\rho_m = A_0 + A_1 T_m + A_2 T_m^2 + A_3 T_m^3 \tag{4-25}$$

$$\mu_m = B_0 + B_1 T_m + B_2 T_m^2 + B_3 T_m^3 + B_4 T_m^4 \tag{4-26}$$

式中，T_m为横管太阳能海水淡化装置内海水蒸发面温度和冷凝面温度的平均值，式(4-25)和式(4-26)中的系数值如表4-1所示。

表4-1　气体物性参数计算公式系数表

ρ/(kg/m^3)	μ/[(N·s)/m^2]
A_0=1.299995662	B_0= 1.685731754×10^{-5}
A_1= −6.043625845×10^{-3}	B_1= 9.151853945×10^{-8}
A_2= 4.697926602×10^{-5}	B_2= −2.16276222×10^{-9}
A_3= −5.760867827×10^{-7}	B_3= 3.1413922553×10^{-11}
	B_4= −2.644372665×10^{-13}

综合上述计算公式的推导结果，则半圆形有限空间内气水二元混合气体在受热蒸发冷凝过程中的传质系数可由下式计算得到：

$$h_{w,e} = \frac{Sh \times D_v}{x_1} \tag{4-27}$$

根据对流传质关系式，则半圆形有限空间内由海水分离过程冷凝所产淡水的速率可由下式计算得到：

$$m = h_{w,e} A_w (\rho_e - \rho_c) \tag{4-28}$$

式中，A_w为各级盛水槽海水蒸发面的面积；ρ_e和ρ_c分别为海水蒸发面和冷凝面水蒸气的密度。

4.3　横管太阳能海水淡化装置性能测试

对于横管太阳能海水淡化装置而言，其除了具有良好的承压能力，为装置负压运行及填充不同气体介质提供了可能，还具有结构对称的特点，从而为实现多效运行、多次回收气水二元混合气体的凝结潜热提供了可能。横管太阳能海水淡化装置内同一蒸发冷凝腔中的气水二元混合气体完成一次蒸发冷凝过程，对输入热能利用一次称为一效或一级，在此过程中，沿加热水体传热传质方向可以嵌套多个同结构和不同尺寸的水槽和冷凝套筒，逐级利用上一级气水二元混合气体的凝结潜热实现海水界面蒸发，进而提高了装置对输入热能的利用效率及产水速率，但是如何考量增加效数所带来的建造成本和由此带来的与产水量增加之间的关系，还需要后期开展相关研究加以证实。

4.3.1　横管太阳能海水淡化装置结构及测试

本章分别搭建单效、两效和三效横管太阳能海水淡化装置，并采用相同规格的不锈钢材质焊接而成，三种装置的第一效蒸发槽和套管尺寸完全一样，在保证特征尺寸不变的条件下，增加蒸发槽和套管数量以保证结构相同。在实验室内对三种横管太阳能海水淡化装置随运行工况变化的热性能和产水性能进行测试和分析[7]，横管太阳能海水淡化装置性能测试实验台及测温用热电偶如图 4-5 和图 4-6 所示。

图 4-5　横管太阳能海水淡化装置性能测试台

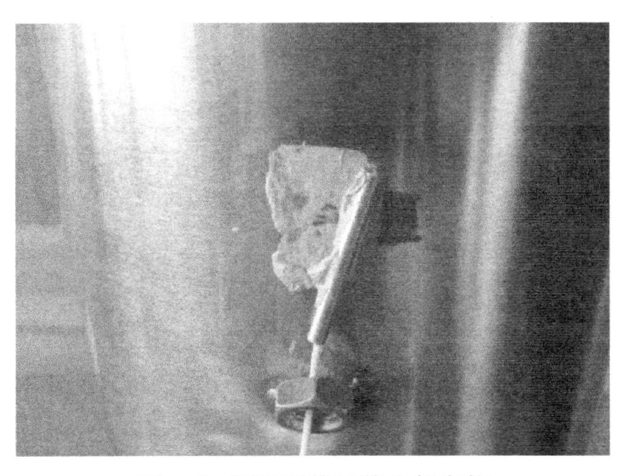

图 4-6　测试系统用热电偶实物

(1) 单效装置蒸发槽的开口尺寸为 1900mm×110mm。管式套筒的尺寸长为 2000mm，直径为 133mm，其蒸发面面积为 0.209m^2，冷凝面面积为 0.835m^2。

(2) 两效装置由 4 根不锈钢管从内到外逐根嵌套而成。第一效蒸发槽的开口尺寸为 1900mm×100mm，第一效套筒的尺寸长为 1950mm，直径为 114mm；第二效蒸发槽的开口尺寸为 1950mm×124mm，管式套筒的尺寸长为 2000mm，直径为 168mm。两效的蒸发面面积分别为 0.190m^2 和 0.242m^2，冷凝面面积分别为 0.698m^2 和 1.055m^2。

(3) 三效装置由 6 根不锈钢管从内到外逐根嵌套而成。由内到外的三效蒸发槽及各自对应的凝结套筒壁面组成了第一、二、三效蒸发冷凝空腔。装置的三效蒸发槽盛水量分别为 4.66kg、5.05kg、5.82kg，蒸发面面积分别为 0.08m^2、0.14m^2、0.13m^2，凝结面面积分别为 0.11m^2、0.17m^2、0.16m^2。

为了准确得到横管太阳能海水淡化装置的热性能和产水性能，在实验室内对三套测试装置进行稳态运行实验。实验分为两部分，一部分是在定输入功率条件下给横管太阳能海水淡化装置供热，测试在常压时三种不同效数装置的产水速率和蒸发冷凝温差的变化规律。另一部分是在输入定温度条件下，测试在常压时三种不同效数装置的产水性能和测点的温度变化，从而为强化多效横管太阳能海水淡化装置的传热传质提供参考。

测试中，装置的产水量测试时间间隔为 1h，在各效蒸发槽的水体内和各效套筒管壁的上、中、下各布置一个测温热电偶，分别对海水水体温度和冷凝壁面温度进行测量。其中，将套筒管壁上三个测点的温度平均值作为装置内各效套筒管壁的温度。在测试前，对测温用热电偶进行校核，所测温度值由温度巡检仪进行实时采集。电加热器的加热功率可由变压器调节，输入电功率由钳形功率计测得。在进行定温稳态实验时，系统运行驱动热量由恒温水浴提供，水浴温度由标准水银温度计给出。测试中，为了对装置稳态运行工况进行维持和控制，使用电加热代替太阳能供热，用自来水代替海水。测试中所使用测量仪器的技术参数详见表 4-2。

表 4-2　测试中所用仪器技术参数

仪器	测试范围	精度/%
钳形功率计/UT-231	0.01～600kW	±3.0
液体质量流量计/Model-109	0.4～4.0L/h	±0.1
16 路温度巡检仪/JLS-XMT	–200～600℃	±0.5
电子秤/HC UTP-06B	0.1～10kg	±0.5

4.3.2　定输入功率测试

对单效横管太阳能海水淡化装置进行定输入功率加热实验，分别测试装置在加热温升阶段、稳态运行阶段和自然冷却阶段的产水速率、蒸发和冷凝温度变化，当输入电功率为 400W 时，装置的产水速率、水槽温度、套管壁温随运行时间的变化曲线如图 4-7 所示。

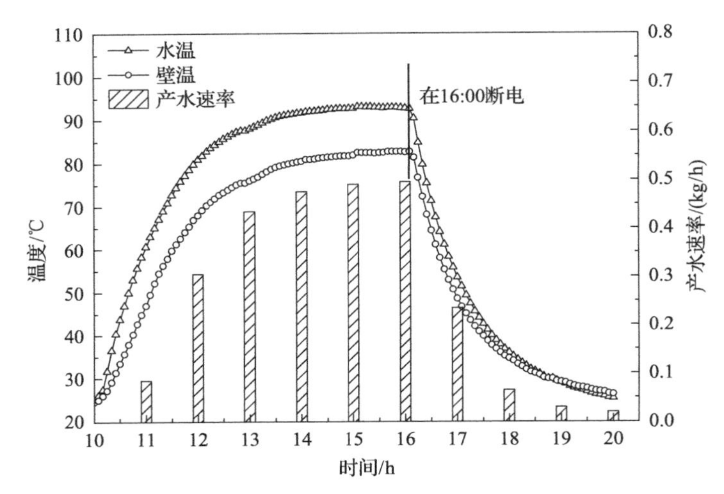

图 4-7　定加热功率时装置的产水速率、水槽温度、套管壁温随时间的变化曲线

从图中可以看到，在对单效横管太阳能海水淡化装置的加热过程中，蒸发槽内的水温和套筒壁温呈现出先快速升高后温升减缓的变化趋势，并在下午 2:00～4:00 达到稳态运行状态，期间装置的产水速率未发生较大波动，蒸发槽内的水温达到最高且增幅很小，说明装置内的能量传递过程趋于平衡，运行达到了稳态。关闭装置的电加热器，运行进入自然冷却阶段，水温和壁温均快速下降，两者温差逐渐减小，并在下午 7:00 左右，壁温超过了水温。

同时，装置产水速率的变化趋势与各测点温度的变化趋势相同。随着水温的快速升高，装置的产水速率也增加得很快，当水温趋于稳定时，装置的产水速率也达到了最大且变化较小。当输入功率为 0 时，即关闭电加热器，装置的产水速率急速下降并随水温与壁温之差的减小其减小速率变缓。

结果表明，装置的产水速率与蒸发槽的水体温度、水体与套筒内壁的温差有关。水体温度越高，蒸发传质速率越大，产水速率也随之增加；水体与套筒内壁的温差越大，水面与蒸发冷凝腔内气水二元混合气体的密度差越大，水与气水二元混合气体间的传质速率增大，产水速率加快，产水量增加。

当电加热器停止工作后，装置没有外界输入能量的补充，蒸发槽内水体自身的热容则变为了装置的热量来源，但是这部分热量是有限的，所以随着运行时间的推移，装置水温和壁温急剧降低，温差逐渐缩小，两者同时影响了装置的产水速率。

在此基础上，为了研究效数增加对横管太阳能海水淡化装置凝结潜热的利用情况，对两效横管太阳能海水淡化装置进行定输入功率加热运行进行测试。当加热功率为 400W 时，第一效和第二效蒸发槽的水温、壁温及第一效和第二效的产水速率随时间的变化曲线如图 4-8 所示。

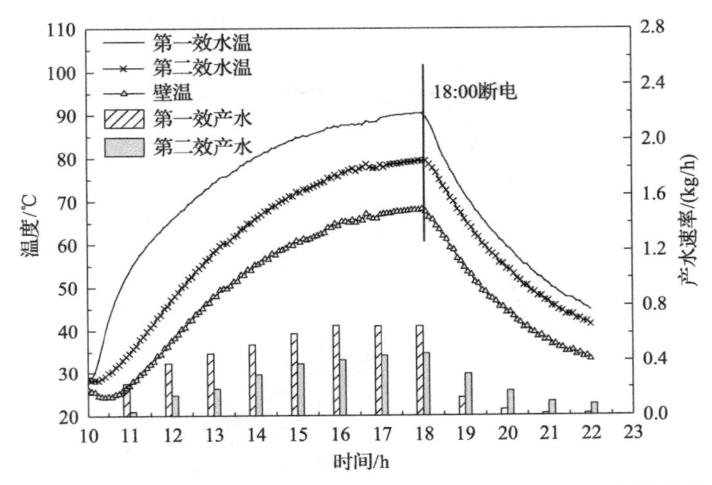

图 4-8　定加热功率时装置的产水速率水温、壁温随时间变化曲线

与图 4-7 对比可知，两效横管太阳能海水淡化装置的水温和壁温的变化趋势与单效装置实验结果曲线的变化趋势相似，但两效装置达到稳定状态所需的时间更长，比单效装置延长了 2h，这主要是由于两效装置中第二效的保温作用，当加热器断电后，各效之间的温差保持恒定。

从图 4-8 中还可以看出，在装置加热温升的过程中，第一效的产水速率比第二效的产水速率快很多，但是当电加热器停止工作后，第一效产水速率的下降速度明显快于第二效。这主要是因为装置从第一效开始加热，由内向外传递热量，所以第一效的水体温度是最高的，图中显示第一效水体和套筒壁的温差与第二效内的温差相差不大，这就导致加热阶段第一效的产水速率要大于第二效的产水速率。当电加热器断电后，虽然装置的各效水温和壁温均下降得很快，但是第一效水体和套筒壁的温差小于第二效水体和套筒壁的温差，虽然第一效水温较高，但是与套筒壁面温差过小会使腔内的对流和蒸发传质过程相对变弱，所以第一效产水速率小于第二效产水速率；虽然第二效水体温度低于第一效水体温度，但是其与套筒壁的温差大，从而强化了凝结换热，而且第二效装置的冷凝面积大于第一效的冷凝面积，这也对气水二元混合气体的热质传递起到了促进强化作用，总体效果使得装置的第二效产水速率较高。

对三效横管太阳能海水淡化装置的热性能和产水速率进行测量分析，考虑到温度变化曲线的数量较多，所以对装置各测点温度和产水速率分别绘制变化曲线，装置运行时间与前两个装置保持一致。由于三效装置的结构将导致传热速度变慢，在输入功率相同的条件下，装置稳态运行时第一效蒸发槽的水温温升接近沸点，槽内水体表面沸腾导致飞溅，影响了实验测量精度。因此，将输入电功率调整为 350W，装置各效水温、环境温度、外壁温度随时间变化如图 4-9 所示。

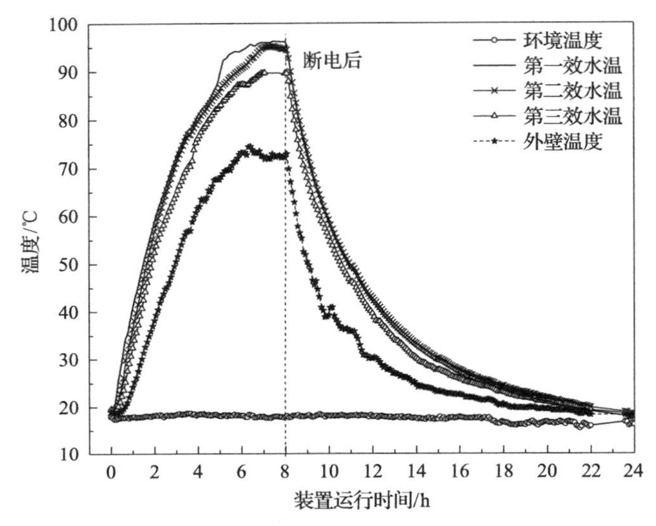

图 4-9　定加热功率时装置测点温度随时间变化曲线

由图 4-9 中装置的温度变化曲线可以看出，其中加热温升时间为 7h，稳态运行时间为 1h，自然冷却时间为 16h。在加热初始时，装置各效温度上升得很快，随着运行时间的延长，温升速度逐渐变缓，第一效蒸发槽内的水体温度最高达到了 96.3℃，此时第二效水体的蒸发温度为 94.8℃，第三效水体的蒸发温度为 89.6℃，最外层套筒壁温为 72.1℃，各测点温度波动很小，进入了稳态运行产水阶段。为了利用各效水体中储存的显热，采用断电运行的方式测试装置持续产水过程中各效温度的影响规律，可以发现三效水体蒸发温度的变化趋势一致，经过 14h 的自然冷却，各效蒸发槽的水体温度趋于环境温度，均经历了先快速减小后逐渐减小的过程。三效横管太阳能海水淡化装置总产水速率随运行时间的变化曲线如图 4-10 所示。

从图中可以看出，在加热运行期间，产水量随运行时间延长而增加，在自然冷却运行期间，装置产水量随运行时间先快速减小然后减小率逐渐放缓。三效装置运行稳态时的总产水速率为 1.05kg/h，实验曲线进一步证实了水体蒸发温度、蒸发冷凝温差对装置产水速率的影响。

4.3.3　不同效数装置的性能对比

由上述对三种横管太阳能海水淡化装置的性能测试分析结果可知，装置的产

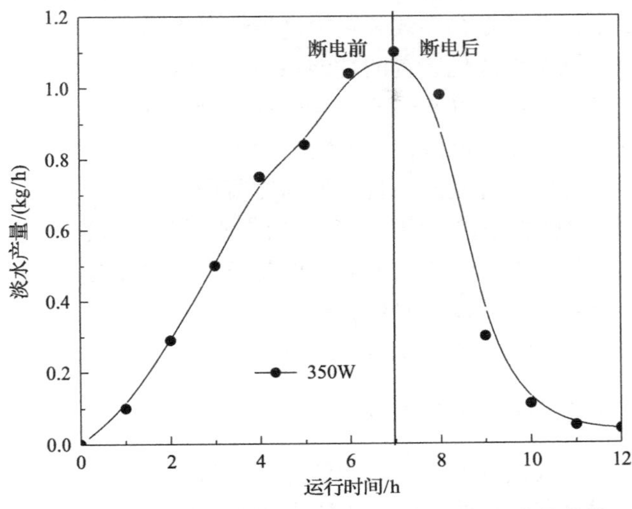

图 4-10　定加热功率时装置的淡水产量随时间变化曲线

水速率均随着输入功率的增加而增大，在输入功率相同的情况下，三效横管太阳能海水淡化装置比两效横管太阳能海水淡化装置的产水速率大。同样，两效横管太阳能海水淡化装置比单效横管太阳能海水淡化装置的产水速率大。这主要是因为多效装置充分利用了各效所产生的水蒸气在对应凝结过程中的汽化潜热，而且多效装置的蒸发面和冷凝面的总面积比单效装置要大，所以多效装置的产水性能比单效装置要好。

采用性能系数 GOR 来表征海水淡化装置利用能量的效率。测试中，忽略横管太阳能海水淡化装置的散热，取 h_{fg} 近似为 2300kJ/kg，由公式(3-39)可以计算得到三种装置稳定运行时的产水速率和 GOR，计算对比如表 4-3 所示。

表 4-3　不同功率下装置的产水速率及性能系数

输入功率/W	单效淡化装置		两效淡化装置		三效淡化装置	
	产水速率/(kg/h)	性能系数	产水速率/(kg/h)	性能系数	产水速率/(kg/h)	性能系数
300	0.440	0.93	0.640	1.36	0.79	1.68
350	—	—	—	—	1.05	1.91
400	0.50	0.79	1.05	1.67	—	—

从表中可以看出，随着输入功率的增加，三个横管太阳能海水淡化装置的产水速率随之增加。但是，从产水速率的变化趋势看，随着输入功率的增加，装置产水速率的相对增加值变小，这是因为装置中蒸发槽内的盛水量是恒定的，随着部分水量的蒸发，蒸发槽内的盛水量逐渐减少。对于半圆柱形蒸发槽而言，蒸发

面面积也随之变小，尤其是在多效装置中这种情况更为突出。

多效横管太阳能海水淡化装置的性能系数比单效装置的性能系数大，这主要是因为多效装置充分利用了气水二元混合气体凝结时释放的汽化潜热，能量利用率高，这使装置的产水速率保持在一个较高的水平。从图 4-8 可以看出，当两效装置中第一效蒸发槽的水温较高，且蒸发与冷凝的温差较大时，第一效的产水量将变大。然而，电加热器停止工作后，第一效产水量的下降速度比第二效还要快，这是因为虽然第一效水温比第二效要高，但是第一效蒸发与冷凝的温差比第二效蒸发与冷凝的温差要小。所以，要想获得较高的产水速率，不仅需要保持较高的运行水温，还需要控制合适的蒸发与冷凝温差。

4.3.4 两种淡化装置的定温加热实验

分别对单效和两效横管太阳能海水淡化装置进行定温稳态加热测试[8]。实验中，保持运行温度恒定，在两实验装置盛水槽的水体中放置热电偶，并在各套管内壁面的上、中、下分别放置三个热电偶，将测得的三个温度平均值作为装置各效冷凝面温度。其中，单效装置的水体温度及两效装置的第一效水体温度设定为两个装置的运行温度。实验时，分别将两种海水淡化装置的加热温度设定为 60℃、65℃、70℃、75℃、80℃，测得在这五个加热温度下，装置达到稳定状态时各测点的温度值。两个装置内各测点温度随加热温度的变化如图 4-11 和图 4-12 所示。

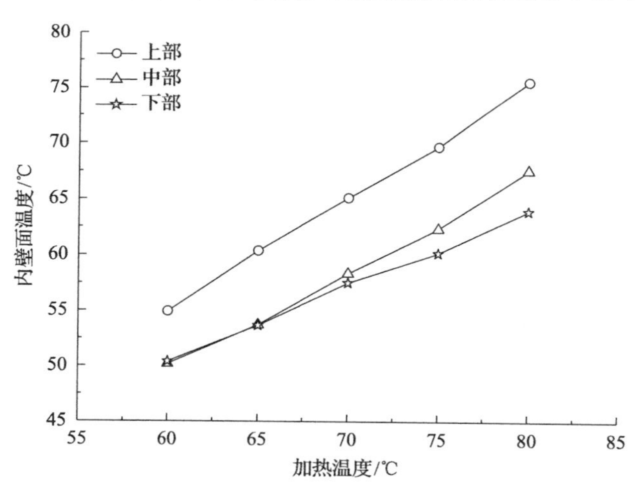

图 4-11　定温运行时单效海水淡化装置的温度变化曲线

从图 4-11 和图 4-12 中可以看出，单效横管太阳能海水淡化装置和两效横管太阳能海水淡化装置套筒内壁面的上部温度均高于中部和下部温度，而中部和下部温度的差别不大，尤其是当加热温度低于 70℃运行时，中部和下部的温差更小。这说明装置内所产生的水蒸气主要在套管内壁面的上部凝结，这是因为水蒸气密度低于干空气密度，因此可以在装置内部填充密度小于空气密度的介质气体来扩展装置的有效冷凝面面积。

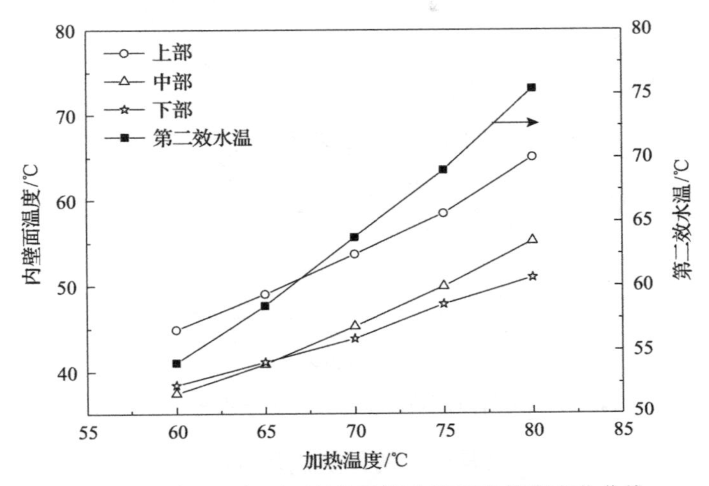

图 4-12　定温运行时两效海水淡化装置的温度变化曲线

在定温稳态加热实验中，对单效横管太阳能海水淡化装置和两效横管太阳能海水淡化装置的产水速率进行测试，稳态运行时间保证在 1h 以上，为了保证每一个稳定运行状态之间在温升过程中装置内气水二元混合气体的传热传质完全充分，温升时间保持在 1.5～2h。当管内介质气体为空气时，文献[9]通过室内稳态实验给出了管式蒸馏装置内的经验常数 C 取 0.34，n 取 0.25。对于单效和两效横管太阳能海水淡化装置而言，产水速率的理论计算值与实验测试值随运行温度变化的对比如图 4-13 和图 4-14 所示。

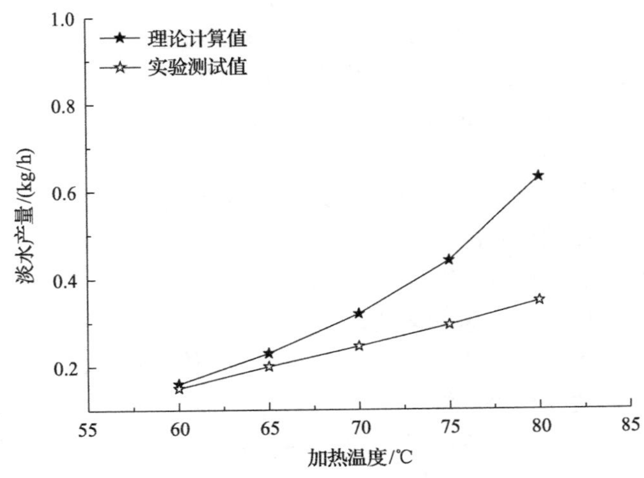

图 4-13　定温运行时单效海水淡化装置产水速率的变化曲线

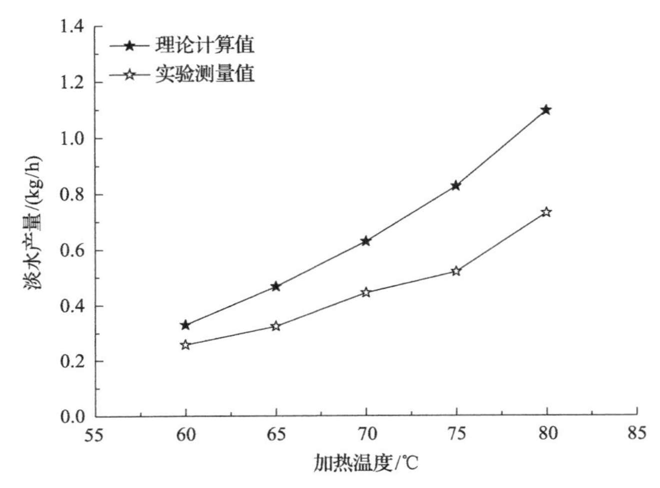

图 4-14　定温运行时两效海水淡化装置产水速率的变化曲线

从图 4-13 和图 4-14 可以看出：两种淡化装置产水速率的测试值随加热温度的升高而增大，对于单效淡化装置，加热温度达到 80℃时的产水速率比 60℃时的产水速率提高了 132%。对于两效淡化装置，加热温度达到 80℃的产水速率比 60℃时的产水速率约提高了 183%。两效淡化装置的实验产水速率明显大于单效淡化装置的产水速率，当加热温度为 80℃时，两效淡化装置的产水速率是单效淡化装置的 2.1 倍。究其原因，主要是因为两效淡化装置的总蒸发面面积大于单效淡化装置的总蒸发面面积，并在运行过程中充分利用了水蒸气凝结时释放的潜热。除此以外，单效淡化装置中的水蒸气直接在套筒内壁面上部凝结，随着运行时间的延长，蒸发面与冷凝面的温差小于两效淡化装置中对应的温差。

从图中还可以看出：单效横管太阳能海水淡化装置和两效横管太阳能海水淡化装置产水速率的理论计算值和实验测试值随加热温度的变化趋势一致。当加热温度低于 70℃时，产水速率的理论计算值和实验测试值的吻合度较好，单效淡化装置二者的偏差值在 9.3%～33.0%，两效淡化装置的偏差值在 28.0%～41.5%。但是当加热温度在 70～80℃时，两者的偏差值较大。其原因有两点，一是由于随着加热温度升高，淡化装置的运行时间增加，淡化装置内盛水槽中的水量越来越少，液面下降，使蒸发面的面积减小，淡化装置的产水速率随之减缓；二是由于随着加热温度的升高，装置内部水蒸气的压力随之增大，阻碍了水蒸气的蒸发和凝结过程，导致实验测试的产水速率偏低；三是随着加热温度的升高，水蒸气占混合气体的比重越来越大，而水蒸气本身并不是理想气体。在理论计算过程中没有考虑上述三个原因，使两种测试淡化装置产水速率的理论计算值与实验测试值的偏差随加热温度的升高变得越来越大。后续还需要对理论计算过程所选经验常数进行测试拟合和验证。

4.4　横管太阳能海水淡化装置传热传质强化

4.4.1　负压运行对装置传热传质的影响

横管太阳能海水淡化装置的圆柱形结构使其本身具有承压特性好的优势，即使使用防腐蚀性能好的非金属材料(如玻璃、陶瓷或亚克力)制作的装置蒸发槽及套筒外壳，也能承受内部负压运行的压力，这是其他太阳能海水蒸馏器所不具备的。而且，在对整个横管太阳能海水淡化装置抽负压时，所有外部压力都作用在外壳上，即只要外壳能承受住压力，就可以忽略内部材料的抗压性能。

从传热学的角度分析，在负压条件下，由于横管太阳能海水淡化装置内部蒸发冷凝腔内不凝结的气体减少，气体的总体密度降低，这是有利于水蒸气的蒸发与传热过程的，并可以减少各效之间的对流传热占比，从而增加了蒸发传热的比例，这对于提高装置产水速率是有益的。值得关注的是，当装置内运行压力达到运行温度对应的饱和蒸气压时，海水水体的蒸发速率骤增，产水速率增大。因此，管式蒸馏器在负压下运行将具有更优良的产水性能。图 4-15 给出了单效装置在不同真空度、不同加热温度条件下运行时产水量的变化曲线。

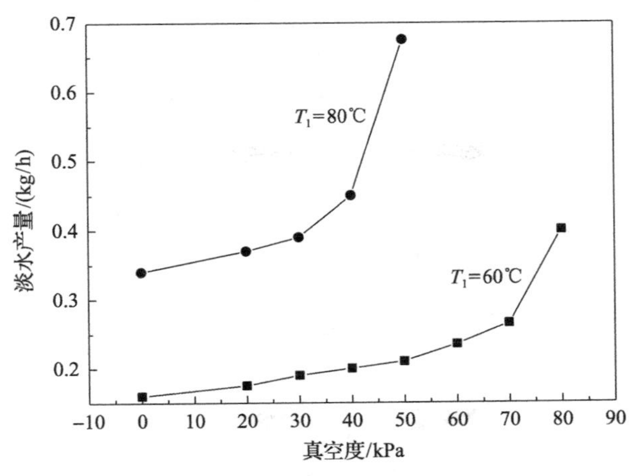

图 4-15　单效装置产水速率随运行压力的变化曲线

从图中可以看出，在一定的加热温度下，单效装置的产水速率随真空度的增大而增加，当真空度比较小时，负压条件对装置产水速率增加的影响并不是很明显，随着真空度的增加，装置内部压力达到该加热温度所对应的水的饱和蒸气压时，产水速率有非常明显的增大。分析其原因为：一是负压运行可以降低水体沸腾的温度，使装置在较低的温度下就有较高的蒸发速率；同时，抽真空可以将内部的空气抽出，减少凝结过程的不凝气体，从而强化水蒸气的冷凝过程，两者的共同作用提高了装置的产水速率；二是当装置内部压力达到水温对应的饱和压力时，海水将达到接近沸腾的状态，这时水会迅速汽化，产生大量的水蒸气，所以这种状态下的产水速率会有明显增加。同时从实验中也可以得到，如果要保持负压来提高装置的产水速率，应该尽量使内部压力接近水温所对应的饱和压力。

降低两效横管太阳能海水淡化装置内的运行压力，保持装置第一效蒸发水槽的运行温度在 60℃和 80℃，分别测试各效的产水速率，当加热温度分别为 60℃和 80℃时，两效装置各效产水速率随运行压力的变化如图 4-16 和图 4-17 所示。

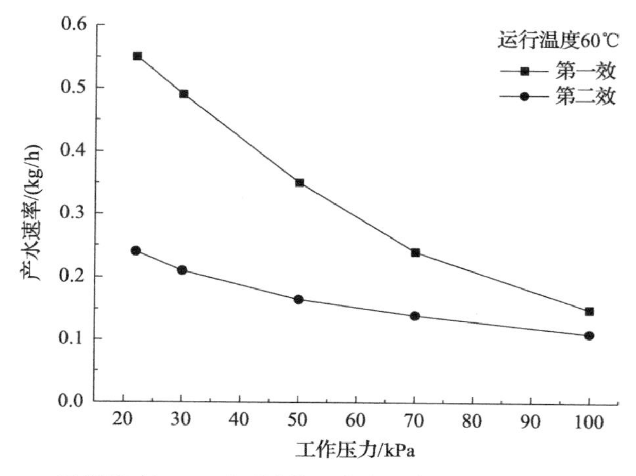

图 4-16　运行温度 60℃时两效装置产水速率随运行压力的变化曲线

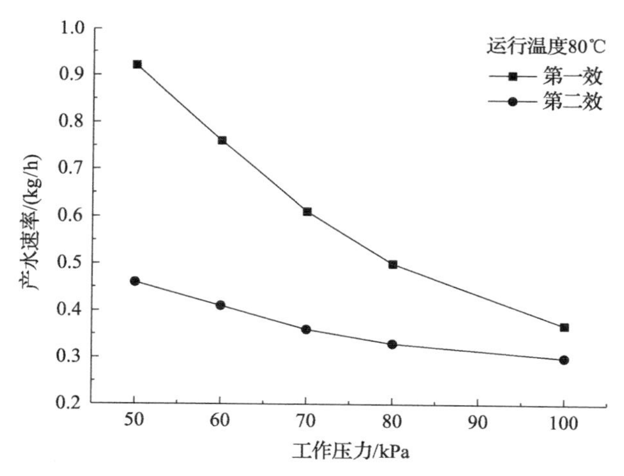

图 4-17　运行温度 80℃时两效装置产水速率随运行压力的变化曲线

从图中可以看出，两效横管太阳能海水淡化装置在不同加热温度条件下，各效产水速率随着腔内运行压力的减小而增加，尤其是当运行压力减小到接近运行温度所对应的饱和蒸气压时，装置的产水速率骤然增大。当加热温度为 60℃，腔内压力为 20kPa 时，两效装置的第一效产水速率为 0.55kg/h，是腔内压力为 100kPa 时的 3.7 倍，比同温度、同压力时的第二效产水速率增加了 130%。当加热温度为 80℃，腔内压力为 20kPa 时，两效装置的第一效产水速率为 0.92kg/h，是腔内压力为 100kPa 时的 2.5 倍，比同温度、同压力时的第二效产水速率增加了 100%，比加热温度为 60℃时的第一效产水速率增加了 67.3%。两效装置内的第二效产水速率随运行压力的减小幅度小于第一效产水速率随运行压力的减小幅度。究其原因，在相同的运行压力条件下，第一效蒸发槽的水体加热温度比第二效蒸发槽的水体加热温度要高，容易接近运行温度所对应的饱和蒸气压，所以第一效海水界面的蒸发速率明显大于第二效海水界面的蒸发速率，但当运行压力增大时，第一效海水界面的蒸发速率对压力的变化更为明显。

综上所述，横管太阳能海水淡化装置具有独特的结构特点和运行规律，能够实现对输入能量的高效利用。单效装置的 GOR 可以达到 0.7～0.8，两效装置的 GOR 可以达到 1.4～1.6，三效装置的 GOR 可以达到 1.91。特别是横管太阳能海水淡化装置可以在负压条件下运行，这能够进一步提高装置的产水性能。通过研究，本书得到了气水二元混合气体在半圆形封闭空间中的传热传质机理，从而为提高聚光型太阳能海水淡化系统的产水速率和性能系数提供了有价值的参考。

4.4.2　填充气体对装置传热传质的影响

当横管太阳能海水淡化装置内填充不同物性参数的气体介质时，将会影响装置内水蒸气的产生和冷凝过程，这主要是由水蒸气在不同气体介质中的扩散与浮升情况不同而引起的，不同的气体介质也会影响横管结构中半圆形封闭空间内气水二元混合气体的凝结过程。

测试中，选择氧气(O_2)、二氧化碳(CO_2)、氦气(He)和空气作为三效横管太阳能海水淡化装置内的填充气体进行分析研究。蒸发冷凝腔内不同气体组分的分子扩散体积如表 4-4 所示[4]，水蒸气在各测试气体中的质扩散系数计算如表 4-5 所示。

表 4-4　不同气体简单分子扩散体积

气体	O_2	He	CO_2	H_2O	空气
扩散系数	16.3	2.67	26.9	13.1	19.7

从表 4-5 可以看出，装置内水蒸气在填充气体介质中的质扩散系数随加热温度的升高而变大，且水蒸气在氦气中的质扩散系数最大，其次是在氧气中，再次是在空气中，最小的是在二氧化碳中。由前述公式可知，横管太阳能海水淡化装置的产水速率与水蒸气的质扩散系数和舍伍德数成正比关系。为此，本书通过实验测试与理论计算进行对比研究，得到半圆形封闭空间内不同气体介质与水蒸气混合过程中的传热传质特性，从而为提高横管太阳能海水淡化装置产水量的开展积极探索。

表 4-5 腔内填充不同气体介质时水蒸气质扩散系数 D_v /×10^{-7}m²/s

温度/℃	O_2	CO_2	He	空气
60	300.2	237.3	937.6	284.7
65	306.6	244.9	962.1	292.7
70	315.3	251.1	982.1	299.2
75	325.8	259.0	1011.8	306.2
80	330.9	265.7	1038.2	313.4
85	340.8	273.2	1059.6	319.2

三效横管太阳能海水淡化填充气体测试系统结构如图 4-18 所示。系统主要由海水淡化装置、气体填充单元、淡水收集装置、测试单元、恒温水浴等组成。其中，三效横管太阳能海水淡化装置由 6 根不锈钢管由小到大逐级嵌套焊接而成，材料选用 304 不锈钢，测试前对其进行密封性测试。为了减小填充气体过程中对装置性能的影响，在第三效套管外布置有缓压球。对测试用仪器、元件进行校核，测试用装置尺寸及参数如表 4-6 所示[10]。

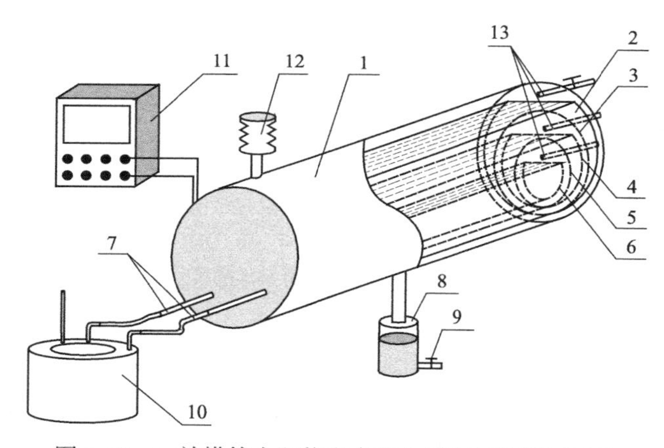

图 4-18 三效横管太阳能海水淡化填充气体测试系统

1. 管状外壳；2. 第三效盛水槽；3. 第二效套管；4. 第二效盛水槽；5. 第一效套管；6. 第一效盛水槽；7. 进水管；8. 淡水收集罐；9. 阀门；10. 恒温水浴；11. 温度采集仪；12. 缓压球；13. 海水进水管

表 4-6 三效装置中各效结构参数表

部件	第一效	第二效	第三效
套管直径/m	0.076	0.114	0.179
盛水槽直径/m	0.063	0.102	0.133
蒸发面面积/m²	0.08	0.14	0.13
特征尺寸 x_l/m	0.012	0.015	0.023
槽中盛水量/kg	4.66	5.05	5.82

测试中，分别对三效横管太阳能海水淡化装置充入不同的气体介质，并保持运行压强与外界环境压强相同。充入气体的方法是利用真空泵抽出管内空气，充入气体介质，再抽出气体介质，再次充入纯净的气体介质，反复 4 次，以保证装置内填充气体的均匀性。将装置内的空气依次替换为氦气、氧气和二氧化碳等气体介质，其中氧气和二氧化碳的摩尔质量大于空气，氦气的摩尔质量小于空气。用自来水代替海水进行实验，各效内的蒸发面和冷凝面均布置有热电偶对温度进行测量，加热温度由恒温水浴所提供的热水保证。每组测试保证稳定运行 2h 后才开始记录数据。由于装置结构尺寸的限制，故无法对每一效产生的淡水进行单独收集，而是将三效产生的淡水汇集以后进行统一计量。

利用恒温水浴作为装置运行的恒温热源，对三效横管太阳能海水淡化装置的产水性能、热性能进行定温分析研究。在四种填充气体条件下，共进行了 60℃、65℃、70℃、75℃、80℃、85℃等 6 个运行温度下的测试研究，得到了装置在每种运行温度下的产水速率，测试结果如图 4-19 所示。

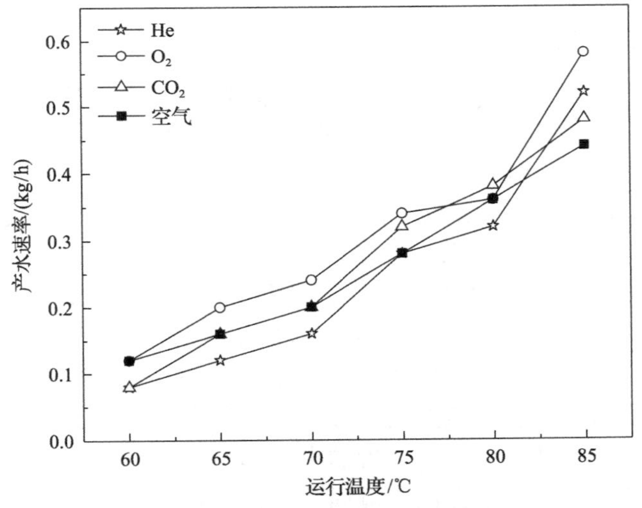

图 4-19　不同填充气体条件下装置产水速率的变化曲线

从图中可以看出，当运行温度小于等于 75℃，三效横管太阳能海水淡化装置内的气体介质为氧气时，产水速率最大，其次是二氧化碳，当气体介质为氦气时，产水量最小。但是，当运行温度超过 80℃后，即在较高温区运行时，填充气体介质为空气的装置其产水速率是最低的，填充气体介质为氦气的装置其产水速率的增加速度最快，当运行温度由 80℃升高到 85℃时，产水量由 0.32kg/h 增加到 0.52kg/h，仅比填充气体为氧气时减小了 11.5%，比填充气体为二氧化碳时增加了 8.3%。

从图中还可以看出，在填充不同气体条件下，装置的产水速率随运行温度的升高而增加，特别是当运行温度超过 80℃后，装置的产水速率得到了较大幅度的提升。当填充气体为空气时，装置的产水速率随运行温度基本呈线性增长，但当填充气体为氧气或氦气时，装置的产水量在 80～85℃均有一个快速提高。从总体来看，当填充气体介质为氧气时，产水性能最优，在 85℃时，该装置每小时产水量达到 0.58kg，相比填充空气介质的装置的产水速率 0.44kg/h，提高了大约 31.82%。

填充不同的气体介质均会影响三效横管太阳能海水淡化装置内水蒸气的产生和淡水凝结过程。从测试结果可以看出，在填充不同气体介质条件下，装置内气水二元混合气体的凝结情况也不一样，可以通过测量套筒凝结壁面不同位置的温度得到验证。在定温加热测试中，装置外层套筒上下壁温的测量值如表 4-7 所示。

表 4-7　不同气体介质时外层套筒壁面温度　（单位：℃）

运行温度	空气		氧气		氦气		二氧化碳	
	上壁	下壁	上壁	下壁	上壁	下壁	上壁	下壁
65	41.1	30.9	43.2	30.1	39.1	35.7	44.2	32.5
75	50.1	34.8	51.7	33.6	44.8	42.5	53.4	36.1
85	58.8	38.3	60.2	37.4	50.5	49.2	62.4	36.9

表中测量结果表明，在填充不同气体介质条件下，三效横管太阳能海水淡化装置外层套筒上下壁面的温度有着明显的差别。当装置内填充气体为二氧化碳时，外层套筒上壁面温度最高，依次是氧气、空气和氦气，装置外层套筒下壁面温度最高的是氦气，依次是空气、氧气和二氧化碳。壁面的温度变化反映了水蒸气在套筒内壁面主要凝结区域的变化，如果上壁面温度高，说明装置运行时产生的水蒸气大部分在套筒内上表面凝结；反之，下壁面温度高则说明有部分水蒸气在套筒的下表面冷凝。装置内填充气体介质摩尔质量的不同导致装置内气体介质密度的不同，比水蒸气密度小的气体，如氦气，会阻碍水蒸气在上表面的凝结，但从另一方面来说，这会使装置的有效冷凝面积增大，更有利于淡水的生成；比水蒸气密度大的气体多集中于装置的中下部，不会对水蒸气在套筒内上表面的凝结造成阻碍，但却使装置的冷凝面面积仅局限于中上表面，所以有效冷凝面面积小于套管的物理内表面，因此影响了装置随水蒸气的凝结，造成产水速率的降低。

基于半圆形封闭空间内气水二元混合气体的传热传质机理，参考类似结构空腔内气水二元混合气体传质系数及理论产水速率的计算方法，将三效横管太阳能海水淡化装置产水速率的实验测试值和理论计算值进行对比分析，得到影响半圆形封闭空间内气水二元混合气体传热传质的关键因素，为后期该技术的成果转化及应用提供了理论参考和支撑。根据文献[11]和文献[12]，当管内介质气体为空气时，通过室内稳态实验给出了一组管式蒸馏器内传热传质的经验关系式，式中 C_1 按照表 4-8 给出的 Pr 数取值。

$$Nu = 0.772C_1Ra^{0.25}$$

表 4-8　C_1 随混合气体 Pr 数的变换关系

Pr	0.01	0.10	0.71	2	6
C_1	0.242	0.387	0.515	0.568	0.608

根据前述半圆形封闭空间内气水二元混合气体传质系数的推导过程及理论淡水产量的计算方法，将填充有空气、氦气、二氧化碳和氧气的三效横管太阳能海水淡化装置定温运行时的蒸发温度和冷凝温度代入公式(4-28)中，计算可得装置的理论产水速率，并与测试结果进行对比，如图 4-20 所示。

从图 4-20 的对比结果可以看出，基于文献给出的经验公式所计算的理论产水预测值与实验测量值的变化趋势一致。当填充气体为氧气时，用经验公式计算的

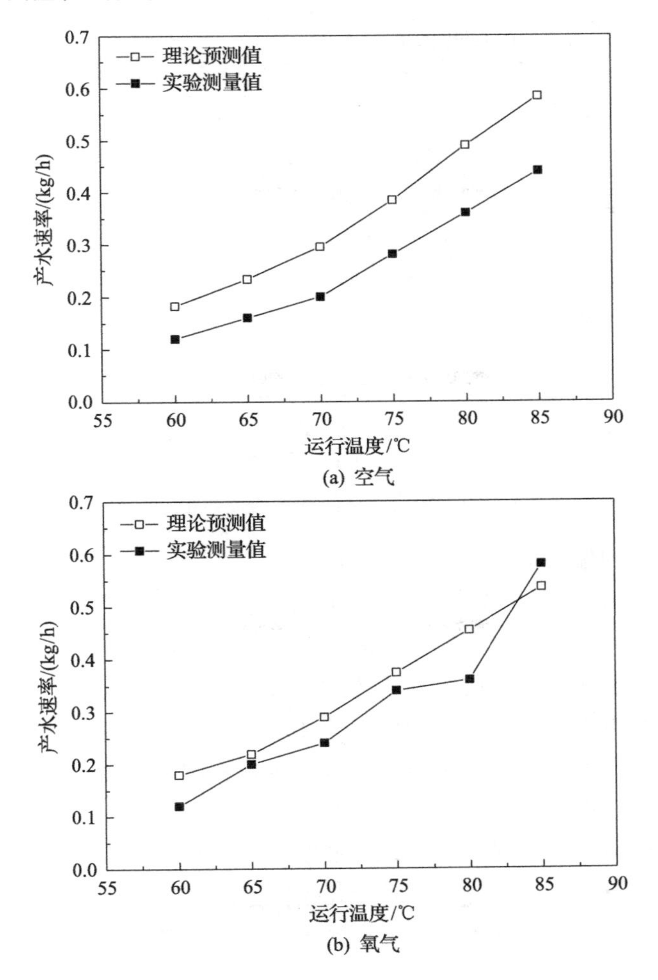

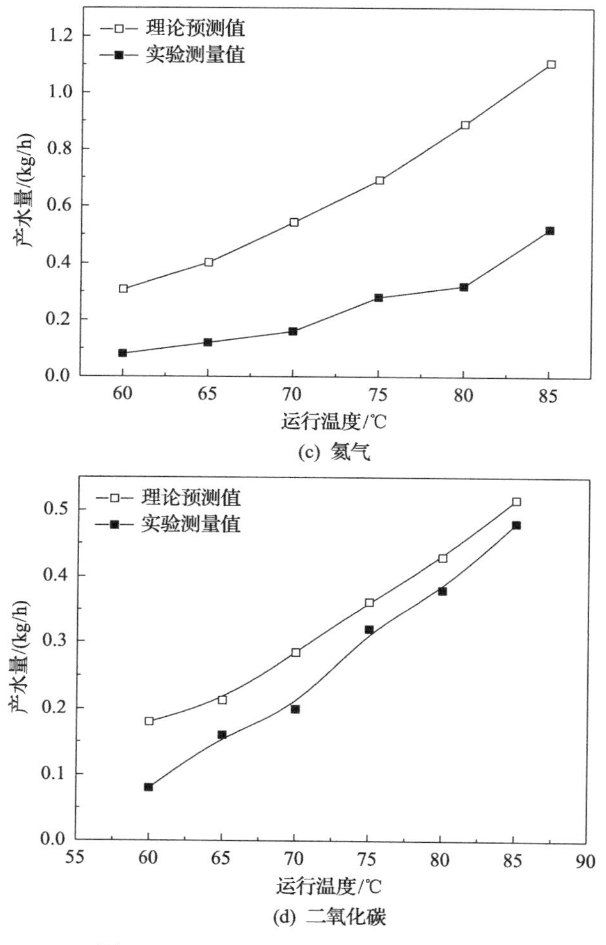

(c) 氦气

(d) 二氧化碳

图 4-20　理论计算值和实验测试值对比

预测值与测量值的偏差最小，大约为 30%。二者偏差值最大的曲线是填充气体为氦气，平均偏差为 80%，最大偏差为 113%。这主要是因为氦气的密度比水蒸气小，并且扩散系数在计算时有较大误差。其中，氦气的扩散系数是最大的，三效横管太阳能海水淡化装置中所填充气体的扩散系数从大到小依次为氧气、空气和二氧化碳，由此可以推断，装置的产水速率应该是当填充气体为氦气时最大，然而，填充氧气的三效装置的产水速率最大。这也就解释了为什么当运行温度较低时，氦气不容易与水蒸气混合。但是，当运行温度高于 80℃后，氦气分子开始变得活跃，易与水蒸气分子混合[13]，最终使装置的淡水产量得到了提高。通过在承压管式蒸馏器中填充气体，可以有效强化半圆形封闭空间气水二元混合气体的传热传质，进而提高多效横管太阳能海水淡化装置的产水速率。

参考文献

[1] Tiwari G N. Nocturnal water production by tubular solar stills using waste heat to preheat brine [J]. Desalination, 1988, (69): 309-318.

[2] 郑子行. 多效管式太阳能海水淡化蒸馏器热质传递研究[D]. 北京: 北京理工大学. 2012.

[3] Ye D L, Hu J H. Practical Inorganic Thermodynamic Data Handbook[M]. Beijing: Metallurgical Industry Press, 2002.

[4] Sharpley B F, Boelter L M K. Evaporation of water into quiescent air[J]. Industrial and Engineering Chemistry, 1938, 30: 1125-1131.

[5] Poling B E, Prausnitz J M, Connell J P O. The Properties of Gas and Liquids [M]. New York: McGraw Hill, 2011.

[6] Tsilingiris P T. The influence of binary mixture thermophysical properties in the analysis of heat and mass transfer processes in solar distillation systems[J]. Solar Energy, 2007, 81: 1482-1491.

[7] Zheng H F, Chang Z H, Chen Z L, et al. Experimental investigation and performance analysis on a group of multi-effect tubular solar desalination devices[J]. Desalination, 2013, 311: 62-68.

[8] 常泽辉, 于苗苗, 郑子行, 等. 横管式太阳能苦咸水淡化装置产水性能研究[J]. 太阳能学报, 2016, 37(2): 505-510.

[9] Ahsan A, Fukuhara T. Mass and heat transfer model of tubular solar still[J]. Solar Energy, 2010, 84(7): 1147-1156.

[10] Zheng H F, Chang Z H, Zheng Z H, et al. Performance analysis and experimental verification of a multi-sleeve tubular still filled with different gas media[J]. Desalination, 2013, 331: 56-61.

[11] Shafiul Islam K M, Fukuhara T. Heat and mass transfer in tubular solar still under steady condition[J]. Annual Journal of Hydraulic Engineering, 2005, 49: 727-732.

[12] Ahsan A, Fukuhara T. Mass and heat transfer model of tubular solar still [J]. Solar Energy, 2010, 84: 1147-1156.

[13] 常泽辉, 李建业, 李瑞晨, 等. 不凝气体对管式太阳能海水淡化装置性能的影响[J]. 太阳能学报, 2019, 40(8): 2244-2250.

第5章　竖管太阳能海水淡化技术

在前述对横管太阳能海水淡化技术开展研究的过程中，探究了强化半圆形封闭空间内气水二元混合气体传热传质的方法，开展了提高多效横管太阳能海水淡化装置产水速率的测试和分析，但在此过程中也发现了横管太阳能海水淡化技术中存在的一些阻碍产水性能提升的技术瓶颈，例如：①装置驱动热能主要来源于第一效海水蒸发槽内的水体，属于水体受热蒸发形式，而盐水分离主要发生在水体界面，水体受热过程中由于其热容量大，在接收相同输入能量的条件下，温升较慢，从而影响海水的蒸发速度及日产水总量；②由于装置结构所限，各效海水蒸发槽内的水量相对固定，随着运行产水，槽内水体液面下降，蒸发面积随之减小，蒸发传热距离变长，半圆形蒸发槽阻隔气水二元混合气体在冷凝套筒内壁面凝结；③装置内海水蒸发产生的水蒸气主要在冷凝套筒中上部位凝结成淡水，冷凝套筒冷凝面面积的利用率低，有效凝结面积小于实际套筒的内表面积，造成凝结能力不足，影响装置的产水速率和淡水产量；④横管太阳能海水淡化装置多采用偏心设计，难以优化特征尺寸，装置内不凝气体的减小幅度有限，对气水二元混合气体传热传质的强化构成阻碍；⑤当装置运行温度接近海水沸点时，容易出现海水飞溅，造成对所产淡水的污染，影响淡水品质。

5.1　竖管太阳能海水淡化技术特点

为了利用管式太阳能海水淡化技术中热源内置、承压性能好、冷凝面积总大于蒸发面积、多效运行等优点，同时，为克服横管太阳能海水淡化装置存在的技术缺陷，本书提出了竖管太阳能海水淡化技术，其具有如下特点[1]：①采用海水液膜蒸发技术，在每一效蒸发面敷设吸水材料，有效地克服了横管太阳能海水淡化技术中水体蒸发的缺点；②采用进料海水自重力进水模式，通过匹配进水流量和蒸发温度之间的关联，保证了海水液膜的高效蒸发，减小了排浓海水的显热损失，有效克服了横管太阳能海水淡化技术中水体波动对装置性能的影响；③采用小特征尺寸设计，通过无限减小海水液膜蒸发面与冷凝面之间的距离，减少了装置内不凝气体的总量，减小了气水二元混合气体传热传质的阻力和距离，增大了有效冷凝面积，发挥冷凝面积总大于蒸发面积的技术优势，有效地克服了横管太阳能海水淡化装置内大空间水蒸气传热传质方式带来的缺点；④采用竖管结构，装置的占地面积小，有效地克服了横管太阳能海水淡化装置占地面积大、维护难度高、串并联管路挤占空间的缺点。

基于上述设计思想，着眼于竖管太阳能海水淡化技术的特点，首先需要分析竖管太阳能海水淡化装置内气水二元混合气体的传热传质机理，为该技术的完善、熟化、技术转化乃至实际应用提供扎实的理论基础和优化的努力方向。鉴于此，竖管太阳能海水淡化装置的三维效果如图 5-1 所示。

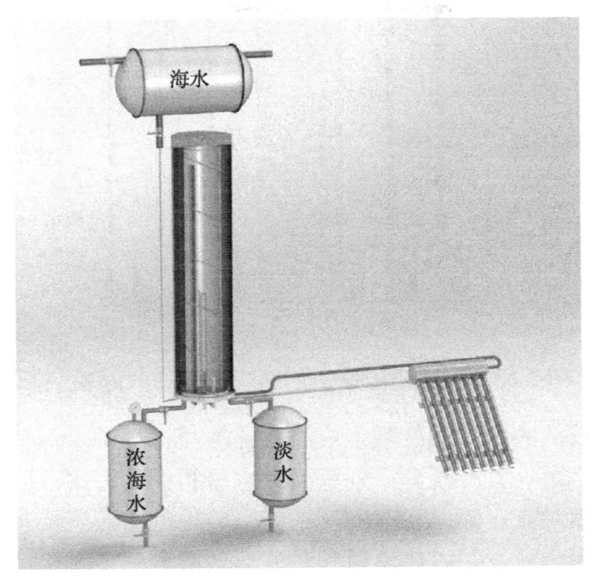

图 5-1　竖管太阳能海水淡化装置效果图

5.2　环形封闭小空间气水二元混合气体的传热传质特性

5.2.1　环形封闭小空间气水二元混合气体热质的传递过程

当有外部热能输入竖管太阳能海水淡化装置时，装置内部的能量传输如图 5-2 所示。装置内部结构包括圆筒加热水箱、4 根直径不同且同心嵌套在一起的不锈钢管、吸水材料、挡水板和保温材料等。每两根不锈钢管之间形成的空腔为蒸发冷凝腔，运行时，腔内充满水蒸气，吸水材料内形成海水液膜，与吸水材料相对应的内管壁上为所凝结的淡水，装置上方布置保温材料以减少热量损失。

顺向聚焦同向传光聚光集热器将太阳热能传递给竖管海水淡化装置中加热水箱的水体中，运行过程中，加热水箱内的热量通过壁面以热传导形式传递给位于水箱外表面吸水材料中的海水液膜，液膜温度逐渐升高，同时液膜受热蒸发生成水蒸气，液膜以自然对流、辐射和蒸发对流形式与水蒸气进行换热，水蒸气温度持续升高，继续以自然对流、辐射和冷凝形式与第一效冷凝套筒内壁面换热，同

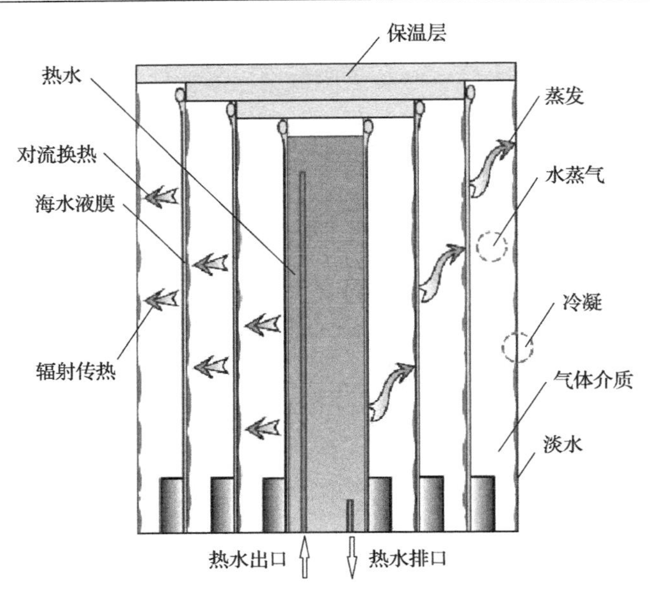

图 5-2　竖管太阳能海水淡化装置内热质的传递过程

时水蒸气在温度较低的内壁面冷凝生成淡水，冷凝过程中水蒸气释放的凝结潜热以热传导形式传给第一效冷凝套筒外壁面吸水材料中的海水液膜，海水液膜温度升高，继续以自然对流、辐射和蒸发形式与空腔内的水蒸气换热。以此类推，热量最终传给最外层套筒，并以热辐射和对流形式散失到环境中。在整个传热传质的过程中，水蒸气的凝结潜热被多次成功回收利用，各种传热形式所占比例也因介质的工作温度变化而发生变化，后续将开展相关理论分析和研究。

5.2.2　环形封闭小空间的自然对流

竖管太阳能海水淡化装置中各效蒸发冷凝腔内的传热方式主要以自然对流传热为主，影响蒸发冷凝面传热系数的因素主要有气体介质的物性、运行温度和蒸发冷凝腔结构等，装置内气水二元混合气体的传热系数可由下式计算得到：

$$h_c = \frac{k}{x_1} \times C \times Ra^n \tag{5-1}$$

式中，x_1 为封闭空腔的特征尺寸，对于本书研究的装置而言是蒸发面与冷凝面之间的最小距离，m；C 和 n 是经验常数，一般由实验测试数据拟合得到；Ra 为瑞利数；k 为工作介质的热导率，W/(m·K)，可由文献[2]提供的经验关联式计算得到：

$$k = 0.024 + 0.7673 \times 10^{-4} T_{av} \tag{5-2}$$

式中，T_{av} 为封闭空腔内蒸发温度和冷凝温度的平均值，K。

装置内蒸发冷凝腔中气水二元混合气体进行的对流形式属于自然对流，圆柱形封闭空间中进行的自然对流过程可以表达为如下经验公式：

$$Ra = Gr \times Pr \tag{5-3}$$

式中，Ra 为瑞利数；Pr 为普朗特数，它给出了速度边界层和热边界层中由扩散引起的动量和热量输运的相对效果的度量；Gr 为格拉晓夫数，它表示作用在流体上的浮力和黏性力之比。

封闭空间内，在由蒸发冷凝温差引起的自然对流换热方式下，格拉晓夫数可以利用下面的经验公式计算[3]：

$$Gr = \frac{x_1^3 \times \beta \times g \times \Delta t}{\nu^2} \tag{5-4}$$

式中，g 为重力常数，m/s^2；ν 为运动黏度，m^2/s；β 为体积膨胀系数，k^{-1}；Δt 为蒸发冷凝温差，℃。

在蒸发冷凝腔内，除温度差外，还存在水蒸气的浓度差，由于水蒸气的密度比空气介质的密度低，所以在竖管海水淡化装置内部，传质过程促进传热过程。因此，在这里需要对格拉晓夫数进行修正，可以采用 Boelter 和 Sharpley 的定义式[4]：

$$Gr' = \frac{x_1^3 \times g}{\nu_{\mathrm{m}}^2}\left(\frac{\rho_{\mathrm{m,c}}}{\rho_{\mathrm{m,e}}} - 1\right) \tag{5-5}$$

式中，下角标 m 为混合物；c 和 e 分别为冷凝面和蒸发面的状态。

考虑到蒸发冷凝腔内的工作介质为干空气和水蒸气的混合气体，二者处于平衡状态，但在蒸发面和冷凝面的混合气体参数是不同的。作为近似讨论，认为每组气体分别遵守理想气体状态方程，即

$$p_{\mathrm{a}}V = m_{\mathrm{a}}R_{\mathrm{ga}}T \tag{5-6}$$

$$p_{\mathrm{w}}V = m_{\mathrm{w}}R_{\mathrm{gw}}T \tag{5-7}$$

装置内的混合气体密度为

$$\rho_{\mathrm{m}} = \frac{m_{\mathrm{a}} + m_{\mathrm{w}}}{V} = \frac{p_{\mathrm{a}}M_{\mathrm{a}} + p_{\mathrm{w}}M_{\mathrm{w}}}{RT_{\mathrm{av}}} = \rho_{\mathrm{a}} + \rho_{\mathrm{w}} \tag{5-8}$$

式中，R 为气体摩尔常数，其值为 8.3145J/(mol·K)；R_{g} 为气体常数，$R_{\mathrm{g}}=R/M$；T_{av} 为装置内蒸发面和冷凝面的平均温度；p 为平均压力，Pa；下标 a 和 w 分别为干空气和水蒸气。

在稳定运行时，假设装置内均为饱和水蒸气，则可以利用下面公式[5]计算 10～110℃时的饱和蒸气压：

$$P = 1.131439334 - 3.750393331\times10^{-2}\times t + 5.591559189\times10^{-3}\times t^{2} - 6.220459433\times10^{-5}\times t^{3} + 1.10581611\times10^{-6}\times t_{4}^{4} \tag{5-9}$$

在竖管海水淡化装置中，湿空气的摩尔质量存在如下关系：

$$M = M_{\mathrm{a}}\frac{P_{\mathrm{a}}}{P_{\mathrm{T}}} + M_{\mathrm{w}}\frac{P_{\mathrm{w}}}{P_{\mathrm{T}}} \tag{5-10}$$

式中，P_{T} 为装置内湿空气的总压力，其值与环境大气压相同，即 P_{T}=101.3kPa。将式(5-10)代入式(5-5)，整理后修正的格拉晓夫数为

$$Gr' = \frac{x_{1}^{3}\times\rho^{2}\times g}{\mu^{2}T_{\mathrm{c}}}\left[(T_{\mathrm{e}} - T_{\mathrm{c}}) + \frac{(p_{\mathrm{e}} - p_{\mathrm{c}})\times T_{\mathrm{e}}\times(M_{\mathrm{a}} - M_{\mathrm{w}})}{M_{\mathrm{a}}P_{\mathrm{T}} - p_{\mathrm{ew}}(M_{\mathrm{a}} - M_{\mathrm{w}})}\right] \tag{5-11}$$

式中，μ 为动力黏度，Pa·s。对于空气介质来说，M_{a}=28.96g/mol，表示干空气的摩尔质量；M_{w}=18g/mol，表示水蒸气的摩尔质量。

对于气水二元混合气体，普朗特数的计算公式为

$$Pr = \frac{c_{\mathrm{p,a\text{-}w}}\mu}{k} \tag{5-12}$$

式中，$c_{\mathrm{p,a\text{-}w}}$ 为密闭空腔内恒定压力条件下水蒸气的比定压热容，J/(kg·K)，可以采用文献[2]中提供的经验关联式计算：

$$c_{\mathrm{p,a\text{-}w}} = 0.9992\times10^{3} + 1.4339\times10^{-1}T_{\mathrm{av}} + 1.101\times10^{-4}{T_{\mathrm{av}}}^{2} - 6.7581\times10^{-8}{T_{\mathrm{av}}}^{3} \tag{5-13}$$

式中，T_{av} 为密闭空腔内蒸发温度与冷凝温度的平均值，K。

5.2.3　环形封闭小空间的传热方式分析

竖管太阳能海水淡化装置的性能主要取决于装置的热能利用效率和淡水产量。为了提高淡化装置的产水速率，需要探究提高气水二元混合气体传热传质的方法，也就是需要寻找改善淡化装置热性能的途径，特别需要对装置内的传热过程进行分析[6]。以单效竖管太阳能海水淡化装置为研究对象，其蒸发冷凝腔内的传热包括自然对流传热、辐射换热及蒸发传热过程，如图 5-2 所示。其中，蒸发冷凝腔内的热平衡关系为

$$G_{\mathrm{sun}}\cdot A\cdot\eta = q_{\mathrm{e}} + q_{\mathrm{r}} + q_{\mathrm{c}} + q_{\mathrm{b}} + q_{\mathrm{w}} + c_{\mathrm{p,w}}\cdot m_{\mathrm{w}}\cdot\frac{\mathrm{d}T_{\mathrm{w}}}{\mathrm{d}t} \tag{5-14}$$

式中，G_{sun}为太阳辐照度，W/m^2；A为聚光器入光口面积，m^2；η为聚光器的光热转化效率，%；q_e、q_r、q_c分别为竖管液膜向冷凝套筒的蒸发、辐射和对流换热，W/m^2；q_b为装置排浓海水带走的显热损失，W/m^2；q_w为装置所产淡水带走的显热损失，W/m^2；$c_{p,w}$为海水的定压比热容，kJ/(kg·K)；m为海水液膜的质量，kg；T_w为海水液膜的温度，K。排浓海水和所产淡水带走的显热损失可由下式分别计算，即

$$q_b = m_{out} \cdot c_{p,b} \cdot T_{out} - m_{in} \cdot c_{p,w} \cdot T_{in} \tag{5-15}$$

$$q_w = m \cdot c_{p,f} \cdot T_w \tag{5-16}$$

式中，m_{out}和m_{in}分别为装置排浓海水和进料海水的质量流量，kg/h；m为装置的淡水产量，kg/h；$c_{p,f}$为淡水的比定压热容，kJ/(kg·K)。

由式(5-14)可知，太阳能聚光集热系统提供的热能有一部分被待处理的海水液膜吸收，并通过蒸发、对流和辐射的方式传给冷凝套筒，还有一部分被装置所生成的淡水和排浓海水带走，剩余部分使海水液膜升温。对于冷凝套筒，可以列出其热平衡关系：

$$q_e + q_c + q_r = q_a + c_{p,s} \cdot m_s \frac{dT_s}{dt} \tag{5-17}$$

式中，q_a为冷凝套筒与环境的散热损失，W/m^2；m_s为不锈钢冷凝套筒的质量，kg/h；$c_{p,s}$为不锈钢冷凝套筒的比热容，kJ/(kg·K)；T_s为不锈钢冷凝套筒的温度，K。

将式(5-14)和式(5-17)相加，整理后可得单效竖管太阳能海水淡化装置的热平衡关系，即

$$G_{sun} \cdot A \cdot \eta = q_b + q_w + q_a + c_{p,w} \cdot m_w \cdot \frac{dT_w}{dt} + c_{p,s} \cdot m_s \cdot \frac{dT_s}{dt} \tag{5-18}$$

如果采用电加热模拟太阳能的时均值，不考虑太阳辐照度和环境温度的变化，按照稳态运行工况研究，则上式变为

$$P \cdot t = q_b + q_w + q_a \tag{5-19}$$

式中，P为电加热输入功率，W；t为电加热时间。

竖管太阳能海水淡化装置内海水液膜的蒸发量可由下式计算：

$$m = \frac{q_e}{h_{fg}} \tag{5-20}$$

式中，h_{fg}为海水的汽化潜热，kJ/kg。

由上述热平衡关系的分析可知，提高竖管太阳能海水淡化装置产水速率的方法是使输入的太阳能绝大部分用于海水液膜蒸发，使 q_e 达到最大。在一定太阳热能输入量条件下，尽可能减少 q_r、q_c、q_b 和 q_w，其中 q_b 可以通过对进料海水质量流量的优化研究加以减少，q_b 可以通过综合考虑装置内管路高温运行的结垢及回热等加以减少。降低装置内海水液膜的温度可以减少 q_r 和 q_c，但这样也会使 q_e 减少，显然这种方式并不可行。利用上述的热平衡关系式，计算装置在稳态运行时，q_e、q_r 和 q_c 分别占装置内总传热量的份额及其变化规律，对于后续强化装置内气水二元混合气体的热质传递机理具有理论参考价值。

1. 装置内自然对流的传热量

在竖管太阳能海水淡化装置内，海水液膜受热蒸发，水蒸气携带着热量与蒸发冷凝腔内的干空气以自然对流形式进行换热，并形成饱和湿空气。水蒸气在上升过程中，遇到温度较低的套筒时凝结，同时释放凝结潜热，完成一个自然对流换热的过程。在此过程中，装置内自然对流的传热量可表示为

$$q_c = h_c \cdot \Delta T \tag{5-21}$$

式中，h_c 为自然对流传热系数，单位为 W/(m²·K)；ΔT 为蒸发冷凝温差，K。蒸发面与冷凝面的温差可以通过实验测得，而自然对流传热系数需要根据装置所得实验数据推导计算给出，可由本书 5.3 部分计算可得。

2. 装置内蒸发的传热量

在装置内，蒸发传热和自然对流传热是同时发生的，水蒸气在蒸发传热过程中的传热量可表示为

$$q_e = m_e \cdot h_{fg} = h_e \cdot (P_e - P_c) \tag{5-22}$$

式中，h_e 为蒸发传热系数，单位为 W/(m²·K)；P_e 和 P_c 分别为蒸发面与冷凝面的水蒸气分压，Pa；m_e 为装置内水蒸气的净传质速率，可由蒸发面的水蒸气质量与冷凝面的水蒸气质量之差求得：

$$m_e = m_{ew} - m_{cw} = \frac{M_w}{M_a} \cdot \frac{h_c}{c_{p,a\text{-}w}} \left[\frac{P_w}{\frac{M_w}{M_a} P_w + (P_T - P_w)} - \frac{P_g}{\frac{M_w}{M_a} P_g + (P_T - P_g)} \right] \tag{5-23}$$

式中，M_w 和 M_a 分别为水蒸气和干空气的摩尔质量，kg/mol；m_{ew} 和 m_{cw} 分别为装置内蒸发面和冷凝面水蒸气的质量；$c_{p,a\text{-}w}$ 为湿空气的定压比热容，kJ/(kg·K)。

假设装置内的气水二元混合气体为理想气体，其由水蒸气和干空气组成，则装置内的总压为

$$p_{\mathrm{T}} = p_{\mathrm{c,w}} + p_{\mathrm{c,a}} = p_{\mathrm{e,w}} + p_{\mathrm{e,a}} \tag{5-24}$$

式中，$p_{\mathrm{c,w}}$ 和 $p_{\mathrm{c,a}}$ 分别为冷凝套筒内壁附近的水蒸气和干空气分压；$p_{\mathrm{e,w}}$ 和 $p_{\mathrm{e,a}}$ 分别为海水液膜蒸发面附近的水蒸气和干空气分压；p_{T} 为湿空气的总压力，其大小与环境大气压相同；下标 w 和 a 分别为湿空气中的水蒸气和干空气。

3. 装置内辐射的传热量

在装置内，海水液膜在受热过程中与冷凝套筒之间的辐射传热量可由下式计算：

$$q_{\mathrm{r}} = \frac{\sigma \cdot (T_{\mathrm{e}}^4 - T_{\mathrm{c}}^4)}{A_{\mathrm{e}}\left[\dfrac{1-\varepsilon_{\mathrm{e}}}{A_{\mathrm{e}}\varepsilon_{\mathrm{e}}} + \dfrac{1}{A_{\mathrm{e}}F_{\mathrm{e,c}}} + \dfrac{(1-\varepsilon_{\mathrm{c}})}{\varepsilon_{\mathrm{c}}A_{\mathrm{c}}}\right]} \tag{5-25}$$

式中，A_{e} 和 A_{c} 分别为装置内蒸发面和冷凝面的面积，m^2；ε_{e} 和 ε_{c} 分别为海水液膜和冷凝面的发射率；σ 为斯特藩-玻尔兹曼常数；$F_{\mathrm{e,c}}$ 为蒸发面与冷凝面之间的角系数。

上述分析了单效竖管太阳能海水淡化装置内部的自然对流传热、蒸发传热和辐射传热的计算过程。为了给出装置稳定运行过程中(加热温度：50～80℃)三种传热方式在环形封闭小空间内传热所占的比例，将三种传热方式的占比随温度变化的关系绘于图 5-3。

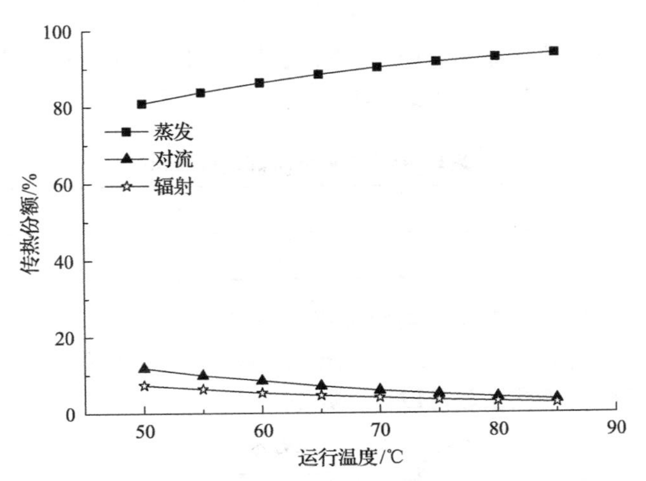

图 5-3　装置内蒸发、对流和辐射传热份额随运行温度的变化

由图 5-3 的曲线变化可以看出，随着环形封闭小空间内海水液膜温度的升高，蒸发传热占比上升，相应地对流传热占比和辐射传热占比均随液膜温度的升高而降低，且在低温区，对流传热占比大于辐射传热占比，随着液膜温度升高，二者占比趋于相近。

5.3　环形封闭小空间对流传质系数的确定

5.3.1　环形封闭小空间的淡水凝结量

在充满水蒸气的环形封闭小空间内，海水液膜受热蒸发过程中气水二元混合气体传质系数的计算公式如下：

$$h_m = \frac{h_c \times D_{a\text{-}w}}{k \times (\mathrm{Le})^{-n'}} \tag{5-26}$$

式中，h_c 为封闭空腔内工作介质的传热系数，W/(m^2·K)；Le 为路易斯数，它表示热和浓度边界层相对厚度的度量，与普朗特数和斯密特数有关；n'为常数，对于书中所研究的空间，n'=0.33[7]；$D_{a\text{-}w}$ 为水蒸气在干空气中的传质扩散系数，cm^2/s，可以通过以下公式计算[4]：

$$D_{a\text{-}w} = \frac{0.00143 T_{av}^{1.75}}{P M_{aw}^{0.5}\left[\left(\sum_v\right)_a^{1/3} + \left(\sum_v\right)_w^{1/3}\right]^2} \tag{5-27}$$

$$M_{aw} = \frac{2}{1/M_a + 1/M_w} \tag{5-28}$$

式中，P 为封闭空间内气体的总压力；$\sum_v$ 为填充气体介质与水蒸气混合气体各组分的分子扩散体积，常见数值见表 5-1。

表 5-1　常见气体分子的扩散体积

气体	空气	CO_2	He	N_2	O_2	Ar	H_2O
分子扩散体积	19.7	26.9	2.67	18.5	16.3	16.2	13.1

计算过程中，公式中涉及的其他湿空气相关参数可以通过前述提供的经验关联式计算得到。通过上述公式可以计算出瑞利数、修正的格拉晓夫数、路易斯数，则环形封闭空腔内的传质系数可以计算如下：

$$h_m = \frac{h_c}{\rho c_{p,a\text{-}w} \mathrm{Le}^{1-n'}} \tag{5-29}$$

根据小空间的传热传质机理，对于竖管太阳能海水淡化装置而言，其淡水凝结量可以通过下式计算：

$$m = h_m A_e(\rho_e - \rho_c) \tag{5-30}$$

式中，A_e为装置内海水液膜的蒸发面积，m^2；ρ_e为蒸发面上水蒸气的密度，kg/m^3；ρ_c为冷凝面上水蒸气的密度，kg/m^3。

5.3.2　环形封闭小空间内液膜蒸发传质系数拟合

公式(5-1)在计算传热系数时，经验常数 C 和 n 需要通过实验数据拟合获得。在关于太阳能海水蒸馏装置传热传质机理研究的文献中，多为对竖直壁面太阳能海水蒸馏装置内传热系数和传质系数的推导，而对竖管海水降膜蒸发空间内传热系数推导及拟合的研究则非常少。为了准确得到竖管太阳能海水淡化装置的理论产水速率，有必要通过精确测试数据获得常压定温运行条件下环形封闭小空间内液膜蒸发的传热系数。为此，在实验室内搭建单效竖管海水淡化性能测试实验台，获取运行温度范围内环形封闭小空间气水二元混合气体的传热传质及热特性参数。

测试前，利用两根直径不同的不锈钢圆筒及上下不锈钢板构成蒸发冷凝腔及加热水箱，实验台还包括淡水收集罐、浓海水收集罐、电加热器、控制系统及数据采集系统。将不锈钢管焊接在底板上，之间形成的封闭空腔为环形封闭小空间，中间不锈钢筒内装满淡水作为加热水箱，内部安装电加热器作为加热水箱的热源，加热温度由连接在电加热器上的控制系统调节，加热水箱外壁面敷设吸水材料。为了保证吸水材料在装置运行时不出现干区而造成测试误差，即要求吸水材料一直保持含湿状态。为此，采取如下措施：①利用棉质线将吸水材料表面缝制成菱形块，以增加吸水材料表面粗糙度，提高吸水材料含湿的均匀性；②沿竖直方向在吸水材料外表面等间距布置多个树脂硅胶圆环，使从上流下的水膜在圆环阻力作用下均布并再次分水，同时也有利于吸水材料与加热水箱外壁面之间的空气排出。在测试过程中，保持吸水材料的均匀含湿性非常重要，应尽量避免出现干区，保证准确实验结果以计算传热系数[8]。通过上述措施，吸水材料的有效蒸发面积得到了保证。环形封闭小空间的传热系数测试装置结构如图 5-4 所示，装置原理与前述相同，装置实物如图 5-5 所示。

组成性能测试装置的圆筒材质为 304 不锈钢，加热水箱直径为 100mm，高度为 970mm，冷凝套筒直径为 160mm，长度为 980mm，蒸发冷凝腔的特征尺寸为 30mm，保温层厚度为 10mm，装置的蒸发面积为 0.295m^2，冷凝面积为 0.478m^2。

电加热温度控制系统所用的温度传感器安装于加热水箱内，用来控制海水液膜的蒸发温度。在装置吸水材料下沿竖直方向等间距布置 3 个热电偶，在冷凝套筒外壁面沿竖直方向与吸水材料布置的热电偶对应位置等间距布置 3 个热电偶，

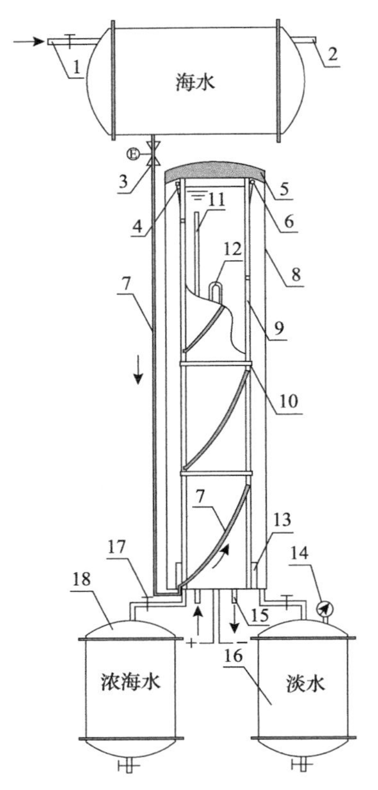

图 5-4　环形封闭小空间传热系数测试装置结构

1. 海水进口；2. 溢水管；3. 流量调节阀；4. 分水器；5. 保温材料；6. 水膜；7. 海水进水管；8. 冷凝套筒；9. 吸水材料；10. 树脂硅胶圆环；11. 热水管；12. 电加热器；13. 挡水板；14. 压力表；15. 热水出口；16. 淡水收集罐；17. 阀门；18. 浓海水收集罐

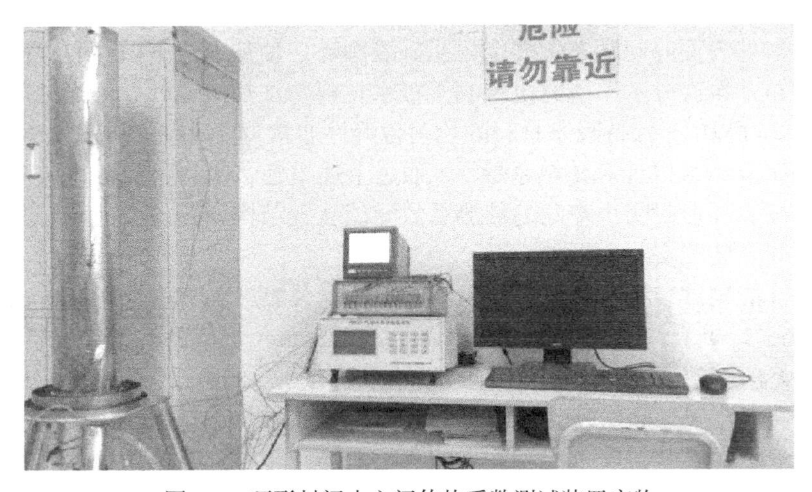

图 5-5　环形封闭小空间传热系数测试装置实物

间距为 450mm，用来测量装置在运行过程中竖直方向的温度变化，将其平均值作为海水液膜的蒸发和冷凝温度。环境温度由安装于实验室内的 1 个热电偶测量。所有测量的温度值均被 20 路温度巡检仪记录，安装于淡水罐上的压力表记录了装置内的压力变化，进水流量由液体流量计测量和调节。测试中，用地下水代替海水。

所使用的测试仪器及传感器在测试前均进行了校核。实验中，在额定运行状态下，装置淡水产量的测试时间间隔为 10min，温度测试时间间隔为 1min。为了提高测试精度，淡水产量重复测试 4 次以上，取其平均值作为特定运行工况下的淡水产量。实验装置测试仪器参数如表 5-2 所示，测试分布如图 5-6 所示。

表 5-2　实验装置测试仪器参数

测试仪器	使用范围	精度
调压器/TDGC2	0～250V	±0.1%
风速计/GM8902	0～45m/s	±3.0%
涡轮流量计/Model-109	0.4～4.0L/h	±0.1%
真空泵/V-i180SV	14.4m³/h	±1.0%
电子测量称/HC ES-02	0.01～500g	±0.1%
20 路温度巡检仪/TYD-WD	0～300℃	±0.5%
热电偶/K	–120～300℃	±0.5℃

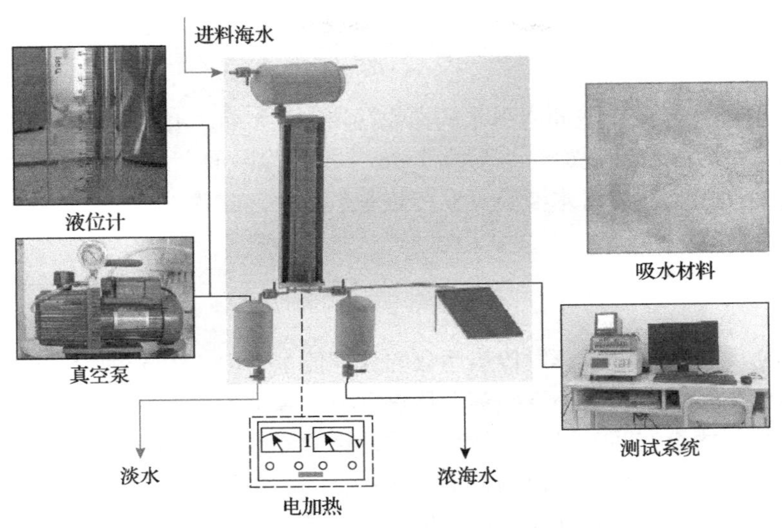

图 5-6　环形封闭小空间传热系数测试仪器

环形封闭小空间内海水液膜受热蒸发的自然对流传热过程可以用下式描述：

$$Sh = C \times (Gr' \times Sc)^n \tag{5-31}$$

式中，Sh 为舍伍德数，它等于表面上的无量纲浓度梯度，可用于度量表面上发生的对流传质；C 和 n 为经验常数，也是本节需要计算确定的数值；Sc 为施密特数，它提供了对速度和浓度边界层中由扩散引起的动量和质量输运相对效果的度量；Gr' 为修正的格拉晓夫数，如前所述，由于水蒸气受热蒸发上升会促进传热过程，所以需要对其进行修正，可由式(5-11)计算获得。

公式(5-31)中的施密特数可以通过下式计算：

$$Sc = \frac{\nu}{D_v} = \frac{\mu_m}{D_v \rho_m} \tag{5-32}$$

式中，ν 为干空气和水蒸气混合气体的运动黏度，m^2/s；D_v 为质扩散系数，m^2/s；μ_m 为动力黏度，Pa·s；ρ_m 为混合气体密度，均由经验公式计算得到。

公式(5-31)中的舍伍德数可以通过下式计算：

$$Sh = \frac{h_m \times x_l}{D_v} \tag{5-33}$$

式中，x_l 为环形封闭小空间的特征长度，本书选取蒸发冷凝腔之间的最短长度作为其特征长度；h_m 为环形封闭小空间海水液膜受热蒸发的传质系数，m/s，其值可以通过下式计算：

$$h_m = \frac{m}{A_w(\rho_e - \rho_c)} \tag{5-34}$$

式中，m 为环形封闭小空间内海水的蒸发冷凝量，kg/s；A_w 为海水液膜的蒸发面积，m^2；ρ_e 为蒸发面上水蒸气的密度，kg/m^3；ρ_c 为冷凝面上水蒸气的密度，kg/m^3。

环形封闭小空间内海水液膜蒸发传热系数的表达式为

$$h_c = \frac{k}{x_l} \times C \times Ra^n \tag{5-35}$$

环形封闭小空间液膜蒸发传热系数的计算值主要由 C 和 n 确定。文献[9]通过实验测试给出了竖直平板小空间蒸发传热系数计算中 C 和 n 的值，而并没有相关文献对环形封闭小空间液膜蒸发传热系数计算中 C 和 n 的值进行计算和推导。利用准确的实验数据推导计算出圆柱形封闭小空间的蒸发传热系数对于强化环形封闭小空间内气水二元混合气体的传热传质过程具有重要价值。

通过实验方法得到的不同蒸发温度下竖管海水淡化装置的淡水产量，可求得环形封闭小空间内的蒸发传质系数，进而求得舍伍德数 Sh，利用蒸发冷凝腔内不同运行工况下干空气和水蒸气的物性参数可求得施密特数 Sc、修正的格拉晓夫数 Gr'，再利用公式(5-21)就可以求出经验常数 C 和 n，这样即可求得环形封闭小空间的蒸发传热系数。影响计算精度的因素主要来自于实验测试精度，包括竖管海水淡化装置的淡水产量、海水液膜的蒸发温度和冷凝温度等的测量精度。温度的测量可以通过增加测试个数、高品质热电偶的使用等加以控制。装置淡水产量的测试精度受吸水材料性能、液膜均匀性、进水流量等的影响。为了提高装置淡水产量的测试精度，需要保证海水液膜的有效蒸发面积与吸水材料面积近似，首先通过实验测试和理论分析竖管海水淡化装置吸水材料厚度和进水流量对装置淡水产量的影响机理。

测试在室内进行，实验地点在内蒙古自治区呼和浩特市，环境温度约为 26℃，当地大气压强为 88kPa。实验分两部分：一部分是测试海水液膜厚度对装置产水性能的影响机理，另一部分是进水流量对装置产水性能的影响机理。在测试液膜厚度对装置产水性能影响的实验中，对装置输入额定电功率，测试装置温升、稳态运行和自然冷却过程中的淡水产量及蒸发冷凝温度的变化。在测试进水流量对装置产水性能影响的实验中，利用控制器测试不同运行温度条件下装置的产水性能、蒸发冷凝温差与进水流量之间的关系。

由于不锈钢材料具有疏水性，所以对于竖直不锈钢圆筒来说，无法在其表面形成均匀的海水液膜，吸水材料的敷设使经过预热的进料海水可以在不锈钢圆筒表面形成液膜。液膜的厚度及均匀性受蒸发温度和进水流量的影响，而吸水材料出现干区将会影响对装置有效蒸发面的计算，进而影响装置传热系数计算的准确性。为此，去除外层冷凝套筒，观察三者之间的关系，尤其是干区的成因(图 5-7)。

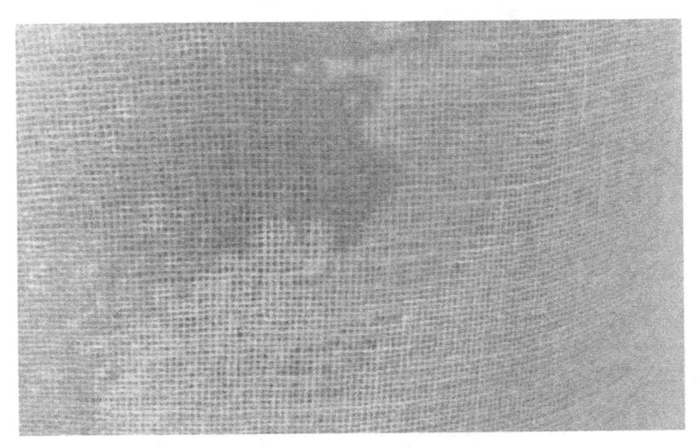

图 5-7　吸水材料的不均匀性

在分析和测试前，对棉纱、无纺布等吸水材料进行含湿性测试，着重对影响竖直长度较大的吸水材料含湿能力的因素进行对比研究，考查在受热蒸发过程中吸水材料中空气气泡的产生及其对干区的影响。基于此，考虑选用棉纱纺织结构，测试用吸水材料厚度分别选定为 0.5mm 和 1.0mm，进水流量设定为 7.2g/min。装置的淡水产量、液膜蒸发温度和套筒冷凝温度随运行时间的变化曲线如图 5-8 和图 5-9 所示。

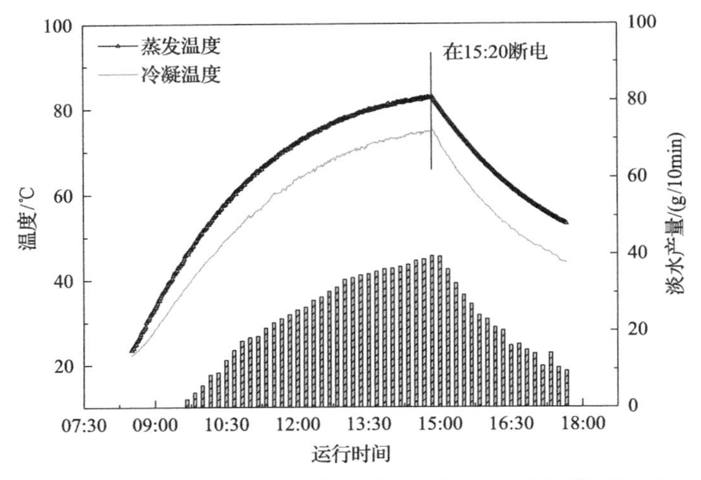

图 5-8　吸水材料厚度为 0.5mm 装置淡水产量、温度随时间的变化曲线

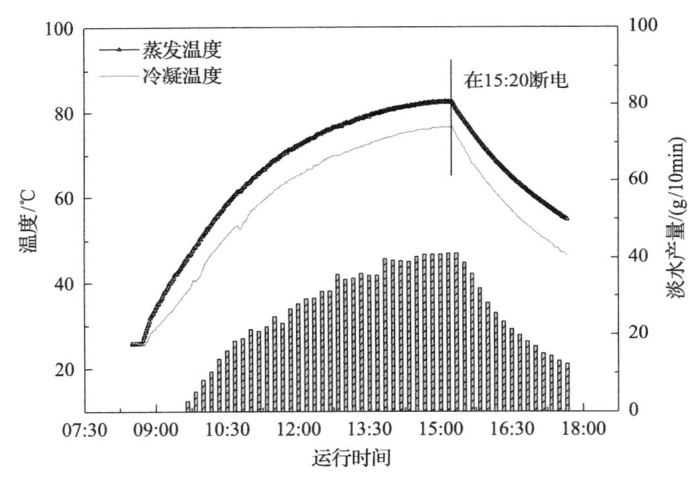

图 5-9　吸水材料厚度为 1.0mm 装置淡水产量、温度随时间的变化曲线

从图 5-8 和图 5-9 可以看出，在输入额定电功率的条件下，两个对比测试装置的液膜蒸发温度和套筒冷凝温度随运行时间的延长而升高，在加热 6h 左右，装置达到稳态运行阶段，这也可以从蒸发冷凝温差保持不变得到验证。当装置在 15:20 左右断电后，由于加热水箱没有外界能量输入，海水液膜的蒸发温度迅速下降，冷凝温度也随之下降。装置淡水产量的变化趋势与温度变化趋势一致，在稳态运行阶段，淡水产量的变化基本保持恒定。断电后，仍有淡水产出。究其原因，

主要是因为加热水箱中的水体具有储热功能，虽然没有电能补充，但水体所含显热仍可使装置生成少量淡水。

图 5-8 中，14:50 装置运行温度为 82.57℃，淡水产量为 237g/h。图 5-9 中，在相同时间，淡水产量为 247g/h，比图 5-7 中的淡水产量增加了 10g/h。值得注意的是，该装置的运行温度为 82.23℃，与吸水材料厚度为 0.5mm 时的基本一样。分析其原因：两个敷设不同厚度吸水材料的装置其输入的电功率是一样的，所以在相同的运行时间内达到了相同的蒸发温度。与敷设吸水材料厚度为 0.5mm 的测试装置相比，厚度为 1.0mm 的吸水材料更粗糙，吸水性更好，吸水材料出现干区的概率更小，有效蒸发面积更接近于吸水材料面积，装置的淡水产量更多，对精确推导装置的传热系数更为有利。实验结果表明，厚的吸水材料对于装置产水性能的提高更有利，但是吸水材料太厚也会带来一些弊端，如热阻增大、所含空气增多等。

为了提高环形封闭小空间蒸发传热系数理论计算的精度，保持吸水材料含湿度为 100%非常重要。除对吸水材料厚度即液膜厚度开展研究外，装置进水流量的变化对传热系数的计算也很重要，尤其是通过调节进水流量，可使海水液膜保持较高的蒸发温度。如果进水流量变小，那么将导致海水液膜的蒸发温度超过 90℃，分水器出水管口及吸水材料更易结垢(图 5-10)，进而降低吸水材料的含湿性能。如果进水流量变大，将导致海水液膜的蒸发温度降低，排浓海水带走的显热损失增大，这对于减少海水淡化装置的热损失和提高装置性能系数是不利的。因此，利用实验方法给出竖管海水淡化装置合理的进水流量是准确推算环形封闭小空间蒸发传热系数的重要前提之一。

图 5-10　装置中吸水材料高温运行生成的水垢

基于前期实验结果，测试中，将环形封闭小空间内吸水材料的进水流量分别选定为 0.12g/s 和 0.19g/s，测试恒定运行温度下装置的淡水产量、液膜的蒸发温度和套筒冷凝温度的变化。在恒定进水流量运行条件下，通过电加热器上的控制器来调节运行温度分别为 55℃、60℃、65℃、70℃、75℃、80℃和 85℃，稳态运行时间维持 2h，将加热水箱温度近似认定为装置内海水液膜的蒸发温度。装置的产水量随运行温度的变化曲线如图 5-11 所示。

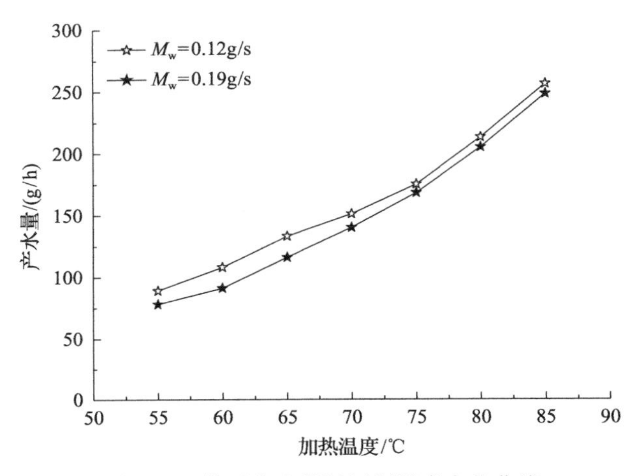

图 5-11　装置产水量随运行温度变化曲线

从图中可以看出，随着装置运行温度(海水液膜的蒸发温度)的升高，两测试装置每小时的淡水产量随之增加。当运行温度低于 70℃时，装置的淡水产量随加热温度的升高幅度不大；当运行温度超过 70℃后，装置的淡水产量随加热温度的升高而急剧增加。当进水流量为 0.12g/s，运行温度为 85℃时，装置的淡水产量为 256g/h，比运行温度为 55℃时增加了 187.64%，比进水流量为 0.19g/s 时增加了 3.2%。其原因可以由图 5-12 加以解释。图 5-12 给出了不同加热温度下，以两个测试进水流量运行时，装置内海水液膜蒸发冷凝温差的变化趋势。

从图中可以看出，测试装置内海水液膜的蒸发冷凝温差随加热温度的升高呈减小的趋势，且当进水流量为 0.12g/s 时，海水液膜的蒸发冷凝温差比进水流量为 0.19g/s 时的温差大。所测试两个进水流量的蒸发冷凝温差之间的差距随加热温度的升高而逐渐减小。事实上，减小进水流量会增加海水液膜的蒸发冷凝温差，即增大环形封闭小空间内蒸发面与冷凝面之间的温度差，使水蒸气的传热驱动力增强，所以装置淡水产量提升，热能利用效率提高。

在计算环形封闭小空间传热系数的过程中，对于竖直圆管降膜蒸发，文献[9]给出了经验常数 n 的取值，n=0.29。考虑到计算经验常数 C 需要大量的实验数据，为了简化计算，选取 50～85℃的海水蒸发温度作为计算值，选取海水吸水材料厚度为 1.0mm，进水流量为 0.12g/s，经验常数 C 的计算结果及相关参数见表 5-3。

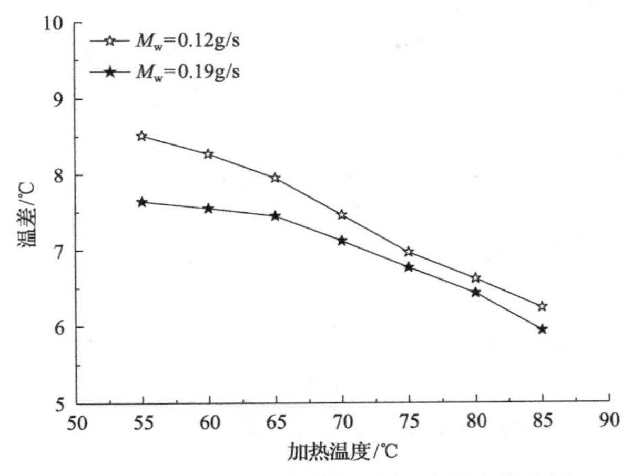

图 5-12　蒸发冷凝温差随运行温度的变化曲线

表 5-3　实验数据计算经验常数 C 值

T_e/℃	T_c/℃	m/(g/h)	Sh	Gr'	Sc	C	$\sum C/n$
50.91	43.93	56.0	2.282	31895.736	0.620	0.130	
56.02	47.51	89.0	2.448	40348.213	0.620	0.130	
60.19	52.46	99.0	2.463	38181.472	0.620	0.133	
61.31	53.92	91.0	2.243	36978.457	0.620	0.122	
65.71	58.25	116.0	2.365	39435.559	0.620	0.126	0.13
70.61	63.29	140.0	2.385	41678.895	0.619	0.125	
75.67	68.89	168.0	2.519	42402.773	0.618	0.132	
79.84	73.07	209.0	2.687	46277.493	0.616	0.137	
80.58	74.15	205.0	2.685	44799.210	0.615	0.138	
85.34	79.10	248.0	2.815	49187.345	0.611	0.142	

通过上述实验及理论推导，对于环形封闭小空间传热系数的计算式(5-31)，经验常数 n 取 0.29，C 取 0.13。为了验证所计算传热系数的准确度，采用本书计算的传热系数对文献[1]中装置的淡水产量进行理论计算，并与文献采用的传热系数计算值进行对比，如图 5-13 所示。

图 5-13 中给出的装置理论淡水产量与实验值的对比曲线说明，利用本书推导的传热系数来计算装置的理论淡水产量与实验值更为接近，相对偏差在 10.94%～28.02%，比利用文献所采用的传热系数要小。

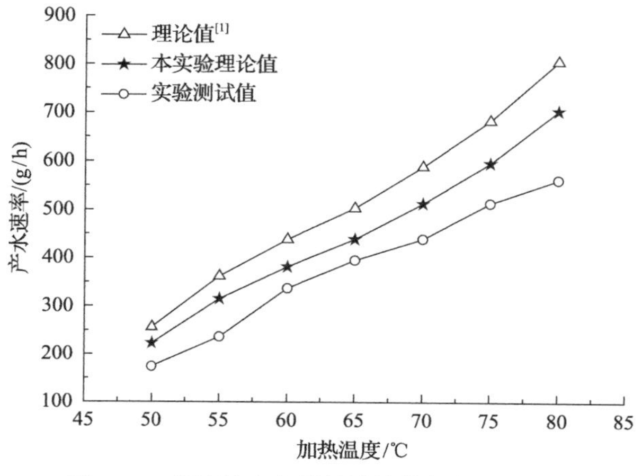

图 5-13　理论淡水产量的计算值与实验值对比

5.4　单效竖管太阳能海水淡化装置的性能研究

5.4.1　定功率运行条件下的装置性能

根据上述研究结果，单效竖管太阳能海水淡化装置中选用厚度为 1.0mm 的吸水材料，在进水流量为 0.12g/s 的条件下，研究加热功率对装置淡水产量和性能系数的影响[10]。实验中，用电加热管代替太阳能聚光集热装置，通过调压装置和温控装置对电加热器进行控制。本节分别对不同加热功率条件下，装置加热的瞬态运行工况、稳定运行工况和自然冷却瞬态运行工况进行实验测试。淡水产量采集测量时间间隔为 20min，装置的淡水产量、各测温点温度随加热时间的变化曲线如图 5-14 所示。

从图中可以看出，装置的淡水产量随加热时间的延长而增加，蒸发和冷凝温度随加热时间的延长而升高，在蒸发温度达到稳定后，装置的淡水产量趋于平稳，当加热装置断电后，装置的淡水产量急剧下降，之后下降速度减缓。

装置开始运行时，液膜蒸发温度均较低，产生水蒸气的速率也慢，产水量较少。随着蒸发温度的升高，产水量的增加趋势较为明显。直至装置达到稳态时，蒸发、冷凝温度均达到最大值并保持恒定，蒸发冷凝温差也接近相同，此时水蒸气产生的速率最大，说明装置内部的能量传递趋于平衡状态。当输入电功率分别为 200W、335W、500W 时的液膜蒸发温度分别为 85℃、95℃、96℃，最大产水速率分别为 4.16g/min、6.66g/min、6.72g/min。这是因为蒸发温度越高，蒸发传热所占的能量份额越大，产水速率就越大。当切断外部供热源时，待蒸发海水需要的热源驱动主要来自加热水箱中水体本身的热容，这部分能量有限，随着时间的推移，蒸发、冷凝温度及产水量先急剧下降后缓慢降低。

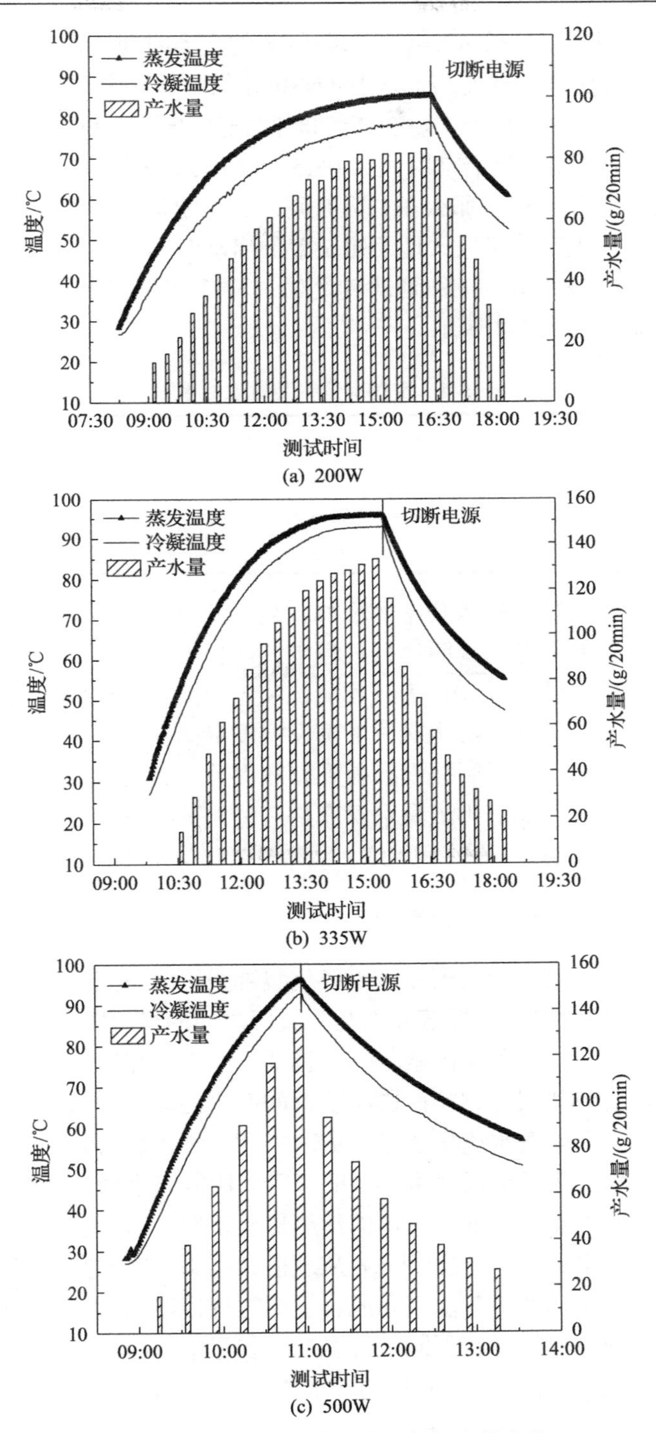

(a) 200W

(b) 335W

(c) 500W

图 5-14　装置的产水量随运行温度的变化

从图中还可以得出，输入功率将影响装置的启动时间，即从加热至装置达到稳态的时间。输入功率值越大，启动时间越短。图 5-14(a) 中，当输入功率为 200W 时，从 08:15 加热至 16:20 达到稳态，启动时间长达 8h，而从图 5-14(c) 可以得出，当功率值为 500W 时，装置启动时间为 08:55～10:55，达到稳定的时间仅需约 2h。如果装置的启动时间越长，那么在有限时间内，稳定运行时间则会相应缩短。因此，当输入功率较大时，可极大地缩短装置的启动时间。

在定功率运行条件下，三种测试装置对输入能量的利用效率可以通过比较性能系数加以甄别，如表 5-4 所示。

表 5-4　定功率运行装置性能系数

输入功率/W	稳态产水速率/(g/min)	性能系数
200	4.16	0.80
335	6.66	0.76
500	6.72	0.51

由表 5-4 可知，随着输入功率的增加，装置的稳态产水速率也随之增加，但性能系数却呈降低的趋势，说明运行过程中的热损失增大。当输入功率为 200W 时，其性能系数最大可达 0.80，为三种测试装置中能量利用效率最高。但是当输入功率为 500W 时，装置内海水液膜的蒸发温度最高，水蒸气产生的速率最大，而冷凝速率受冷凝面积的限制并没有得到有效提升，这就导致装置内的水蒸气不能够完全被套筒凝结，加之排浓海水温度是三种测试装置中最高，由此带来的浓海水显热损失是最大的。

5.4.2　特征尺寸对装置性能的影响

本书所研究的单效竖管太阳能海水淡化装置采用同心嵌套环形封闭蒸发冷凝腔的特殊结构，其特征尺寸(即蒸发面与冷凝面之间的最短距离)是影响腔内气水二元混合气体传热传质的关键因素之一，特征尺寸大意味着装置内的不凝气体量多，造成气体的传热热阻大，从而影响装置的产水性能。而对环形封闭小空间结构特征尺寸影响太阳能海水淡化装置产水速率及性能系数的研究鲜见报道。

为此，本书设计了特征尺寸可调节的竖管太阳能海水淡化性能测试系统，基于环形封闭小空间气水二元混合气体的传热传质特性，为了表征装置性能，提出了单位冷凝面积产水速率的概念[11]，并从理论和实验角度研究了特征尺寸对装置单位冷凝面积的产水速率、气水二元混合气体对流传热温度、冷凝面的温度梯度等参数的影响，同时分析了在不同运行温度下装置单位冷凝面积产水速率与特征尺寸之间的关联关系。单位冷凝面积的产水速率 m_s 表示套筒内壁面单位面积的淡水凝结能力，可由下式计算：

$$m_{\mathrm{s}}=\frac{m}{A_{\mathrm{c}}}=\frac{dD_{\mathrm{a\text{-}w}}C}{(d+2x_1)x_l^{1-3\mathrm{n}}Le^{n'}}\left(\frac{Pr\rho^2 gL}{\mu^2 T_{\mathrm{c}}}\right)^n A_{\mathrm{e}}(\rho_{\mathrm{e}}-\rho_{\mathrm{c}}) \tag{5-36}$$

式中，d 为装置加热水箱的直径，m。由式(5-36)可知，竖管太阳能海水淡化装置单位面积的产水速率随特征尺寸的减小而增大。

单效竖管太阳能[12]海水蒸馏性能测试系统的特征尺寸可以通过改变不同直径的冷凝套筒加以实现。测试中，选用高度均为 810mm，直径分别为 130mm、150mm、170mm 的不锈钢筒作为冷凝套筒，加热水箱高度为 800mm，直径为 100mm，其他材质均为不锈钢。为了减少散热损失，在装置上方做保温隔热处理。

为了实现人工控制和稳定运行，所以测试在温度、空气流速稳定的室内进行。用可调电加热装置代替太阳能供热装置，用地下水代替海水。装置的蒸发温度、冷凝温度均由多个 K 型热电偶测量，数值由多通道温度记录仪储存，误差为±0.5℃。HFM-GP10 热流仪用来采集环境温度、冷凝面热流值，测量精度为 3%，QTM-5 热导仪测量不锈钢热导率，测量精度为 5%，EK813 精密电子秤测量装置产水量，测量精度为 0.1g，实验室环境温度控制在 20℃左右，装置周围的空气流速＜1m/s。测试前，对所使用的测试仪器进行精度校核并对测温用 K 型热电偶进行标定，测试系统如图 5-15 所示。

图 5-15　单效竖管太阳能海水淡化性能测试系统

基于理论分析，单效竖管太阳能海水淡化装置单位冷凝面积的产水速率受输入功率、运行温度、特征尺寸、二元混合气体传热温度等因素的影响。测试中，在加热水箱壁面上、中、下三个位置布置 K 型热电偶，取其平均值作为装置的加热温度和蒸发温度，冷凝套筒外壁面布置 5 个 K 型热电偶，其测量的平均值为冷凝温度，上、下测点的温差值作为冷凝面温度梯度值。

分别对三个不同特征尺寸的单效竖管太阳能海水蒸馏装置输入相同的功率，测试装置的特征尺寸对其单位冷凝面积的产水速率、气水二元混合气体对流传热温度等参数的影响[13]。实验中，装置的输入电功率分别为 116W 和 168W，保证稳态运行 1h 以上，产水速率测试时间间隔为 20min。在不同加热功率条件下，装置单位冷凝面积的产水速率随特征尺寸的变化曲线如图 5-16 所示。

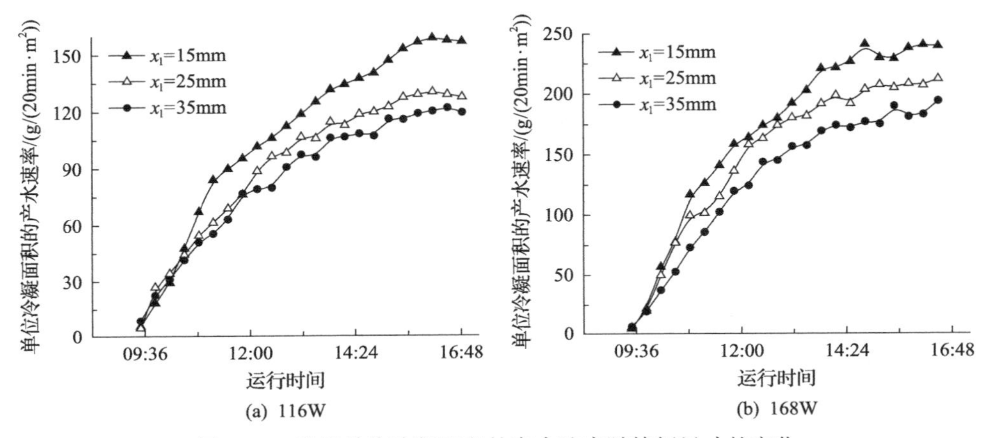

图 5-16　装置单位冷凝面积的产水速率随特征尺寸的变化

从图中可以看出，随着运行时间的延长，装置单位冷凝面积的产水速率由快速增加过渡到缓慢增加直至达到稳态，特征尺寸的变化对装置单位冷凝面积产水速率的影响较为明显且趋势相似。当输入功率为 168W 时，特征尺寸为 15mm 的装置的最大单位冷凝面积产水速率是 240.63g/20min，比特征尺寸为 25mm 的装置增加了 13.71%，比特征尺寸为 35mm 的装置增加了 24.16%，比输入功率为 116W 时增加了 51.58%。这说明减小装置特征尺寸可以减少蒸发冷凝腔内不凝气体的存量，增强水蒸气穿过不凝气体到达冷凝面的能力，除此以外，公式(5-36)也表明随着特征尺寸的减小，气水二元混合气体的传热系数和传质系数将随之增大，这对于提高装置单位冷凝面积的产水速率是有益的。

除此以外，影响装置单位冷凝面积产水速率的因素还包括气水二元混合气体对流传热温度。从理论分析可知，气水二元混合气体的热导率、质扩散系数、动力黏度等均为运行温度的单值函数，这直接影响装置单位冷凝面积的产水速率。不同输入功率条件下，装置内气水二元混合气体的运行温度随时间的变化曲线如图 5-17 所示。

从图中可以看出，在相同的运行时间内，气水二元混合气体温度呈现与单位冷凝面积产水速率相同的变化趋势，不同的特征尺寸直接影响装置内气水二元混

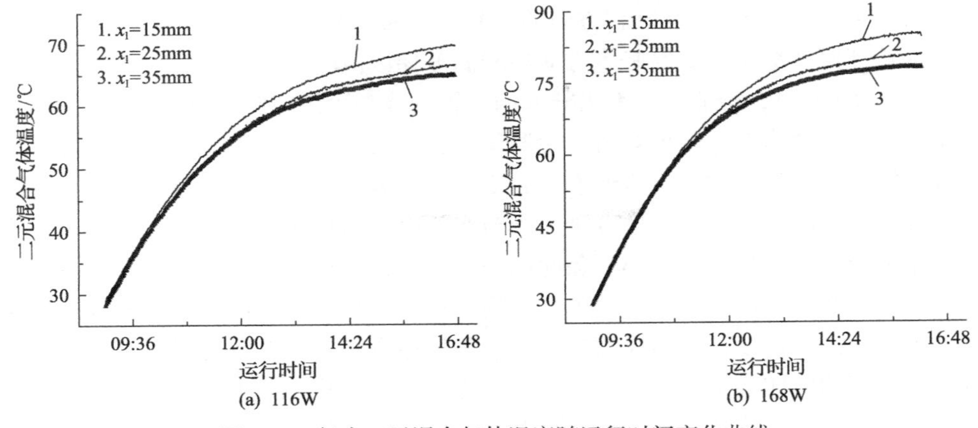

图 5-17　气水二元混合气体温度随运行时间变化曲线

合气体稳态运行时的温度。当输入功率为 168W 时，特征尺寸为 15mm 的装置稳态运行温度是 85.37℃，比特征尺寸为 25mm 的装置提高了 4.43℃，比特征尺寸为 35mm 的装置提高了 7.21℃，比输入功率为 116W 时提高了 15.54℃。在相同输入功率的运行条件下，气水二元混合气体稳态运行的温度越高，表明装置内的传热阻力越小，气水二元混合气体的传热传质驱动力越强，装置排浓海水带走的显热损失越大，热利用效率越高。同时，气水二元混合气体稳态运行的温度越高，水蒸气的含湿量越大，所以装置单位冷凝面积的产水速率也随之增加。

从装置冷凝套筒竖直方向的温度梯度分布也可以解释前述结论。冷凝套筒竖直方向的温度梯度变化代表了装置在运行过程中水蒸气凝结面积的变化，即有效冷凝面积的变化情况。冷凝套筒竖直方向的温差越小，表明蒸发面产生的水蒸气实现凝结的传热距离越小。测试中，选用冷凝套筒上部与底部的测试温度值之差作为竖直方向的冷凝温度梯度值，其随特征尺寸的变化如图 5-18 所示。

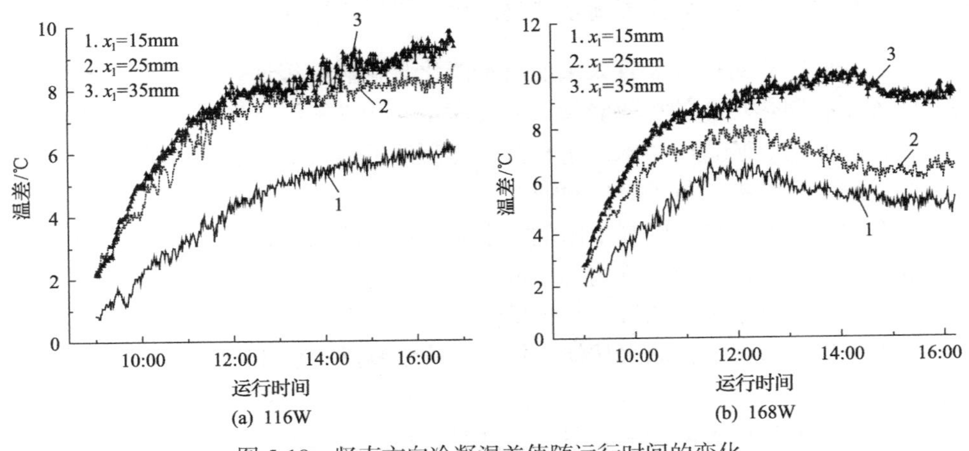

图 5-18　竖直方向冷凝温差值随运行时间的变化

从图中可以看出，套筒竖直方向的冷凝温度梯度值随运行时间的延长而增大，不同的特征尺寸会影响套筒竖直方向冷凝温度梯度值的变化。当输入功率分别为116W 和 168W 时，特征尺寸为 15mm 的装置的冷凝套筒在竖直方向的温差最小，其次是特征尺寸为 25mm 的装置，冷凝套筒在竖直方向温差最大的是特征尺寸为35mm 的装置，其最大温差达到了 9.77℃。结果表明，在输入相同功率条件下，特征尺寸小的冷凝套筒的有效冷凝面积与实际冷凝面积最接近，海水液膜的蒸发冷凝距离最短，传热热阻最小。除此以外，对于单效竖管太阳能海水淡化装置而言，水蒸气受热所产生的浮升力也会影响装置的传热特性，在强化传热的同时会推动水蒸气向上运动，从而导致装置内水蒸气在冷凝套筒内中上部实现凝结，降低冷凝套筒的整体凝结能力，进而影响装置单位面积的产水速率，而减小特征尺寸可以有效减小水蒸气浮升力对装置单位冷凝面积产水速率的影响。

5.5　单效竖管太阳能海水淡化装置的热质传递强化

前述描述了单效竖管太阳能海水淡化装置的特征尺寸对其性能影响的相关研究，明晰了装置的结构特点与蒸发冷凝腔内气水二元混合气体传热传质之间的关联，虽然特征尺寸可以逐渐减小，以减少腔内不凝气体的存量，进而减少气水二元混合气体的传热阻力，但在实际应用加工中，却无法实现特征尺寸接近于零，因此可以在单效竖管太阳能海水淡化装置安装真空泵，进一步降低装置内的运行压力，减少水蒸气凝结过程中产生的不凝气体。除此以外，还可以对装置内气水二元混合气体产生的凝结潜热进行利用，通过回热技术收集潜热对进料海水进行预热。本节主要基于前期开展的环形封闭小空间内气水二元混合气体传热传质机理的研究，探究强化单效竖管太阳能海水淡化装置传热传质的有效途径。

5.5.1　回热对单效竖管太阳能海水淡化装置的热质传递强化

为了开展回热对单效竖管太阳能海水淡化装置热质传递强化影响的研究，本书搭建了具有回热功能的单效竖管太阳能海水淡化性能测试实验台，对比研究了回热装置和非回热装置的淡水产量和蒸发冷凝温度等参数的变化规律，并与理论淡水产量的计算结果进行了对比验证[13]。

具有回热功能的单效竖管太阳能海水淡化性能测试装置，其淡化部分由两根同心嵌套的不锈钢筒组成，其内部形成的空间即为蒸发冷凝腔，海水储水箱位于装置上方，淡水收集罐和浓海水收集罐位于装置下方，结构如图 5-19 所示。

装置工作原理如下：海水从储水箱通过输水管进入位于淡化装置内部的加热水箱顶端的分水器，然后以液膜的形式沿加热水箱外壁面自上向下流动，当加热水箱内的水体温度被太阳能集热单元提高时，热量可通过水箱壁面以传导形式传递给海水液膜，液膜受热产生水蒸气，水蒸气遇到温度较低的套筒内壁面而凝结生成淡水，凝结潜热随之释放；此时，淡水沿套筒内壁面流到装置底部进入淡水收集罐中，没有蒸发的海水液膜以浓海水形式排出装置外，通过回热管路阀门和非回热管路阀门的交替开闭实现装置回热与非回热运行状态的切换。

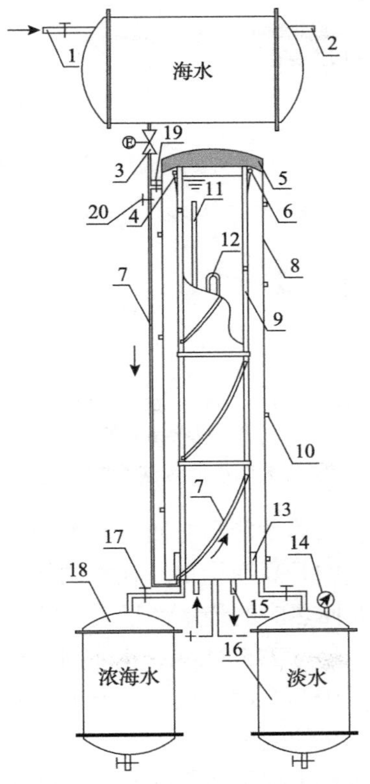

图 5-19　具有回热功能的单效竖管太阳能海水淡化装置

1. 海水进口；2. 溢水管；3. 流量计；4. 分水器；5. 保温层；6. 水膜；7. 输水管；8. 冷凝套筒；9. 加热水箱；10. 回热管路；11. 热水进管；12. 电加热器；13. 挡水板；14. 压力表；15. 热水出管；16. 淡水收集罐；17. 阀门；18. 浓海水收集罐；19. 回热管路阀门；20. 非回热管路阀门

测试中，用自来水代替海水，电加热代替太阳能。加热水箱中的水体由电加热器供能，加热温度由自动温控仪调节，进水流量由微型流量计测量，沿装置高度在蒸发面和冷凝面等距地在上、中、下位置安装 3 个 K 型热电偶，测量误差为±0.5℃，其测量平均值为蒸发温度或冷凝温度，其值由温度巡检仪实时采集。淡水产量用精密电子秤测量，误差为±0.1g。装置内部压力由盒式压力计测量，精度为±1.0kPa。在实验测量前，分别对微型流量计、K 型热电偶、盒式压力计和电子秤进行校核。

对回热运行工况和非回热运行工况时，单效竖管太阳能海水淡化装置的淡水产量、蒸发冷凝温差及进料海水温度进行实验研究和分析，加热水箱温度为装置运行温度，即第一效海水液膜的蒸发温度。加热温度分别设定为 50℃、55℃、60℃、65℃、70℃、75℃和 80℃，每一加热温度稳定运行时间均为 2h，淡化装置的淡水产量随加热温度的变化曲线如图 5-20 所示。

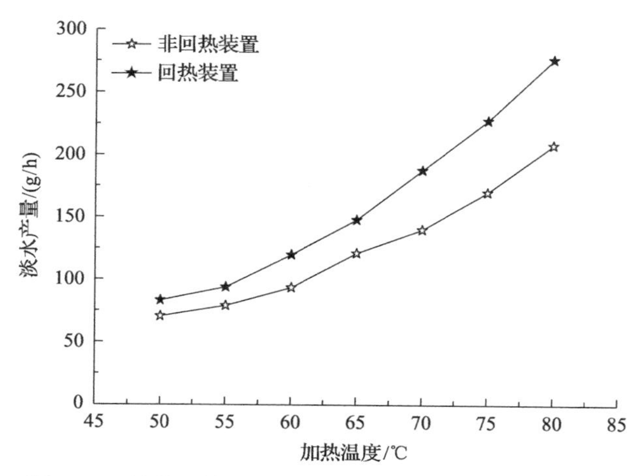

图 5-20　单效竖管太阳能海水淡化装置淡水产量的对比

从图中可以看出，具有回热功能和非回热功能的单效竖管太阳能海水淡化装置的淡水产量均随加热温度的升高而增加。在相同加热温度条件下，装置在回热运行工况时的淡水产量比非回热时的淡水产量大。当淡化装置在运行温度为 80℃时，回热运行工况的淡水产量为 275.84g/h，比非回热运行工况的淡水产量增加了 32.83%。究其原因：主要是因为在回热运行工况下，回热管路中温度较低的进料海水吸收了套筒外壁面的热量使温度升高，进入装置内形成液膜并受热达到加热温度的时间要少于非回热运行工况下所需的时间，这使装置的有效蒸发面积比非回热装置的有效蒸发面积要大，加之套筒外壁面与蒸发面的温差会随回热技术的利用而增大，使蒸发冷凝腔内热质传递的驱动力增加，故装置的淡水产量增大。这也可以由单效竖管太阳能海水淡化装置在回热运行工况和非回热运行工况时进料海水的温升曲线加以解释，如图 5-21 所示。

从图中可以看出，单效竖管太阳能海水淡化装置回热管路中的进料海水温度随加热温度的升高而增加，有效地吸收了最外层套管壁面的热量，装置在回热运行时的进水温度最高达到 65.07℃，比非回热运行时提高了 39.09℃，其在加热水箱外壁面的温升达到加热温度所需的时间缩短了，这对于增加装置的淡水产量是有益的。

为了验证实验测试结果的准确性，将实验测试结果与理论计算结果进行对比分析，如图 5-22 所示。

由图 5-22 可得，在各运行温度下，具有回热功能的装置其理论产水量和实验测试值的变化趋势一致，随着加热温度升高，理论产水量与实验测试值之间的差值也随之增大。这主要是由于理论计算中将装置内的气水二元混合气体假设为理想气体，同时选用的经验公式及测试误差也会造成二者之间的差距。

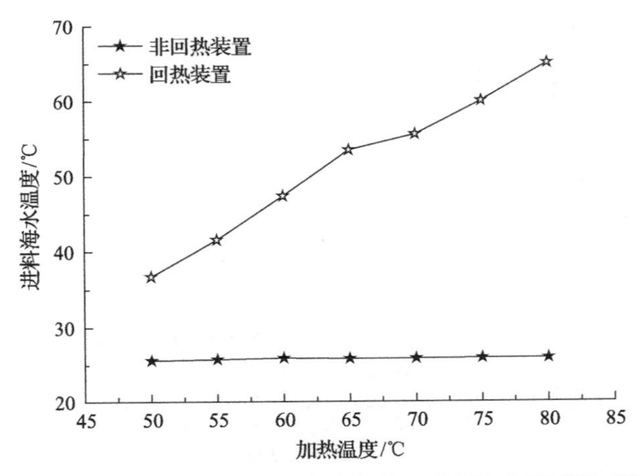

图 5-21　单效竖管太阳能海水淡化装置进料海水温度的对比

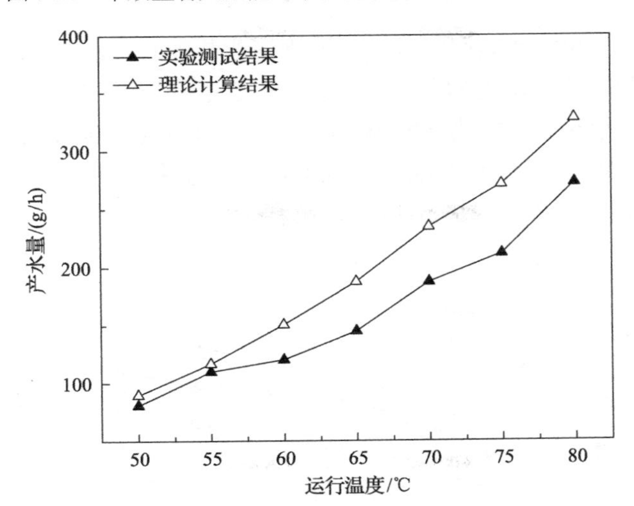

图 5-22　单效竖管太阳能海水淡化装置产水量的对比

5.5.2　负压运行对单效竖管太阳能海水淡化装置的热质传递强化

竖管太阳能海水淡化装置的结构决定了其具有较好的承压能力，这是其他结构形式的太阳能海水淡化装置所不具备的，加之装置在负压条件下运行时，对最外层套筒的承压要求是最高的，所以内部材料的抗压性可不予考虑。

从传热学的角度考虑，装置在负压条件下运行，其内部不凝气体总量会减少，气体总体密度会降低，这对于水蒸气的蒸发和传质是有利的。同时，负压运行会降低装置内海水的蒸发温度，这使得海水在较低温度下具有较高的蒸发速率。图 5-23 给出了单效竖管太阳能海水淡化装置在不同负压运行条件下产水率的变化。

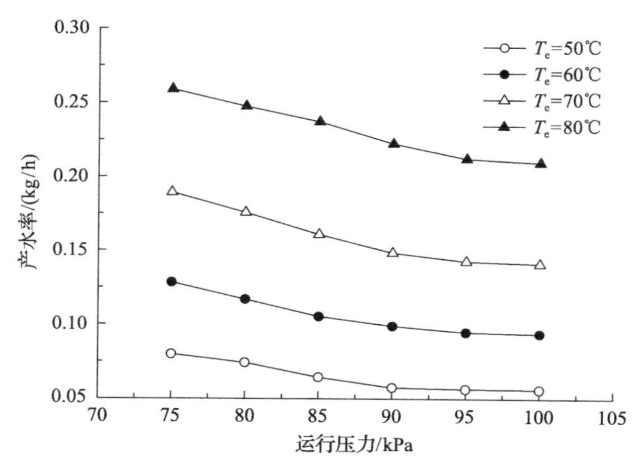

图 5-23 装置负压定温运行时产水速率的变化

从图中可以看出，单效竖管太阳能海水淡化装置的产水速率随着运行压力的增加而减小，随着蒸发温度的升高而增大，接近于常压时的运行压力对装置产水速率的增加效果很小。当加热温度为 50℃，运行压力从 100kPa 减小到 75kPa 时，产水速率增加 43%，此时加热温度为 80℃的产水速率比 50℃的产水速率增加了 224%。究其原因，可以通过图 5-24 加以解释。

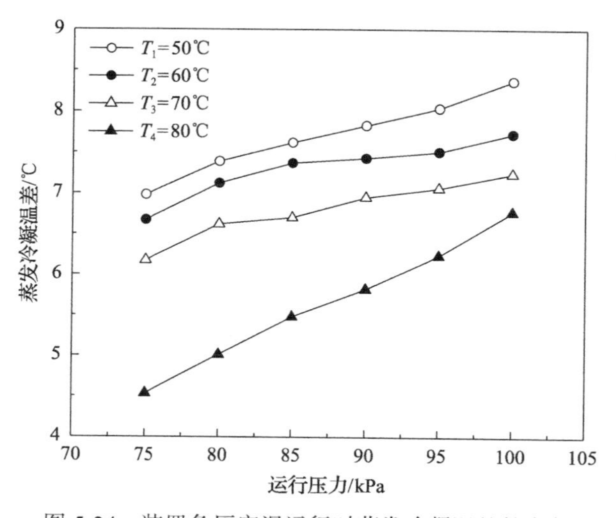

图 5-24 装置负压定温运行时蒸发冷凝温差的变化

从图中可以看出，随着加热温度的升高和运行压力的减小，单效竖管太阳能海水淡化装置内部的蒸发温度与冷凝温度之差也随之减小，当加热温度为 80℃，运行压力为 100kPa 时，装置的蒸发冷凝温差为 6.77℃，比运行压力为 75kPa 时高 2.24℃。当加热温度为 50℃，运行压力为 100kPa 时，装置的蒸发冷凝温差为 8.37℃，比运行压力为 75kPa 时高 1.39℃，这表明随着运行压力的减小，不凝气体所占比例降低，导致装置内热阻减小，这势必会促进蒸发冷凝速率增大，强化装置的传热传质过程，从而提高装置的产水速率。

通过增大流过单效太阳能海水淡化装置套筒的空气流速，强化套筒对蒸发冷凝腔内气水二元混合气体冷凝的认识，探索强化负压运行时单效竖管太阳能海水淡化装置传热传质的方法[14]。

测试中，将变频轴流风机放置于单效竖管太阳能海水淡化装置正面，轴流风机风轮旋转中心与装置套筒竖直高度中心平齐，保证扫风面直径与装置套筒高度相近，通过调节轴流风机的输入电压可模拟不同的流经装置的空气流速，并用风速仪进行数值测量和标定。当环境温度为 26℃时，装置运行温度分别为 70℃、80℃，风速设定分别为 1.02m/s、2.04m/s，对装置的产水性能及热性能进行测试研究。空气流速对装置产水量的影响如图 5-25 所示。

由图 5-25 可以得出，两种运行温度下的装置产水量均随空气流速的增大而增加，同时随装置运行压力的减小而增加。当运行温度为 70℃，装置运行压力为 75kPa，空气流速从 1.02m/s 增至 2.04m/s 时，装置的产水量提高了 23%；当运行温度为 80℃，运行压力从 95kPa 降至 75kPa 时，空气流速分别为 1.02m/s、2.04m/s 时的产水量分别增加了 25%、26%，此时空气流速为 2.04m/s 的装置产水量比空气流速为 1.02m/s 的装置产水量增加了 17%，这可以从装置蒸发冷凝温差的变化规律加以解释。运行温度为 80℃时，装置冷凝温度随空气流速的变化曲线如图 5-26 所示。

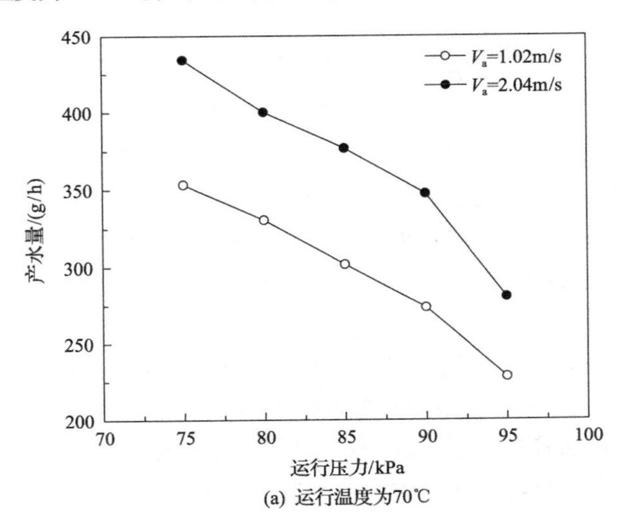

(a) 运行温度为70℃

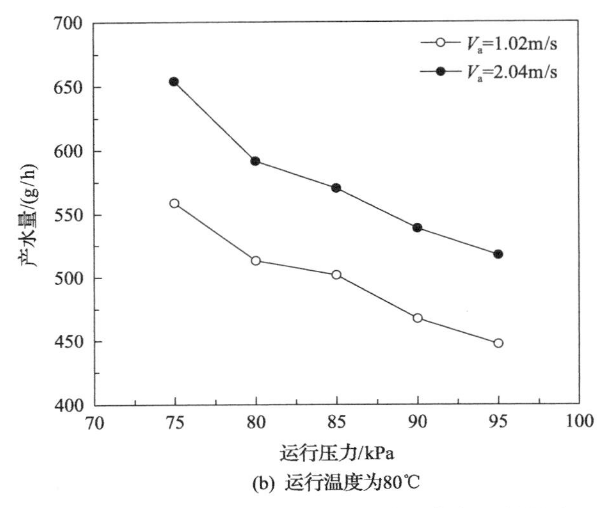

(b) 运行温度为80℃

图 5-25　空气流速对负压运行时装置产水量的影响

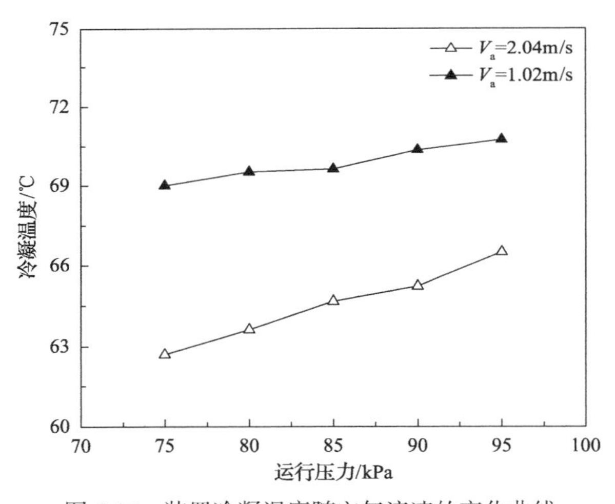

图 5-26　装置冷凝温度随空气流速的变化曲线

从图中可以看出，单效竖管太阳能海水淡化装置外层套筒的冷凝温度随空气流速的增加而降低。在运行压力为 75kPa，空气流速为 2.04m/s 时，套筒冷凝温度比空气流速为 1.02m/s 时的套筒冷凝温度低将近 6℃，同时负压运行工况进一步提高了装置的产水量。在空气流速为 2.04m/s，运行压力为 75kPa 时，装置套筒的冷凝温度比运行压力为 95kPa 时低 4℃。可见，空气流速明显影响了该淡化装置的冷凝温度甚至是淡水产量。当空气流速较大、运行压力较小时，冷凝套筒外壁与周围空气之间的对流换热增强，这样可以更大程度地降低冷凝温度，增大蒸发冷凝温差，提高装置内部的热驱动力，使装置的产水量明显增加[15]。

基于上述研究结果，通过在竖管太阳能海水淡化装置的套筒外表面形成降膜，可进一步强化装置的传热传质过程，这对于提高竖管海水淡化装置产水速率是有意义的。为了在装置套筒外表面形成均匀流动的冷却液膜，采用在套筒外表面敷设吸水材料的方法，并通过调节进水流量来控制液膜厚度，以保证冷却液膜的均匀性和完整性，达到降低装置冷凝温度的技术要求。

测试中，单效竖管太阳能海水淡化装置的进水流量控制为 0.19g/s，通过真空泵调节并保持装置内运行压力分别为 80kPa、85kPa、90kPa、95kPa，测试运行温度分别为 60℃、70℃时，稳定运行 1h 装置的产水量，并与无水冷时装置的产水量进行对比，如图 5-27 所示。

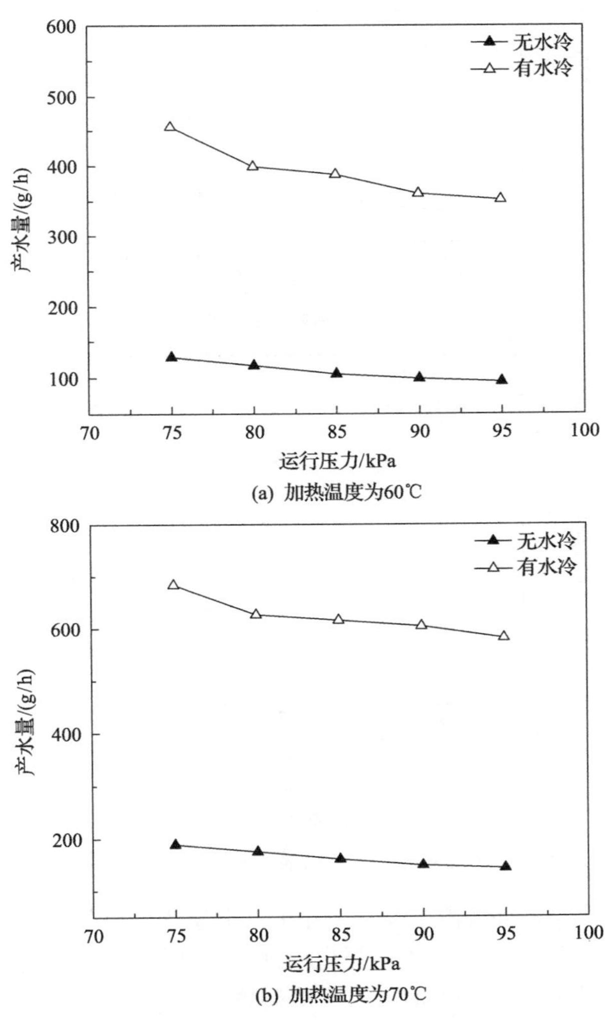

图 5-27 水冷对负压运行时装置产水量的影响

从图中可以看出，在装置的套筒外敷设冷凝液膜(即水冷强化)可以有效强化负压运行时装置的产水量。当加热温度为 70℃，运行压力为 75kPa 时，有水冷装置的产水量为 683.89g/h，比无水冷装置的产水量多 494.68g/h，比加热温度为 60℃时有水冷装置的产水量增加了 227.97g/h。究其原因，可由有无水冷装置内蒸发冷凝温差的变化曲线加以解释，如图 5-28 所示。

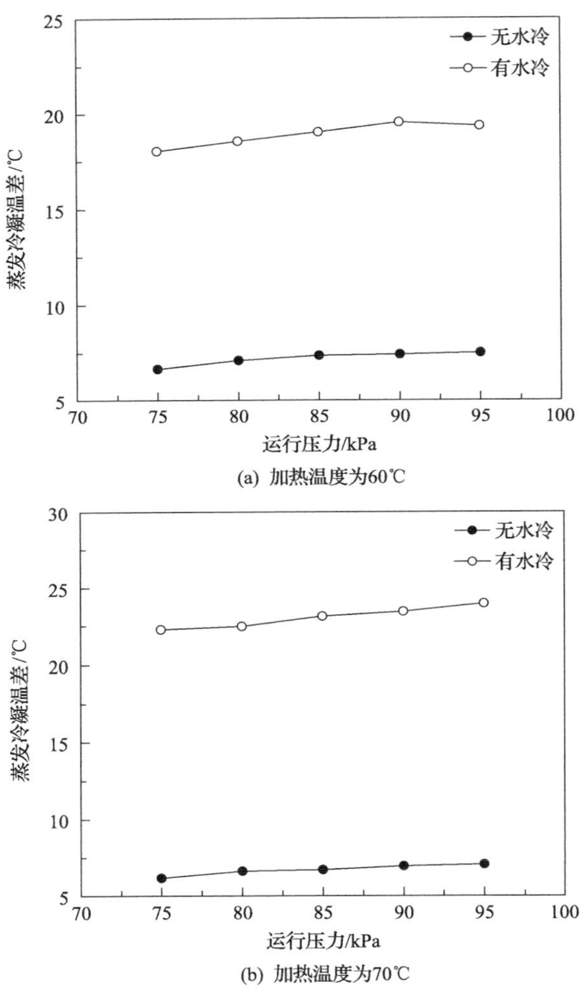

图 5-28　水冷对负压运行时装置蒸发冷凝温差的影响

由图 5-28 可知，在环境温度变化较小的实验室内，在单效竖管太阳能海水淡化装置套筒外敷设冷凝液膜(即水冷强化)可以明显增大蒸发冷凝温差。当加热温度为 70℃，运行压力为 75kPa 时，有水冷装置的蒸发冷凝温差为 23.96℃，比无水冷装置的蒸发冷凝温差高 16.08℃。当加热温度为 60℃，运行压力为 75kPa 时，有水冷装置的蒸发冷凝温差为 18.04℃，比无水冷装置的蒸发冷凝温差高 11.37℃。这表明负压运行时在单效竖管太阳能海水淡化装置的套筒布置均匀冷却水膜可有效降低冷凝温度，增大蒸发冷凝温差，增强气水二元混合气体传热传质的驱动力，从而提高装置的淡水产量。

在对单效竖管太阳能海水淡化装置性能研究的过程中，虽然进行了负压运行、水冷强化、空冷强化等方式，但均需要增加装置运行的额外输入能量，这给装置的实际应用造成了阻碍。为了多次回收利用装置内气水二元混合气体凝结时释放的潜热，可以利用装置的对称结构并采用多效运行的方式，提高装置对输入能量的利用效率，进而提高装置的产水速率，为该技术的实际应用提供运行参数和设计参考。

5.5.3　填充氦气对单效竖管太阳能海水淡化装置的热质传递强化

将单效竖管太阳能海水淡化装置内的空气更换为氦气，探索常压下强化环形封闭小空间内气水二元混合气体热质传递的方法，以提高竖管太阳能海水淡化装置的产水速率，进而提升装置的经济性。鉴于此，本节研究分析单效竖管太阳能海水淡化装置内填充氦气时对装置的产水速率、热扩散系数及竖直方向温度梯度分布等特性的影响机理，并与内置空气时相同规格的淡化装置性能进行对比。

在实验测试前，分别对测试仪器、测温传感器等进行校核。实验中，位于浓海水收集罐上方的压力平衡球可以保证装置内部气压与外界大气压始终保持一致。实验在温度、空气流速可调节的实验室内进行，用自来水代替海水，其蒸发误差小于 3%。由于太阳能供能的不稳定，所以无法保证实验中运行温度始终保持在测试要求范围内，为了提高研究精度，用电加热器模拟太阳能供能系统。装置内各测点温度由 K 型热电偶测得，误差为±0.5℃，数值由多通路无纸记录仪实时采集，时间间隔为 1min。装置产水速率由淡水收集罐上的液位计间接计算得到。装置内部的压力由盒式压力计测量，误差为±1.0kPa。鉴于本书采用对比研究的方法来研究不同的不凝气体的影响，故需保证运行环境条件恒定，室内温度控制在 25℃左右，装置周围空气流速＜1m/s。

在装置定温度运行实验中，通过调节电加热器输入电功率实现对装置加热温度(加热水箱内的水体温度)的恒定控制。每一加热温度运行时间保持在 1h 以上，取多次产水速率的平均值作为该加热温度下装置的产水速率。当装置内气体介质分别为空气和氦气时，产水速率随加热温度的变化如图 5-29 所示。

从图中可以看出，当装置在一定温度下运行时，产水速率随加热温度的升高而增加，装置内填充气体为氦气时的产水速率大于内置气体为空气时的产水速率。当加热温度为 80℃时，装置内填充气体为氦气时的产水速率为 245g/h，是加热温度为 55℃时产水速率的 2.15 倍，比内置气体为空气时的产水速率增加了 15%。这说明对于单效竖管太阳能海水淡化装置而言，填充氦气可以提高装置的产水速率，由于装置为全封闭系统，所以在运行过程中不需要对装置内填充的氦气进行补充。

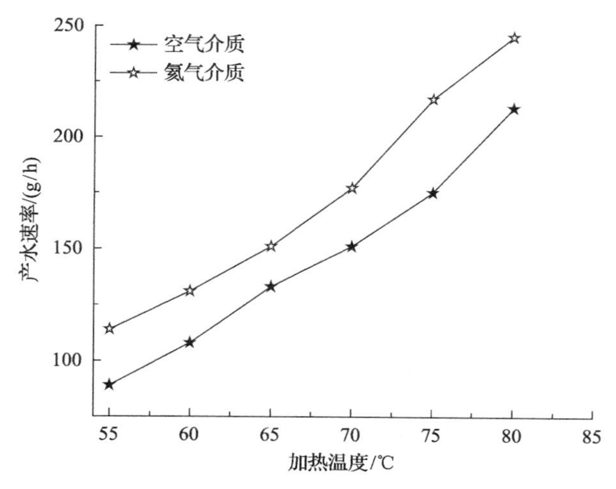

图 5-29　定加热温度下不同气体对装置产水速率的影响

为了更好地解释上述测试结果，对装置在不同额定加热温度条件下的蒸发面温度与冷凝面温度进行了测量。装置内蒸发面温度为布置于加热水箱外壁面三个热电偶测温数值的平均值，装置冷凝面温度为布置于套筒外壁面三个热电偶测温数值的平均值。装置在不同加热温度运行时，填充氦气和空气对腔内蒸发冷凝温差的影响如图 5-30 所示。

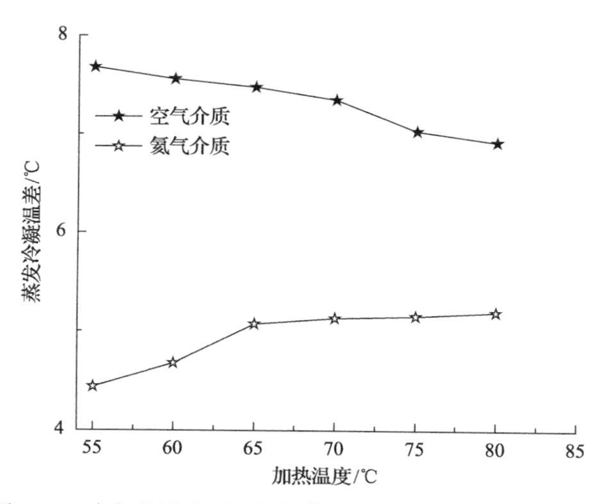

图 5-30　定加热温度下不同气体对装置蒸发冷凝温差的影响

从图中可以看出，在所测试的加热温度范围内，当装置内置气体为空气时，蒸发冷凝温差随加热温度的升高呈减小的趋势，且大于装置内填充气体为氦气时的蒸发冷凝温差。在相同加热温度的运行条件下，腔内的蒸发冷凝温差越小，表明冷凝面的温度越高，水蒸气凝结时释放的热量越多，装置的产水速率越大。这一点从装置内蒸气分压的角度也可以加以解释，蒸气分压较难直接测量，故可以通过管壁温度间接得到。在介质气体与水蒸气二元混合气体的蒸发冷凝过程中，随着水蒸气在冷凝面的凝结，不凝气体逐渐聚集，从而影响水蒸气穿过到达冷凝面的能力，使水蒸气在冷凝面表面的分压发生变化。当填充气体为氦气时，在相同蒸发温度条件下，装置冷凝面的温度高，表明水蒸气分压高，不凝气体聚集区对水蒸气穿透的抑制能力弱，凝结通量大，装置的产水速率高。此现象还可由表 5-5 中空气及氦气在不同加热温度下的热扩散系数加以解释说明。

表 5-5　不同气体在各加热温度下的热扩散系数

加热温度/℃		55	60	65	70	75	80
热扩散系数 a /[$m^2/s(\times 10^5)$]	空气	2.64	2.72	2.79	2.86	2.94	3.02
	氦气	21.02	21.58	22.70	23.27	23.85	24.43

由表 5-5 可知，在装置运行的温度范围内，填充氦气的热扩散系数始终大于填充空气的热扩散系数，这也就意味着在相同的气体体积分数下，水蒸气-氦气混合气体的热扩散系数始终大于水蒸气-空气混合气体的热扩散系数，即填充氦气时装置内混合气体的传热传质驱动力相比填充气体为空气时更强，这使在相同的加热温度下填充氦气时装置的传热热阻更小，蒸发冷凝温差更小，产水速率更大。除蒸发冷凝温差会对装置性能产生影响外，装置内的有效蒸发冷凝面积也将影响产水速率。对于装置的有效蒸发面积，可以通过调节输入电功率使其竖直方向的上、下温差减小加以保证。而有效冷凝面积则可由竖直方向温度梯度的变化间接得到。装置内的填充气体分别为空气和氦气时，沿竖直方向上、下端点的冷凝温度随加热温度的变化见表 5-6。

表 5-6　不同不凝气体对装置竖直温度梯度的影响

加热温度/℃	55		60		65		70		75		80	
	上	下	上	下	上	下	上	下	上	下	上	下
空气	48.5	44.1	53.5	49.2	58.7	54.1	64.2	60.1	69.3	65.2	75.3	71.7
氦气	50.6	50.5	55.4	55.2	59.8	59.9	64.8	64.9	69.9	69.8	74.7	74.9

从表 5-6 可以看出，填充气体分别为空气和氦气的装置其冷凝面在竖直方向上、下端点的温度均随加热温度的升高而增大。当内置气体为空气时，上端点温度高于下端点温度，这主要是因为水蒸气分子量小于空气分子量，在水蒸气从蒸发

面向冷凝面的扩散过程中，其会受到浮升力作用而在套筒上端的内表面凝结，所以上端点温度高于下端点温度。同时，这也说明装置内的有效冷凝面积小于套筒内表面面积，所以装置的产水速率受到影响，同时也对装置理论淡水产量的预测造成一定的计算误差。

当填充气体为氦气时，上端点温度与下端点温度的差值在 0.1～0.2℃，考虑到热电偶的测量误差，可以近似认为上下端点温度相等。这说明氦气与水蒸气混合物在密闭空腔内的传热传质性能优于填充气体为空气时的性能，此时装置的有效冷凝面积与套筒内表面面积相等，装置的产水速率大于不凝气体为空气时的产水速率。

对于单效竖管太阳能海水淡化装置而言，在提高装置额定输入热量运行条件下产水速率的同时，也应该对造成装置热损失的原因加以研究，以期为后续提高装置的热能利用效率提供参考。使淡化装置热损失增加的因素包括排浓海水和生成淡水所带走的显热及水蒸气冷凝时释放的潜热，后者可以通过增加装置的效数加以利用。装置内所生成淡水带走的显热与冷凝温度有关，上述研究曲线已对其做出了解释。为此，实验中测试了不同填充气体对装置排浓海水温度的影响，其变化曲线如图 5-31 所示。

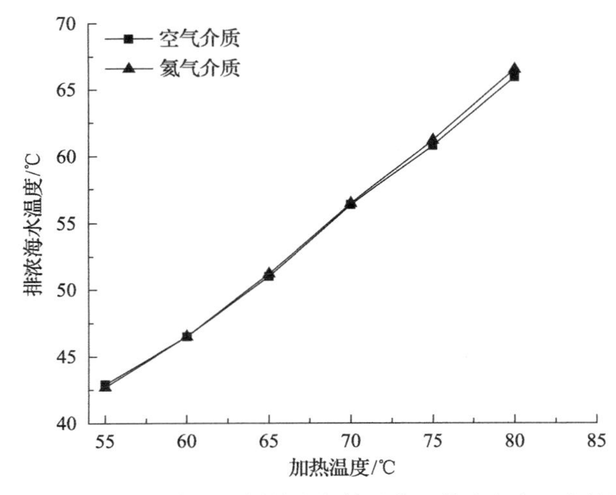

图 5-31　定加热温度下不同填充气体对装置排浓海水温度的影响

从图中可以看出，当单效竖管太阳能海水淡化装置内的填充气体为空气或氦气时，排浓海水温度在不同加热温度时的差值不大。当加热温度为 80℃时，两者温差最大为 0.6℃，说明两种不凝气体对装置排浓海水所含显热损失的影响相似。同时，图中给出排浓海水温度高达 66℃，需要对所排浓海水进行热回收利用，以提高装置的热能利用效率。

参 考 文 献

[1] Chang Z H, Zheng Y J, Chen Z Y, et al. Performance analysis and experimental comparison of three operational modes of a triple-effect vertical concentric tubular solar desalination device [J]. Desalination, 2015, 375: 10-20.

[2] Toyama S, Aragaki T, Salah H M, et al. Simulation of a multi-effect solar still and the static characteristics [J]. Journal of Chemical Engineer of Japan, 1987, 20: 473-478.

[3] Mousa K A A, Reddy K V. Performance evaluation of desalination processes based on the humidification dehumidification cycle with different carrier gases [J]. Desalination, 2003, 156: 281-293.

[4] Boelter, Sharpley. Evaporation of water into quiescent air from a one-foot diameter surface [J]. Industrial and Engineering Chemistry, 1938, 30: 1125-1131.

[5] Tsilingiris P T. The influence of binary mixture thermophysical properties in the analysis of heat and mass transfer processes in solar distillation systems [J]. Solar Energy, 2007, 81: 1482-1491.

[6] 侯静. 太阳能海水淡化系统热能高效利用技术研究[D]. 呼和浩特: 内蒙古工业大学, 2019.

[7] Incropera F P, DeWitt D P, Bergman T L, et al. Fundamentals of Heat and Mass Transfer[M]. 6th Edition. 2007, 231-235.

[8] Hou J, Yang J C, Chang Z H, et al. The mass transfer coefficient assessment and productivity enhancement of a vertical tubular solar brackish water still [J]. Applied Thermal Engineering, 2018, 128: 1446-1455.

[9] Baïri A. Nusselt-Rayleigh correlations for design of industrial elements: Experimental and numerical investigation of natural convection in tilted square air filled enclosures [J]. Energy Conversion and Management, 2008, 49: 771-782.

[10] 侯静，常泽辉，刘洋，等. 竖管式蒸馏太阳能苦咸水淡化装置性能研究[J]. 热科学与技术，2018，17(4)：154-158.

[11] 李瑞晨，朱国鹏，侯静，等. 特征尺寸对竖管降膜太阳能海水蒸馏装置性能影响[J]. 太阳能学报，2020，41(8)：258-263.

[12] 常泽辉，刘雪东，李海洋，等. 不同特征尺寸管式降膜太阳能海水蒸馏器热性能分析[J]. 太阳能学报，2021，42(8)：295-299.

[13] 常泽辉，李文龙，宋珊琦，等.回热对竖管式太阳能海水淡化装置性能的影响[J]. 太阳能学报，2018，39(7)：1775-1780.

[14] 杨桔材，常泽辉. 负压运行条件下管式太阳能苦咸水淡化性能研究[C]. 中国环境科学学会学术年会论文集，2017: 5150-5154.

[15] 于苗苗. 聚光管式太阳能苦咸水淡化系统性能研究[D]. 呼和浩特: 内蒙古工业大学, 2017.

第 6 章　多效竖管太阳能海水淡化技术

6.1　多效竖管太阳能海水淡化装置

适合于小型分布式制水需求的太阳能海水淡化技术需要其装置具备占地面积小、建造简单、单位集热面积的产水速率大、性能系数高、对原水预处理要求低及对电力供应依赖度低等特点[1]。竖管太阳能海水淡化装置已经具备小型分布式淡水制备的应用潜力，但是对其性能的了解和研究还不够全面。在前述的研究基础上，本节对多效竖管太阳能海水淡化装置的性能开展实验测试和理论分析，为该技术实现科技成果转化及实际应用提供理论基础和运行参数。

与单效竖管太阳能海水淡化装置相比，在输入热能相同的条件下，多效竖管太阳能海水淡化装置可以对蒸发冷凝腔内水蒸气的凝结潜热进行多次回收利用，提高了装置单位集热面积的淡水产量和热能利用效率[2]。为了定量研究影响多效竖管太阳能海水淡化装置产水性能和热性能的关键因素，本书搭建了两台装置性能测试实验台：两效竖管太阳能海水淡化系统和三效竖管太阳能海水淡化系统。三效竖管太阳能海水淡化系统的三维立体图如图 6-1 所示，性能测试实验台实物如图 6-2 所示。

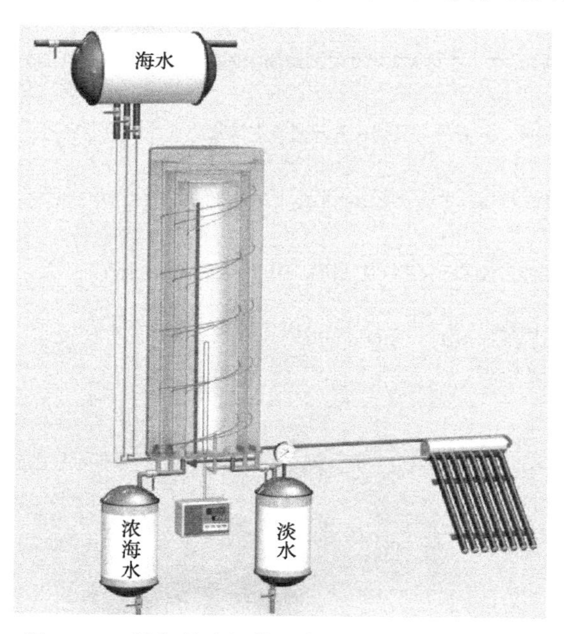

图 6-1　三效竖管太阳能海水淡化装置三维立体图

三效竖管太阳能海水淡化装置性能测试台由四部分组成：海水进水单元、盐水分离单元、收集单元和测试系统。海水进水单元包括海水储水箱、三效进水管、流量控制阀、预热盘管和分水器。盐水分离单元包括吸水材料、加热水箱、三效蒸发冷凝管、挡水板、树脂硅胶圆环和保温材料。收集单元包括淡水输出管、浓海水输出管、淡水收集罐、浓海水收集罐和排气阀。测试系统主要对环境温度、各效蒸发温度、各效冷凝温度、运行压力、输入功率、淡水产量、排浓盐水盐度等进行测量记录。

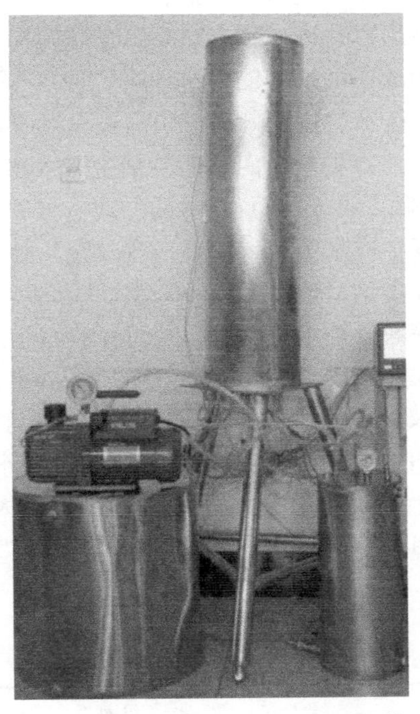

图 6-2　三效竖管太阳能海水淡化装置性能测试台

三效竖管太阳能海水淡化装置由四根直径不同的 304 不锈钢圆筒同心嵌套并与底板、顶板焊接而成，中心封闭圆筒作为加热水箱，其余三根圆筒与加热水箱从里向外分别组成第一效、第二效和第三效蒸发冷凝腔，各效顶端由厚度为 10mm 的泡沫保温材料填充，加热水箱、第一效和第二效不锈钢筒外壁面敷设吸水材料，吸水材料表面缝设等间距螺旋棉线，沿竖直方向在吸水材料上间隔 200mm 布置树脂硅胶圆环，以保证海水液膜的均匀性和厚度要求，各效冷凝套筒内壁面均抛光，分水器上均布直径为 2mm 的出水孔，装置底部焊接挡水板，以防止浓盐水污染淡水，挡水板两侧布置直径为 10mm 的淡水出水管和浓盐水排水管。两效海水淡化装置与此类似，结构上组成的不锈钢圆筒数量逐次递减，测试实验装置结构参数见表 6-1。

表 6-1 竖管太阳能海水淡化装置结构参数

装置效数	加热水箱		第一效		第二效		第三效	
	直径/mm	长度/mm	直径/mm	长度/mm	直径/mm	长度/mm	直径/mm	长度/mm
3	100	970	160	980	220	990	280	1000
2	100	970	160	980	220	990	—	—

三效竖管太阳能海水淡化装置的运行流程为：海水储水箱内的海水经三根进水管分别从装置底板处的进水孔进入预热盘管，被海水液膜预热的进料海水从位于各自蒸发筒上端的分水器出水孔进入吸水材料，在螺旋棉线、树脂硅胶圆环等的阻滞作用下于各效蒸发面形成厚度均匀的海水液膜，加热水箱外壁面的海水液膜受热蒸发生成水蒸气，完成了盐水的物理分离。当蒸发冷凝腔内充满水蒸气后，一部分水蒸气在温度较低的第一效冷凝套筒内壁面凝结生成淡水，同时释放凝结潜热，以加热第一效冷凝套筒(即第二效蒸发面)外壁面的海水液膜，受热的第二效海水液膜以低于第一效的蒸发温度生成水蒸气，在第二效冷凝套筒内壁面凝结生成淡水，同时向第三效海水液膜释放凝结潜热，第三效海水液膜继续蒸发生成水蒸气，在与环境接触的第三效套筒内壁面凝结生成淡水，同时释放凝结潜热并散失到环境中。上述没有蒸发的海水形成浓盐水排出装置，各效生成的淡水被收集备用。

测试系统所使用的仪器精度、测量范围见表 6-2。实验场地的温度和大气压由测试仪实时监测，海水进水盐度由盐度计测量，装置进水流量由涡轮流量计测试和调节，装置输入功率由功率计监测，淡化过程中装置内的运行压力由压力计显示，各测点温度由 K 型热电偶测试，数据由 20 路温度巡检仪采集并记录，各效淡水产量由电子秤测量。测试系统及仪器如图 6-3 所示。

表 6-2 测试仪器及参数

测试仪器名称/型号	测量范围	精度
调压器/TDGC2	0～250V	±0.1%
风速计/GM8902	0～45m/s	±3.0%
大气压测试仪/TRM-1	300～1100hPa	0.5 级
高精度盐度计/SA287	0～100PPT	±2.0%
涡轮流量计/Model-109	0.4～4.0L/h	±0.1%
真空泵/V-i180SV	$14.4m^3/h$	±1.0%
电子测量秤/HC ES-02	0.01～500g	±0.1%
20 路温度巡检仪/TYD-WD	0～300℃	±0.5%
热电偶/K 型	–120～300℃	±0.5℃
钳形功率计/UT205	0～1000A	±1.5%
压力计/YN-60	0～0.1MPa	±3.0%

图 6-3　三效竖管太阳能海水淡化装置性能测试系统及仪器

在实验室内对多效竖管太阳能海水淡化装置的产水性能和热性能进行测试，用电加热代替顺向聚焦同向传光聚光水体加热系统，加热水箱的运行温度通过控制系统调节，以适应测试所需的运行温度范围。用地下水代替海水（产生的误差不超过 3%），加热水箱内安装电加热器，实验室全封闭，以保证环境温度的波动尽可能小。为了提高测试精度，装置各效沿蒸发面和冷凝面竖直方向布置 3 个热电偶，间隔为 450mm，所测得温度值的平均值作为测试中对应各效的蒸发温度和冷凝温度，测试间隔为 10min。装置运行过程中，单独测量各效淡水产量，由精密电子秤直接测量，稳定运行温度下各装置淡水产量测量 4 次以上，测试间隔为 10min，取平均值作为该稳态运行条件下的淡水产量。

实验中，通过精细测量、多次取值等方式尽可能消除人为误差给测试带来的影响。但是，由于热电偶的选择、测温点的布置、水蒸气的逸出及测量淡水产量所用电子秤的精度都会给测试带来测量误差。在测量多效竖管太阳能海水淡化装置各效的蒸发温度、冷凝温度时，各测温点沿竖直方向布置，热电偶会受海水液膜及水蒸气的影响，这同样也会给测量造成误差[3]。除此以外，实验室内的空气流动、环境温度变化、测试用电压波动均会对测试造成一定的影响。由于所开展的研究工作经历了较长时间，四季更迭所带来的测试环境条件的变化也是造成测试误差的原因之一[4]。

6.2　多效竖管太阳能海水淡化装置的性能研究

本节对多效竖管太阳能海水淡化装置的性能开展如下研究：输入额定电功率条件下二效和三效竖管太阳能海水淡化装置性能的对比研究；额定运行温度条件下二效和三效竖管太阳能海水淡化装置性能的对比分析；进料海水温度对二效竖管太阳能海水淡化装置性能的影响。

首先，在额定输入电功率条件下，对海水淡化装置的性能进行对比研究，在三效海水淡化装置输入相同的电功率，达到稳定运行状态后，将电加热器断开，然后使三效海水淡化装置自然冷却到水箱温度为 50℃左右结束测试。实验中，对三效海水淡化装置各效的淡水产量、蒸发温度、冷凝温度和稳态运行温度进行测量，分析在相同输入电功率的情况下，三效海水淡化装置产水性能和热性能的变化规律。

其次，在额定运行温度条件下，对三效海水淡化装置的性能进行研究，通过电加热控制器使三效竖管海水淡化装置的加热温度保持在设定范围内，测试不同进水流量对海水淡化装置产水性能的影响，给出运行温度与装置淡水产量的对应关系。

最后，在海水储水箱中放置恒温加热棒，改变进料海水温度，测试其对二效竖管海水淡化装置有效蒸发面积的影响，通过分析装置内的蒸发冷凝温差，明晰进料海水温度对装置产水性能和热性能的影响机理。

6.2.1 输入功率对三效海水淡化装置性能的影响

在三效海水淡化装置产水性能的表征中，性能系数的计算需要提供精确的输入功率值，同时在额定输入功率运行条件下还可以对多效海水淡化装置的瞬态淡水产量进行对比分析[5]。测试中，输入三效海水淡化装置的电功率分别为 200W、335W 和 500W，测试自然升温阶段、稳态运行阶段和自然冷却阶段测试装置各效的淡水产量、蒸发温度和冷凝温度。设定三效海水淡化装置各效进水流量相同，环境温度为 26℃，大气压为 88kPa，室内空气流速＜1m/s。测试数据包括三效海水淡化装置各效每 10min 的淡水产量和总淡水产量、环境温度、各效沿竖直方向等距处的蒸发温度和冷凝温度、各效排浓盐水温度等，测温时间间隔为 1min。

当输入电功率分别为 200W、335W 和 500W 时，三效竖管海水淡化装置的蒸发温度、冷凝温度随运行时间的变化曲线如图 6-4 所示。

从图中可以看出，当输入额定电功率时，三效竖管海水淡化装置的第一效冷凝温度、第二效冷凝温度和第三效冷凝温度随运行时间呈现出相同的变化趋势，均由瞬态温升阶段过渡到稳态运行阶段。当额定输入电功率断开后，三效海水淡化装置的第一效冷凝温度、第二效冷凝温度和第三效冷凝温度均随热量补充的减小而快速降低。当输入电功率为 200W 时，稳定运行状态时加热水箱的温度为 76.41℃，最外层套筒温度为 58.05℃，达到稳态运行时间为 6.5h。当输入电功率为 335W 时，稳定运行状态时加热水箱的温度为 86.48℃，最外层套筒温度为 69.81℃，达到稳态运行时间为 5.0h。当输入电功率为 500W 时，稳定运行状态时加热水箱的温度为 94.02℃，最外层套筒温度为 80.86℃，达到稳态运行时间为 4.2h。结果表明，随着输入电功率的增加，装置内海水液膜的蒸发速度增大，传热驱动力增强，总的蒸发冷凝温差减小，达到稳态运行时间缩短。同时，对于太阳能海水淡化装置而言，运行温度的升高将加剧海水对装置材料的腐蚀，这也会

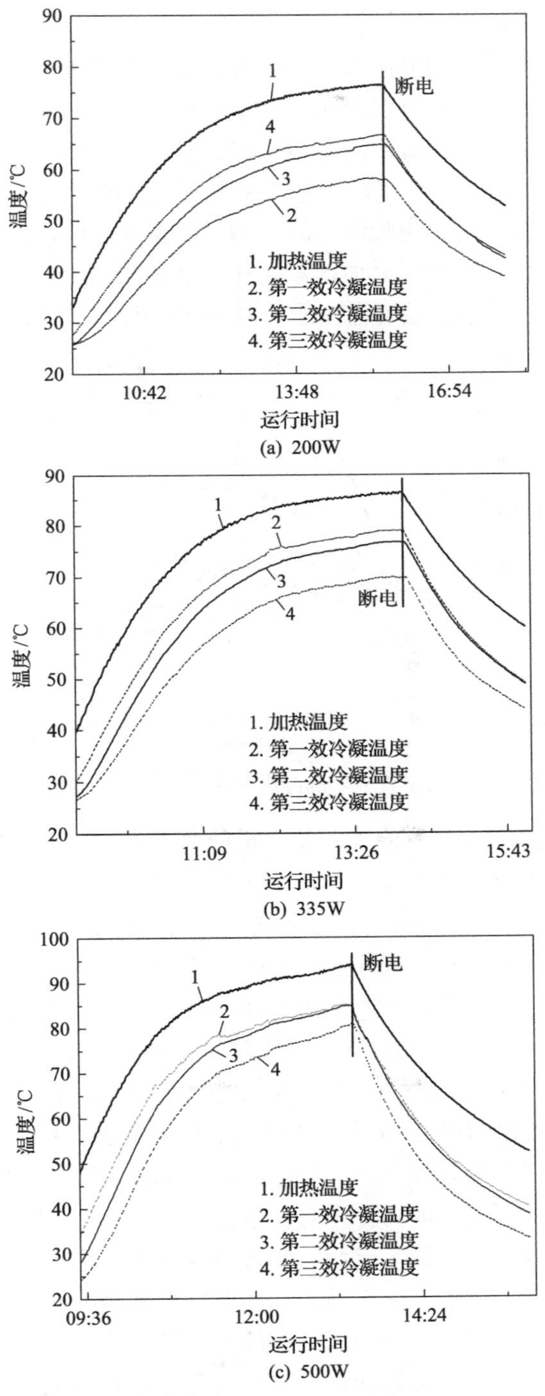

(a) 200W

(b) 335W

(c) 500W

图 6-4　三效竖管太阳能海水淡化装置各效温度的变化

造成海水输送管路内结垢。

淡水产量也是衡量太阳能海水淡化装置性能的重要指标之一，尤其是在实际天气条件下运行时，瞬态温升时间越短，稳态运行时间相对就会越长，单位集热面积太阳能海水淡化装置的日产淡水量越多，装置的经济效益得以提升，建造成本回收周期将缩短。测试中，当输入电功率分别为 200W、335W 和 500W 时，设定装置生成淡水的初始时间为相同时间，测量装置各效淡水产量及总淡水产量，达到稳定运行工况后，装置的电加热器断开，继续测试无输入电功率时装置的淡水产量。三种运行工况下，装置总淡水产量随运行时间的变化如图 6-5 所示。

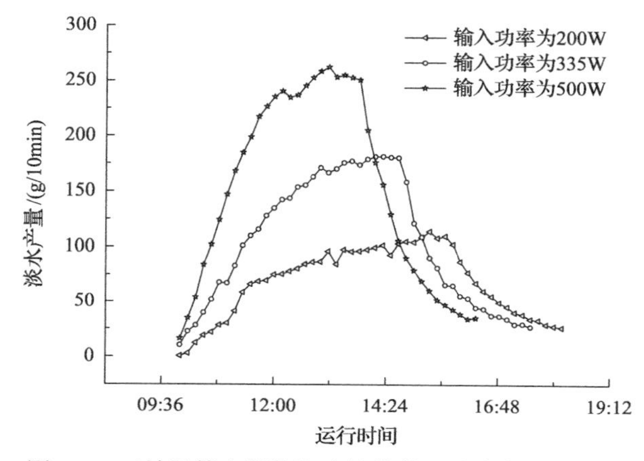

图 6-5　三效竖管太阳能海水淡化装置淡水产量的变化

从图中可以看出，在额定输入电功率运行条件下，三效竖管海水淡化装置的淡水产量随着运行时间的延长而增加，当电加热器断开后，装置的淡水产量急剧减少，装置达到稳态运行工况的时间随着输入电功率的增加而缩短。当输入电功率为 200W 时，装置瞬态淡水产量从 2.7g/10min 增加到 109.59g/10min。当输入电功率为 335W 时，装置瞬态淡水产量从 10.1g/10min 增加到 181.05g/10min，稳态运行时的淡水产量比输入电功率为 200W 时增加了 65.21%。当输入电功率为 500W 时，装置瞬态淡水产量从 16.01g/10min 增加到 262.17g/10min，稳态运行时的淡水产量是输入电功率为 200W 时的 2.39 倍，比输入电功率为 335W 时增加了 44.81%。

在加热温升阶段，装置淡水产量随输入电功率增加而增大的原因是：由电加热供能的加热水箱位于装置的对称中心，随着输入电功率的增加，由图 6-4 可知，装置第一效海水液膜的蒸发温度升高，与环境温度之差增大，导致蒸发面与冷凝面之间水蒸气的密度差增大，海水蒸发传质驱动力增强，热质传递速度加快，在装置内具有相同蒸发面积和冷凝面积的条件下，淡水产量就会增加。

当输入电功率为零时，装置淡水产量均随着运行时间急剧减少，达到额定淡水产量所需时间相差不大。此时，装置淡水产量主要与加热水箱内的水体显热有关。除此以外，还与各效之间蒸发冷凝温差的变化有关。

综合上述实验的研究结果，对于多效竖管太阳能海水淡化装置而言，除考核装置淡水产量、瞬态运行时间、各效蒸发冷凝温差外，还应该对淡化装置的性能系数加以考核。在实验室内，相同运行工况下，分别对一效、二效和三效海水淡化装置在输入不同额定电功率运行条件下的淡水产量进行测量，三种装置的性能系数、总淡水产量对比如表 6-3 所示。

表 6-3　三种竖管降膜蒸馏装置性能系数对比

加热功率/W	一效装置		二效装置		三效装置	
	产水速率/(g/h)	GOR	产水速率/(g/h)	GOR	产水速率/(g/h)	GOR
200	246.78	0.78	498.24	1.59	684.24	2.23
335	401.34	0.76	717.66	1.37	1086.3	2.09

从表中可以看出，随着输入电功率的增加，三种竖管海水淡化装置的淡水产量均增大，说明海水液膜的蒸发温度直接影响了总的淡水产量。但是，三种蒸馏装置的性能系数均随输入电功率的增加而减小，随着效数的增加而增大。三效竖管海水淡化装置在输入电功率为 200W 时，性能系数达到了 2.23，表明多效海水淡化装置可以有效提高对输入能量的利用效率。同时，从表中也发现，当输入电功率增大后，装置的热损失将增大，从而使装置的性能系数降低。

三效竖管海水淡化装置的瞬态运行特性决定了装置的启动性能，同时也会对装置的稳态运行时间造成影响。测试中，对加热温升阶段各效淡水产量随运行时间的变化进行研究，测试时间范围为 09:45～13:25，输入电功率为 500W，各效进水流量为 0.12g/s。第一效、第二效和第三效淡水产量随加热时间的变化如图 6-6 所示。

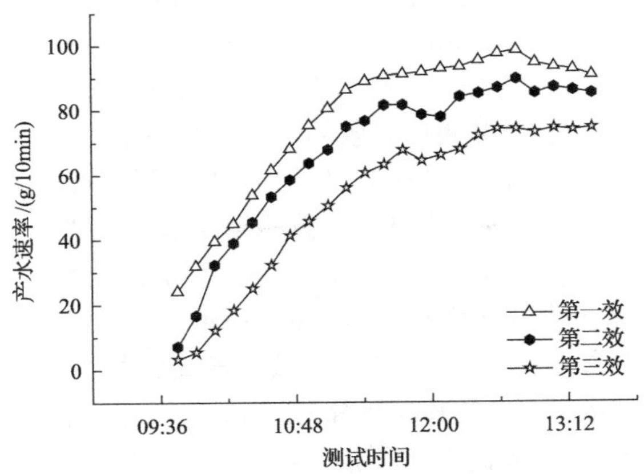

图 6-6　三效竖管海水淡化装置各效淡水产水速率的变化

从图中可以看出，三效海水淡化装置中第一效淡水产量大于第二效淡水产量，第二效淡水产量大于第三效淡水产量。各效淡水产量随运行时间均呈先快速增加后增加率逐渐减缓的趋势，第一效达到稳态运行时间为 3.0h，比其他两效达到稳态运行的时间要长，这主要受装置内传热传质特性的影响。但是从图中也可以看到，随着加热温度的升高，第一效淡水产量在达到稳态后有减少的趋势，从 98.49g/10min 减少到 90.78g/10min，其原因是第一效进水流量不能满足加热水箱所提供的蒸发热能。

6.2.2　进水流量对三效海水淡化装置性能的影响

海水淡化装置的运行温度直接影响着其产水性能。基于前面的研究结果，淡化装置运行的温度越高，装置的淡水生成速率越快，但随之会带来如下三个不利影响[6]：①在特定日照时间内，运行温度的升高势必会延长装置自然升温的时间，使稳态运行时间相应缩短，而自然升温阶段的淡水产量小于稳态运行时间内的产量，所以装置淡产水量的波动较大；②额定运行温度升高意味着所需要驱动的太阳热能增加，集热面积相应增大，太阳能蒸馏装置的建造成本也随之提高，整体装置的经济性受到影响；③额定运行温度越高，装置内与高温水蒸气接触的管件和吸水材料表面，尤其是管件上出水孔的结垢就会加重，使装置的运行性能下降，维护周期变短。如何合理优化装置额定运行温度与产水性能之间的匹配关系，已成为太阳能海水淡化装置性能研究的关注点之一。在运行温度一定的条件下，装置的进水流量也会对产水性能和能量利用效率造成影响，如果进水流量较大，那么吸水材料的含湿性较好，海水液膜的蒸发面积与吸水材料的面积相近，但是未蒸发浓海水带走的显热损失增大，液膜达到蒸发温度的时间延长；如果进水流量较小，那么吸水材料的含湿性受到影响，海水液膜的蒸发面积小于吸水材料的面积，所以装置生成的水蒸气量减少，进而影响装置的产水速率[7]。

鉴于此，本书研究了三效竖管降膜太阳能海水淡化装置在不同运行温度下，进水流量的变化对装置产水性能的影响机理。测试的额定运行温度为 50℃、55℃、60℃、65℃、70℃、75℃和 80℃，进水流量分别为 0.44kg/h 和 0.68kg/h，环境温度为 26℃。测试的数据包括装置内各效的蒸发冷凝温度、排浓海水温度、进水温度和各效产水速率，将装置内加热水箱的温度近似为第一效海水液膜的蒸发温度。为了减小实验误差，在额定运行温度下装置稳定产水的周期维持在 2h 以上，淡水产量测试间隔为 20min，取多个有效测试值的平均值作为淡水产量的实验数值。装置淡水产量随运行温度的变化曲线如图 6-7 所示。

图 6-7 给出了不同进水流量条件下，三效竖管海水淡化装置淡水产量的变化趋势。装置淡水产量随运行温度的升高而增大，当运行温度低于 70℃时，淡水生成速率的增加率较小，当运行温度高于 70℃后，淡水产量随温度升高的增加率明显提升。在各效进水流量为 0.44kg/h，额定运行温度为 80℃时，装置的产水速率为 0.907kg/h，是运行温度为 50℃时产水速率的 5.18 倍。测试结果表明，三效竖管海水淡化装置随运行温度的升高，运行过程中第一效内水蒸气释放的凝结潜热和第二效内水蒸气

释放的凝结潜热被多次有效回收利用，加之装置具有从内向外的各效冷凝面积总大于蒸发面积的结构特点，所以装置在较高运行温度时的产水性能更优。

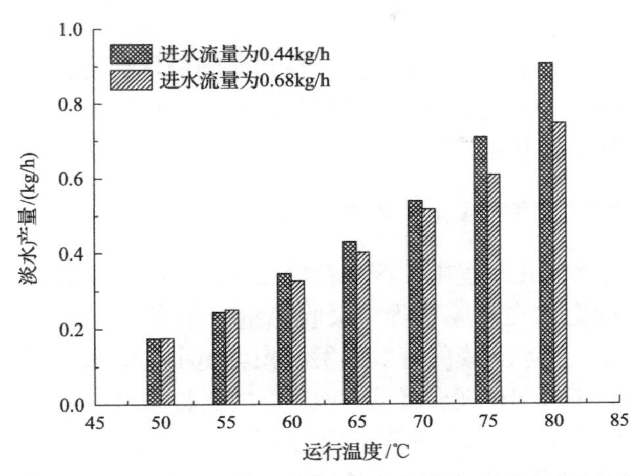

图 6-7　三效竖管海水淡化装置淡水产量随运行温度的变化

从图 6-7 中还可以看出，在不同额定运行温度下，装置的总淡水产量随进水流量的减小而增加。当运行温度为 50～60℃时，装置淡水产量随进水流量的变化很小，当运行温度高于 70℃后，进水流量的变化对装置淡水产量的影响有所凸显。当运行温度为 80℃时，各效进水流量为 0.44kg/h 时装置的淡水产量比进水流量为 0.68kg/h 时增加了 21.42%。其原因可以通过第一效海水液膜上测温点的蒸发温度随进水流量的变化加以解释，装置第一效海水液膜上的测点距离分水器 5cm，是距离进料海水最近的测温点，也是衡量低温进料海水预热后能否尽快达到运行温度的设置点，如表 6-4 所示。

表 6-4　三效竖管海水淡化装置上测点的蒸发温度随进水流量变化

运行温度/℃	进水流量/(kg/h)	
	0.44	0.68
50	50.45	48.45
55	55.34	54.02
60	60.6	58.19
65	65.55	63.37
70	70.92	68.16
75	75.36	74.28
80	80.54	78.81

从表中可以看出，对于两个进水流量运行的条件下，该点温度均随加热温度的升高而升高，且近似呈直线函数关系。当进水流量为 0.44kg/h 时，该测点温度高于进水流量为 0.68kg/h 时的温度，当加热温度为 70℃时，进水流量为 0.44kg/h

时的测点温度达到 70.92℃，而进水流量为 0.68kg/h 时的测点温度是 68.16℃。其主要原因是装置加热温度的测温点位于加热水箱中部，其上部蒸气的温度高于水箱水体的温度，当进水流量大时，进水从分水器进入吸水材料达到加热温度所需要的时间长于进水流量小时的所需时间，所需时间的增加将会使恒定运行温度下有效蒸发面积减小，同时也会导致装置排浓海水的显热损失增加。因此，装置淡水产量减小，性能系数下降。

6.2.3 进水温度对二效海水淡化装置性能的影响

在二效竖管海水淡化装置中，产水性能受海水液膜蒸发温度均匀性的影响。从分水器中流出的海水在降膜过程中吸收热量以达到运行温度是需要一定时间的，时间消耗越长，海水液膜的有效蒸发面积就越小，海水液膜蒸发温度的均匀性就越差，装置的淡水产量就会降低[8]。本书的竖管海水淡化装置虽然在进水过程得到了预热，但仍与蒸发温度存在一定的温差，为此需要改变装置的进水温度，因此有必要研究在不同进水温度运行条件下，装置淡水产量随之变化的规律，从而为后续探索对装置进行回热等强化传热传质过程以提高装置的淡水产量和热能利用效率提供理论依据和实验数据。

测试中，对进料海水水箱进行保温，并放置恒温加热器，以保证进入装置内的海水温度保持在测试温度，二效竖管海水淡化装置的总产水量随进水温度和加热温度的变化曲线如图 6-8 所示。

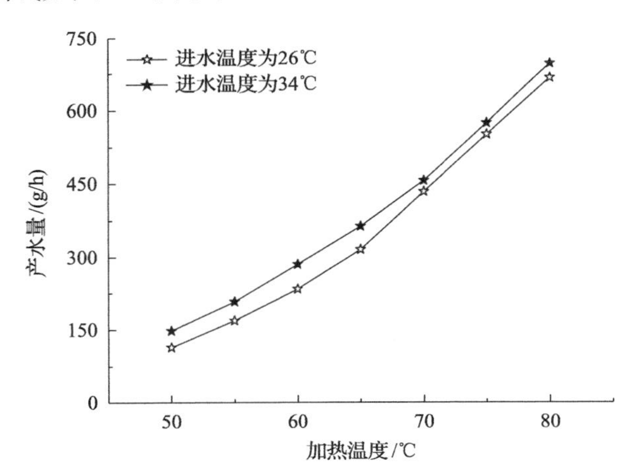

图 6-8　二效竖管海水淡化装置淡水产量随加热温度变化

从图中可以看出，对于两效竖管海水淡化装置，提高进水温度可以有效增加装置的产水速率，且在进水温度为 25～35℃，即进水温度与运行温度差的值较小时，可以明显提高装置的产水速率，但随着装置运行温度的升高，进水温度对装置淡水产量的促进作用逐渐变得不明显。当进水温度为 34℃时，装置在运行温度为 80℃

时的淡水产量为 695.29g/h，是运行温度为 50℃时的 4.69 倍。当加热温度为 80℃，装置进水温度为 34℃的淡水产量比进水温度为 26℃时的淡水产量增加了 30g/h。

两效竖管海水淡化装置的产水速率随进水温度的变化规律也可以由装置内的蒸发冷凝温差加以解释。对于竖管海水淡化装置，第一效蒸发冷凝温差由加热水箱温度和第一效套筒温度决定，由于装置在定温运行时，控温系统严格保证加热水箱温度与测试要求数值相等，即使进水温度发生变化，第一效蒸发温度(加热水箱温度)也是保持不变的，因此无法通过第一效的蒸发冷凝温差来精确解释装置淡水产量的变化。相对于第一效的蒸发冷凝温差，第二效的蒸发冷凝温差受加热水箱温度变化的影响较小，它主要受环境温度、蒸发冷凝腔的传质系数、传热系数、进水温度等的影响，所以可以作为装置淡水产量变化的参考依据[9]。对两个不同进水温度运行条件下，装置内第二效蒸发冷凝温差的计算与比较如图 6-9 所示。

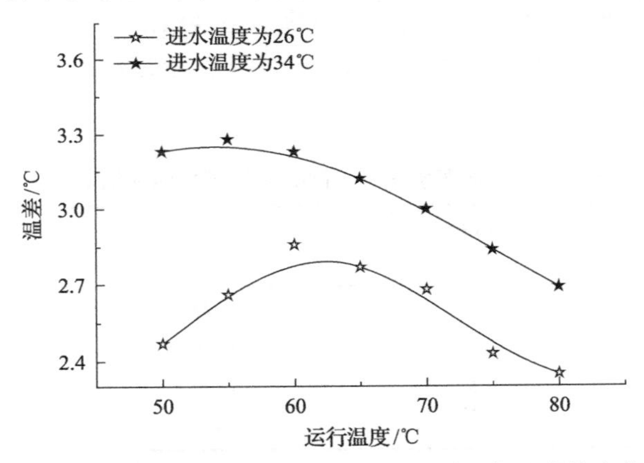

图 6-9　两效装置第二效蒸发冷凝温差随运行温度的变化

从图中可以看出，在相同运行温度条件下，两效竖管海水淡化装置在不同进水温度时第二效蒸发冷凝温差的变化趋势是不同的，且二者之差随着运行温度的升高由大变小，由公式(5-20)和式(5-22)可知，两个不同进水温度时装置淡水产量的差距与腔内水蒸气的汽化潜热有关，与液膜的平均蒸发温度有关，这也解释了图 6-8 中两个淡化装置淡水产量差值由大变小的变化趋势。这也表明对于多效竖管海水淡化装置，提高进水温度以提升装置淡水产量的效果将随着运行温度的升高而变得不明显，但是对于提高装置启动阶段的产水速率和缩短装置的启动时长是有益的。同时，可以考虑对装置所产淡水及排浓海水所含显热进行回收以提高进料海水的温度，从而提高装置整体的热能利用效率。

6.2.4　进水盐度对三效海水淡化装置性能的影响

除多效竖管海水淡化装置的自身结构外，运行过程中的参数条件如液膜厚度、进水流量、进水温度等同样也会对装置的产水性能和热性能造成影响。多效竖管太阳能海水淡化装置属于热法海水脱盐淡化技术的应用，海水通过气、液相变实现盐水分离从而进行淡化水的制备。不同盐度下海水物性的差别较大，所以在装置运行过程中，海水的盐度变化对相变传热的影响不可忽略。因此，研究进料海水的盐度变化对装置产水性能和热性能的影响可以为后续强化传热传质提供依据，从而获得高效的产水性能和性能系数。本书通过实验测试进料海水盐度不同时装置的产水速率及各效测温点的温度，探究进料海水盐度对装置产水性能的影响，为浓海水进行多次脱盐提供技术支撑。

测试在室内进行，所用进料海水盐度分别调制为 3.5%、7%、10.5%，三效竖管海水淡化装置采用稳态运行，运行温度分别为 50℃、60℃、70℃、80℃，考虑到盐水高温结垢后会对吸水材料及进水管路造成影响，所以测试运行温度＜80℃。装置产水量的测试时间间隔为 10min，在每个运行温度点多次测量产水量并取平均值作为该运行温度下的产水速率。装置的产水速率随进料海水盐度和运行温度的变化如表 6-5 所示。

表 6-5　进料海水盐度不同时装置产水速率的对比

运行温度/℃	进水盐度 3.5% 装置产水速率/(kg/h)	进水盐度 7% 装置产水速率/(kg/h)	进水盐度 10.5% 装置产水速率/(kg/h)
50	0.164	0.126	0.115
60	0.347	0.318	0.268
70	0.562	0.529	0.5
80	0.906	0.849	0.753

从表 6-5 可以看出，对于不同盐度进料海水的运行条件，随着运行温度的升高，三效竖管海水淡化装置的产水速率随之增大。当运行温度为 80℃，进料苦咸水盐度为 10.5%时，装置的产水速率为 0.753kg/h，比相同盐度下运行温度为 50℃时的产水速率增加了约 554.8%。从该表中还可以看出，随着进料海水盐度的增大，装置的淡水产量随之逐渐减小，当运行温度为 80℃，进料海水盐度为 3.5%时，装置的产水速率为 0.906kg/h，比进料苦咸水盐度为 10.5%时的产水速率增大了约 20.32%。究其原因，一是随着进料海水盐度的逐渐升高，海水溶液中溶质的分子量增大，分子间作用力增强，导致水分子脱离液膜表面需要克服的吸附力增大，气化难度增加；二是随着进料海水盐度的升高，在相同的加热温度下，盐度高的海水液膜表面的饱和水汽压要比盐度低的海水液膜表面的饱和水汽压低，难以突破周围载气中的水汽分压力而实现蒸发。这也可由三效竖管海水淡化装置第一效冷凝温度的变化加以解释，如图 6-10 所示。

从图中可以看出，随着进料水盐度的增加，三效竖管海水淡化装置的第一效冷凝温度逐渐降低。当运行温度为 80℃时，进料海水盐度为 3.5%的淡化装置的第一效冷凝温度为 71.38℃，比进料海水盐度为 10.5%的淡化装置的第一效冷凝温度约高 2℃。这是因为淡化装置在相同的运行时间、运行温度及进水流量条件下，盐度低的海水液膜所产生水蒸气的量要多于盐度高的海水液膜，所以有更多的水蒸气在第一效冷凝壁面凝结生成淡水，同时释放凝结潜热，因此盐度低的第一效冷凝温度要高于盐度高的第一效冷凝温度。

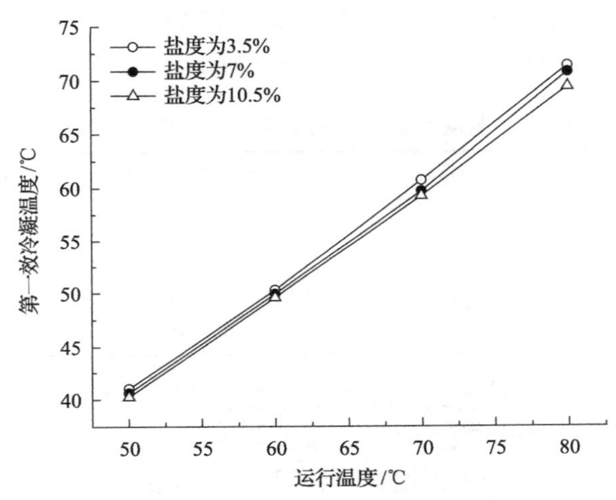

图 6-10　三效装置第一效冷凝温度随运行温度的变化

三效竖管海水淡化装置的总蒸发冷凝温差影响装置内蒸发面和冷凝面气水二元混合气体的密度差，进而对装置的总产水速率造成影响，装置的总蒸发冷凝温差随进料海水盐度和运行温度的变化如图 6-11 所示。

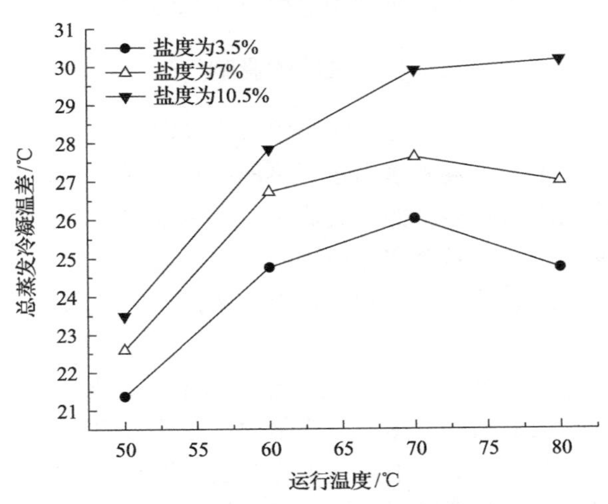

图 6-11　三效装置总蒸发冷凝温差随运行温度的变化

由图 6-11 可以看出，三效竖管海水淡化装置的总蒸发冷凝温差随进料海水盐度的升高而增大。当装置的运行温度为 80℃时，进料海水盐度为 10.5%的淡化装置的总蒸发冷凝温差为 30.2℃，比相同运行温度下进料海水盐度为 3.5%的淡化装置的总蒸发冷凝温差高 5.4℃，进料海水盐度为 7%的淡化装置的总蒸发冷凝温差比进料海水盐度为 3.5%的淡化装置高 2.3℃。这可以解释为在相同的加热条件下，进料海水的盐度增大，其黏度也随之增加，水分子运动的阻力增大，蒸发过程受到抑制，装置内部的总热阻变大，所以总蒸发冷凝温差变大。这里进一步对装置的排浓海水温度进行对比测量分析，如表 6-6 所示。

表 6-6　盐度为 3.5%时各效浓盐水的排放温度　　（单位：℃）

运行温度	第一效排浓温度	第二效排浓温度	第三效排浓温度
50	33.72	29.07	25.39
60	36.93	32.25	27.61
70	43.12	36.74	32.13
80	49.46	40.03	37.66

从表 6-6 可以看出，对于进水盐度为 3.5%的装置的各效排浓海水温度均随运行温度的升高而升高，随效数的增加而减小且各效温差接近。这是因为第一效所排放的浓盐水温度与液膜蒸发温度相近，因此温度最高。第二效所排放的浓盐水由第一效蒸发冷凝腔内的水蒸气冷凝释放的凝结潜热加热，因此温度低于第一效浓盐水的排放温度。同样，第三效所排放的浓盐水被第二效蒸发冷凝腔内水蒸气冷凝释放的凝结潜热加热，因此温度最低。虽然，三效竖管海水淡化装置多次重复利用水蒸气的凝结潜热而提高了热利用效率，但仍有一部分热量随浓盐水的排放而损失，所以如何对其进行回热利用值得研究和尝试。

6.2.5　天气条件对三效海水淡化装置性能的影响

前述所开展的测试和研究均为三效竖管太阳能海水淡化装置在实际天气条件下运行提供了技术参考，与实验室内运行不同，在实际天气条件下，影响装置产水性能和运行规律的因素较多，如空气流速、太阳辐照度、环境温度、周围建筑等，在该技术后期成果转化乃至实际应用中，实际天气条件下的运行特性尤为重要。鉴于此，还需要对装置在晴天和多云天气条件下的产水性能和热性能进行测试研究和分析。

三效竖管太阳能海水淡化装置性能测试台如图 6-12 所示，用地下苦咸水代替海水进行淡化，用平板太阳能集热器供能驱动。在装置的加热水箱、第一效、第二效、第三效套筒外壁面的上、中、下位置及进、出水口分别布置热电偶，选用 K 型热电偶，所测数据由多通路温度巡检仪测量记录，测试前对所用热电偶进行校核。测试当日的气象参数由太阳辐照度仪进行测量记录。各测试温度及太阳辐照度的采集时间间隔为 1min，淡水产量测试时间间隔为 10min，其数值由精密电子秤测得。实验中所用测量仪器的详细参数见表 6-7。

图 6-12　三效竖管太阳能海水淡化装置性能测试台

表 6-7　实验用仪器参数表

测量仪器名称及型号	测量范围	测量精度
太阳辐照度仪/TRM-GPS1	0～2000W/m^2	＜5%
电子秤/HC UTP-06B	0.1～10kg	±0.5%
热电偶/K 型	–120～300℃	±0.5℃
多通路温度巡检仪/TYD-WD	0～300℃	±0.5%
液体涡轮流量计/Model-109	0.4～4.0L/h	±0.1%

实验地点选在内蒙古呼和浩特市(N40°50′，E111°42′)，测试时间选择在 2018 年 10～11 月。其中，选取典型的多云天气和晴好天气作为三效竖管太阳能海水淡化装置运行的天气条件。因受场地内周围建筑物的影响，阳光在上午 9:00 才能照射到平板太阳能集热器上，所以测试启动时间定在当地时间上午 9:00，并对周围风速进行测量。晴天测试时，太阳辐照度及环境温度如图 6-13 所示。

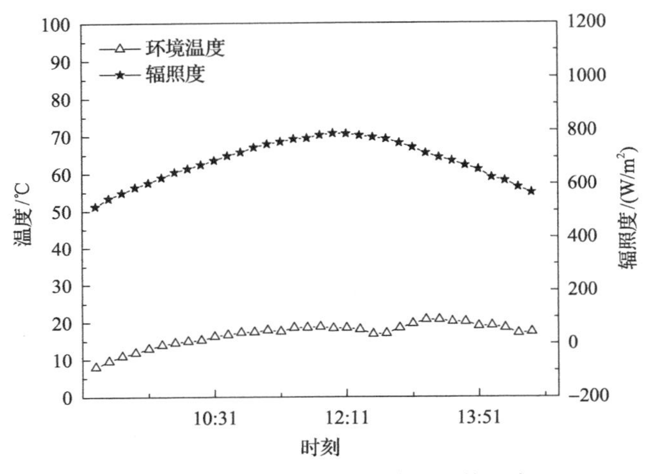

图 6-13 测试日太阳辐照度及环境温度

对测试日运行的三效竖管太阳能海水淡化装置的各效温度及总产水速率进行测量和计算，如图 6-14 所示。

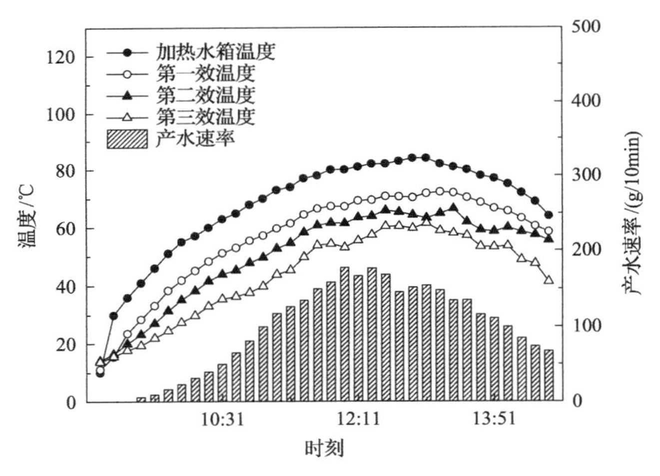

图 6-14 三效装置的产水速率及各测点温度的变化

从图中可以看到，三效竖管太阳能海水淡化装置产水速率的变化与太阳辐照度的变化一致，均呈先增加后减小的趋势，装置内第一效、第二效、第三效的蒸发温度在装置启动时基本相同，随着装置运行，三个温度之间的差值逐渐增大，呈现梯度变化的趋势，在产水速率达到最大值时，三者差值也达到了最大，随着太阳辐照度的减小，装置的产水速率随之减小，各效之间的温差也逐渐减小。在正午时分，太阳辐照度值为 789W/m^2，环境温度为 20.7℃，装置最高运行温度为 84℃，此时的最大产水速率为 1.06kg/h，测试期间共生成淡水 3.7kg，性能系数为 1.34。

在保证三效竖管太阳能海水淡化装置进水流量、平板太阳能集热器安装倾角等与晴天测试条件一致的前提下，测试多云天的太阳辐照度、环境温度、环境风速等对装置产水性能和热性能的影响。测试日气象条件如图 6-15 所示，三效装置的产水速率、各测点温度随时间的变化曲线如图 6-16 所示。

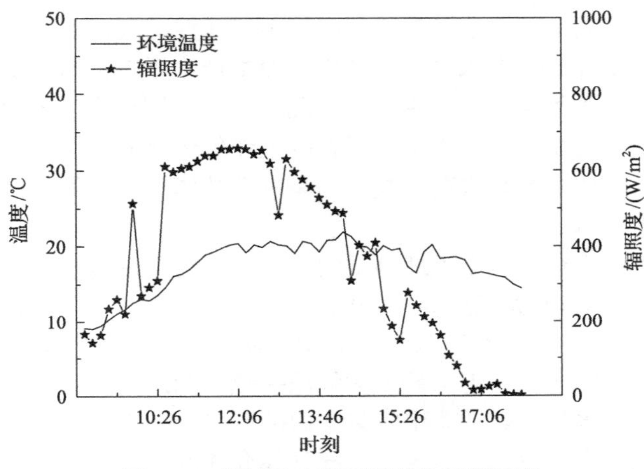

图 6-15　测试日太阳辐照度及环境温度

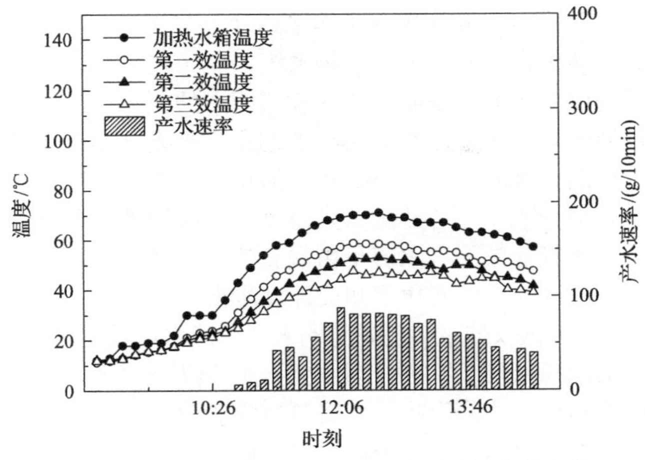

图 6-16　三效装置的产水速率及各测点温度的变化

从图中可以看出，与晴天相比，多云天太阳辐照度值的波动大且整体小于晴天辐照度值，与此对应，三效竖管太阳能海水淡化装置的产水速率明显小于晴天运行时的产水速率，受加热水箱内水体温升慢的影响，在上午 10:50 左右第二效、第三效的蒸发温度和第三效的冷凝温度才开始出现差值，到 12:05 左右，加热水箱的温度达到了最高值 71℃，此时太阳辐照度值为 658W/m^2，环境温度为 21℃，装置的最大产水速率为 0.62kg/h，测试期间共生成淡水 1.6kg。

6.3 填充气体对多效竖管太阳能海水淡化装置产水速率的影响

改变多效竖管太阳能海水淡化装置内气水二元混合气体中的气体介质种类，会对环形封闭蒸发冷凝腔内水蒸气的产生和冷凝产生影响，这主要由水蒸气在不同气体介质中的扩散和浮升不同所致[10]。测试中，分别选用二氧化碳、氦气、氮气、氧气和氩气作为装置内与水蒸气混合的工作气体介质。为了简化理论计算和分析，系统内的气体介质与水蒸气被认为是一个整体，同时假设各种气体介质和水蒸气均为理想气体。

对不同气体介质热质传递机理测试的地点位于内蒙古自治区呼和浩特市，海拔高度为 1081km，当地大气压为 88kPa。测试装置如图 6-2 所示，结构参数及仪器见表 6-2。实验中，分别在三效竖管太阳能海水淡化装置内填充不同的气体介质，并保持系统内的运行压力与环境大气压一致。利用真空泵抽出淡化装置各效蒸发冷凝腔、浓盐水收集罐和淡水收集罐内的空气，充入测试用气体介质，该过程需要重复 6 次以上，以保证装置内填充气体介质的纯度和均匀度。将三效竖管海水淡化装置中的空气介质依次更换为二氧化碳、氦气、氮气、氧气和氩气，蒸发面与冷凝面间距保持为 3cm，进料水体采用地下水代替海水，带温控的电加热器代替顺向聚焦同向传光聚光太阳能集热系统。

装置运行过程中的压力由安装于淡水收集罐上的压力计给出，运行过程中装置压力的维持可通过安装于浓盐水收集罐上的压力平衡球实现。装置各效沿竖直方向安装 3 个热电偶，间距为 450mm，用于测试蒸发面和冷凝面在不同竖直位置的温度变化，取其平均值作为各效的蒸发温度和冷凝温度，所测量的数值由多路温度巡检仪记录。装置各效的进水流量由涡轮流量计测量，系统的总淡水产量由淡水储水罐外侧液位计的水位变化值间接计算所得。

测试前，对所用测试仪器及传感器进行校核。淡水产量每隔 20min 测量一次，各测点温度每隔 1min 测量记录一次。测试不同加热温度条件下，填充不同气体介质对装置产水性能和热性能的影响，并将测试实验值与理论计算值进行对比，同时分析造成二者偏差的原因，每一个运行温度稳定运行 1h 后开始数据测量。

对所选用的填充气体介质，利用前述公式(5-27)计算不同气体在三效竖管太阳能海水淡化装置内的对流传质扩散系数如表 6-8 所示。

从表中可以看出，水蒸气在不同介质气体中的对流传质扩散系数随加热温度的升高而增大。其中，水蒸气在氦气中的对流传质扩散系数最大，其他从大到小依次是氧气、氮气、空气、氩气和二氧化碳。从公式(5-36)可知，装置的淡水产量与气水二元混合气体的对流传质扩散系数成正比，表明在环形封闭小空间内填充不同的气体介质可以改善海水液膜的蒸发，继而影响气水二元混合气体的凝结过程。从应用角度考虑，优化装置内的填充气体来提高产水速率比优化装置结构更有意义。

表 6-8　不同气体介质在不同加热温度下的对流传质扩散系数

温度/℃	空气	氦气	氧气	氮气	二氧化碳	氩气
50	290.38	962.54	300.17	295.04	238.62	289.55
60	306.29	1018.44	315.81	310.38	251.32	305.09
70	321.80	1072.37	333.01	327.34	264.76	321.58
80	340.52	1121.74	352.12	345.25	279.57	340.29

为了研究在三效竖管海水淡化装置中填充不同的气体介质对产水性能的影响，实验测试在室内进行，测试温度分别选择 50℃、55℃、60℃、65℃、70℃、75℃和 80℃，将加热水箱的温度近似为系统的运行温度。填充 6 种气体介质的淡化装置的产水速率随加热温度的变化如图 6-17 所示。

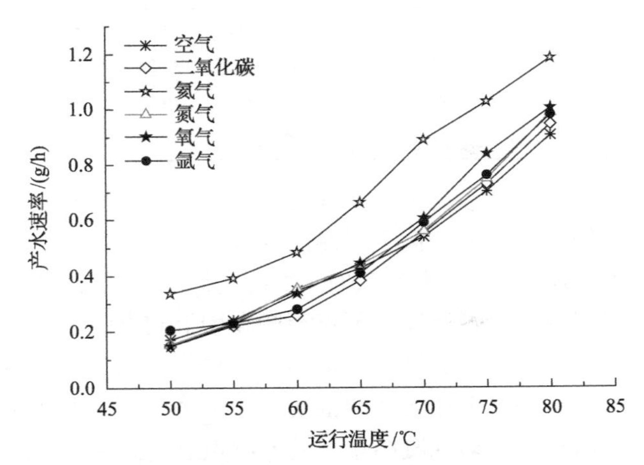

图 6-17　填充不同气体介质的三效淡化装置产水速率的变化

从图中可以看出，对于分别填充 6 种不同气体的三效竖管海水淡化装置，其总产水速率随着加热温度的升高而增加，且当加热温度低于 60℃时，装置产水速率的增加率不大，当加热温度处于 65～80℃时，装置的产水速率随温升而快速增加。其中，当装置中填充的气体介质为氦气时，装置的产水速率最大，当加热温度为 80℃可以达到 1.19kg/h，比填充气体介质分别为氧气、氮气、氩气、二氧化碳和空气的产水速率增加了 18.13%、20.28%、20.89%、25.24%和 30.76%。结果表明，在多效竖管太阳能海水淡化装置内填充氦气以替代空气可以提高装置的产水速率。在淡化装置中填充氦气，当加热温度为 80℃时的产水速率是加热温度为 50℃时的 3.53 倍，当加热温度为 50℃时，装置的产水速率是气体介质为空气时产水速率的 1.96 倍，比加热温度为 80℃时产水速率的增加倍数要小。这说明在高温运行时，在装置内填充氦气对于提高淡水产量更为有效。

根据前述对环形封闭小空间内气水二元混合气体传热与传质过程的分析可知，在填充不同气体介质的情况下，装置的淡水生成速率受有效蒸发面面积、气水二元混合气体传质系数和蒸发面与冷凝面水蒸气密度差的影响。对于多效竖管海水淡化装置而言，可以通过测量降膜沿竖直方向的温度差及冷凝套筒沿竖直方向的温度差间接得到装置有效蒸发面积和有效冷凝面积是否与实际蒸发面积和冷凝面积相等。测试中，可以对填充不同气体介质装置内气水二元混合气体沿竖直方向的冷凝温度分布进行测量，进而对图 6-17 中的测试结果加以解释。在额定加热温度条件下，第三效冷凝套筒上下测点的温度变化如表 6-9 所示。

表 6-9　不同气体介质条件下冷凝套筒上下测点的温度值　　（单位：℃）

运行温度	空气		二氧化碳		氦气		氮气		氧气		氩气	
	上	下	上	下	上	下	上	下	上	下	上	下
50	36.70	31.77	33.05	27.61	32.07	33.37	33.79	28.31	34.35	28.43	33.04	26.85
60	44.82	36.84	41.47	32.56	40.46	44.05	42.37	33.24	41.56	33.63	42.00	32.93
70	52.46	43.35	51.61	39.81	48.01	53.91	53.01	40.72	52.52	41.31	53.24	40.31
80	65.05	54.84	63.69	50.97	56.77	63.70	64.54	52.35	64.75	53.00	65.68	53.13

从表 6-9 可以看出，在填充不同气体介质的三效竖管海水淡化装置内，当加热温度相同时，其第三效冷凝套筒上下测点的温度是有差值的。当填充气体介质为空气、二氧化碳、氧气、氮气和氩气时，冷凝套筒上测点温度高于下测点温度，而当填充气体为氦气时，冷凝套筒下测点温度高于上测点温度。其原因是空气、二氧化碳、氧气、氮气和氩气的摩尔质量均大于水蒸气的摩尔质量，当海水液膜受热蒸发生成水蒸气时，在上述气体的推动下，水蒸气斜向上在对应的冷凝面凝结，同时释放凝结潜热，水蒸气凝结量大的上测点温度高于下测点温度。而氦气的摩尔质量小于水蒸气的摩尔质量，这时水蒸气就会被氦气挤压沿斜向下的方向在冷凝面凝结，所以下测点温度高于上测点温度。对于三效竖管海水淡化装置，水蒸气斜向下在冷凝套筒凝结可增大装置的有效冷凝面积，提高装置内的蒸发冷凝驱动力，使装置产水速率增加，而其他填充气体如二氧化碳等使装置的有效冷凝面积小于装置套筒面积，故降低了装置对腔内水蒸气的凝结能力。

利用前述对环形封闭小空间内水蒸气凝结量即装置产水速率的理论预测计算方法对上述 6 种填充气体的理论淡水产量进行计算，并与对应的实验测试值进行对比。鉴于对环形封闭小空间内填充不同气体对气水二元混合气体传热和传质进行研究的文献较少，也难以得到除空气外其他填充气体的传质系数，因此本章只是对比研究填充不同气体介质对多效竖管海水淡化装置产水性能的提升，所以对其他 5 种填充气体均采用空气为介质时的传质系数进行理论对比计算。当填充不同的气体介质时，淡化装置淡水产量的理论计算值与实验测量值对比如图 6-18 所示。

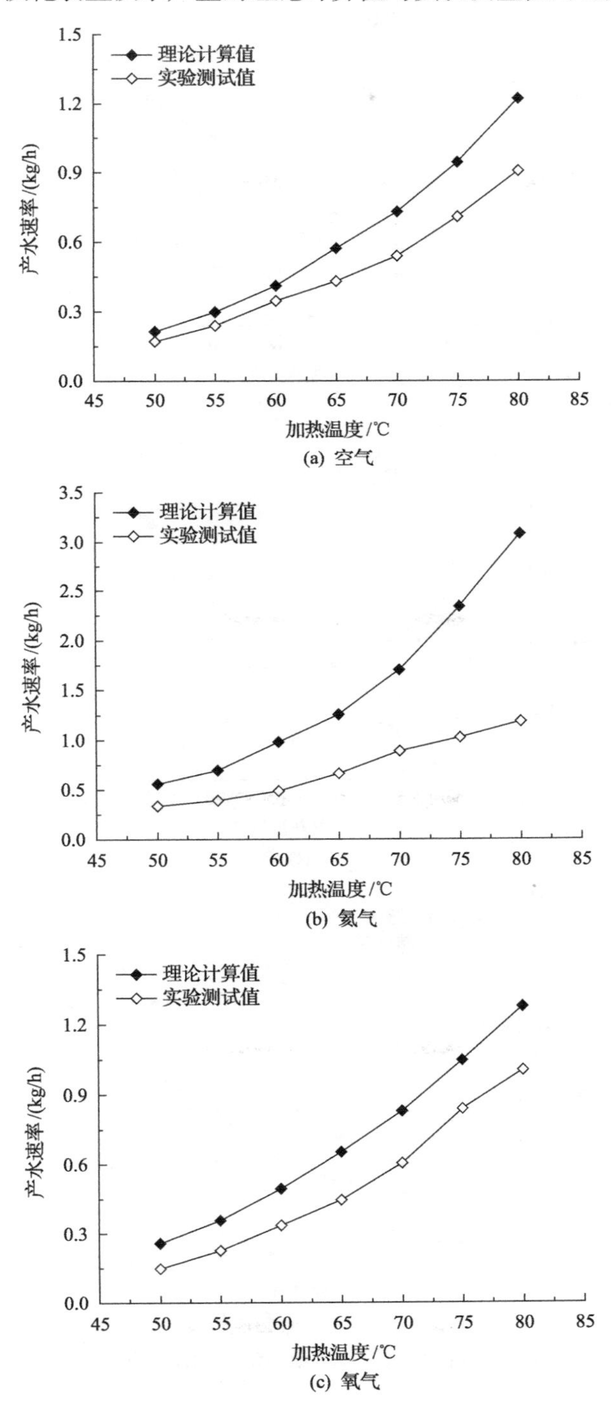

(a) 空气

(b) 氦气

(c) 氧气

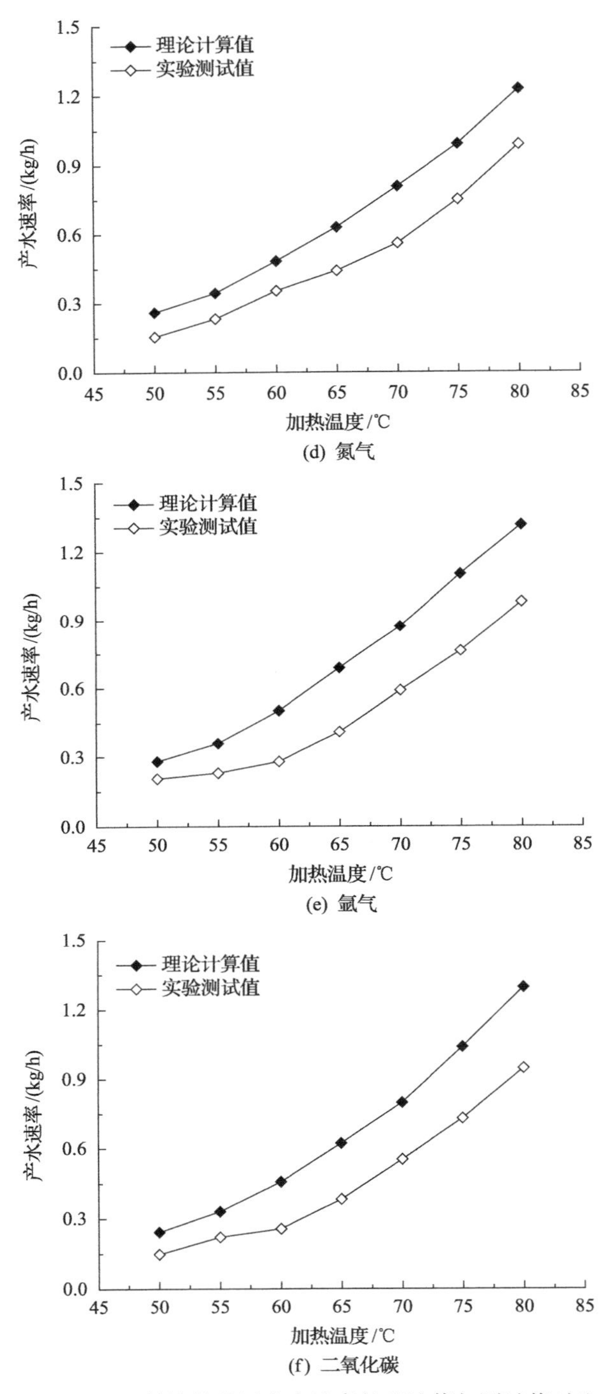

(d) 氮气

(e) 氩气

(f) 二氧化碳

图 6-18　三效淡化装置产水速率的理论值与测试值对比

从图6-18可以看出，对于填充不同气体介质的三效竖管海水淡化装置的理论淡水产量与实验测试淡水产量均随加热温度的升高而增大，但二者存在偏差。当气体介质为空气时，装置产水速率的理论计算值与实验测试值之间的偏差最小，约为19.34%。当气体介质为氦气时，理论淡水产量与实验测试值之间的偏差最大，平均偏差为46.97%，最大偏差为59.17%。分析其原因，一方面是因为在理论计算中进行了多项假设，如假设气水二元混合气体中的各组分为理想气体、竖管外壁面面积为蒸发面积或冷凝面积及装置内填充气体为均匀分布等，这些假设使理论计算值与实验测试值之间产生了偏差。另一方面，理论计算过程中所需各种气体的传质系数均按照空气传质系数计算，这也使除空气外其他气体的理论计算值与实验测试值之间的偏差增大。

6.4　环形封闭小空间内填充氦气热质的传递机理

基于前述研究结果，在三效竖管太阳能海水淡化装置内填充氦气可以强化腔内气水二元混合气体的传热传质过程，但是在计算水蒸气的理论凝结量时，由于没有相关文献对环形封闭小空间内填充氦气传热系数计算的报道，因此为了定量研究实验测试值与理论计算值之间的关系，采用填充气体为空气的经验关联式，而这使理论分析数据时的误差较大，前述图6-18中二者的平均误差达到了46.97%。由此可见，通过研究给出填充氦气的环形封闭小空间自然对流的传热系数对于扩展小空间传热传质机理研究的意义不言而喻[11]。

氦气的化学性质稳定，无色无味，属于不可燃气体，摩尔质量为4.003g/mol，密度小于干空气和水蒸气。利用实验装置准确测知环形封闭小空间填充氦气条件下混合气体自然对流的传热系数需要解决如下三个关键难点：①对于装置，利用管路将盐水分离单元、浓海水收集罐和淡水收集罐连接形成封闭系统，为了防止氦气受热体积膨胀而泄漏，需要装置密封且有压力平衡器，以保证与环境大气压一致；②为了保证环形封闭小空间内氦气的纯度和均匀度达到测试要求，所以需要装置具备保证浓海水和淡水流动畅通且气水二元混合气体封闭在蒸发冷凝腔内的功能，以防止氦气受热从蒸发冷凝腔逸出到容积相对较大的浓盐水收集罐中，从而影响测试精度；③考虑到氦气的密度小于水蒸气的密度，所以蒸发冷凝腔的水平位置要高于浓海水收集罐和淡水收集罐，且蒸发面吸水材料应尽可能避免出现干区。

采用理论推导和实验测试相结合的方法对环形封闭小空间填充氦气的传热系数进行测试计算，理论推导结合前述相关部分加以开展，实验测试需要克服上述问题设计实验测试台架，以保证测试精度。

测试在实验室内进行，搭建环形封闭小空间填充氦气产水性能测试实验台，蒸发冷凝腔位于浓海水收集罐和淡水收集罐的正上方，利用透明塑料管分别连接海水淡化装置的蒸发冷凝腔与浓海水收集罐和淡水收集罐，并保证塑料管路中有水封，这样既可以让所产淡水和浓海水分别进入淡水收集罐和浓海水收集罐，又可以将氦气封闭在蒸发冷凝腔内参与传热传质，且水封与压力平衡球的共同作用可使蒸发冷凝腔中的氦气受热膨胀但无法逸出，测试系统整体打压保证密封性符合测试精度要求。测试系统塑料管路中的水封如图 6-19 所示，实验测试系统实物如图 6-20 所示。

图 6-19　三效淡化装置塑料管内水封

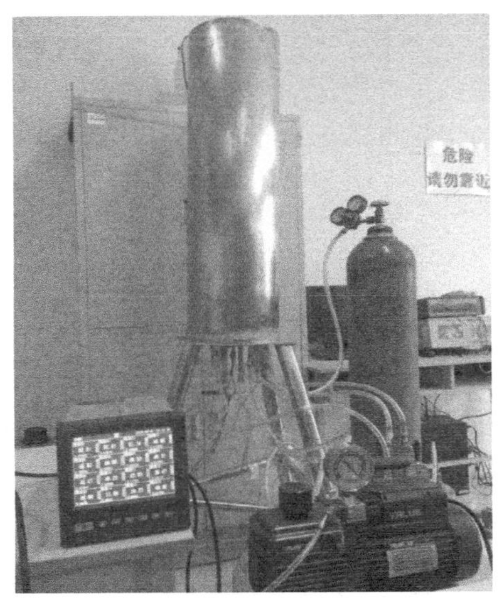

图 6-20　三效淡化装置填充氦气性能测试实验系统

测试中，所使用的仪器设备及参数精度与前述实验相同，利用真空泵对装置进行抽吸使测试系统内形成负压，连接氦气储气罐并将氦气抽吸到密封系统中，为了提高系统中氦气的纯度，上述过程重复 15～20 次。为了避免海水液膜中的吸水材料出现干区，所以事先对恒定加热温度条件下淡化装置的进水流量进行多次测试，得到最佳进水流量值，从而保证在测试范围内吸水材料始终保持含湿状态。在测试系统的运行过程中，塑料管路内部始终存在水封。

测试中，采集的数据包括三效竖管海水淡化装置内各效的蒸发温度、冷凝温度、环境温度、排浓海水温度、产水速率、装置内蒸气压、氦气百分度等参数。在装置内的蒸发面和冷凝面沿竖直方向等距对应位置安装 3 个 K 型热电偶，将其平均值作为计算用的蒸发温度和冷凝温度，测试时间间隔设定为 1min，装置运行温度范围为 53～82℃，变化间隔为 2℃，稳态条件下测试重复次数为 3 次。淡水产量由淡水收集罐上液位计变化间接计算获得，测试时间间隔为 20min，同一淡水产量测试重复次数为 3 次，取平均值为该运行工况下的产水速率。实验中，对环境温度和排浓海水温度进行实时监测，监测时间间隔为 1min。

对于竖管海水淡化装置，在计算蒸发冷凝腔内气水二元混合气体的传热系数时，有效蒸发面积、有效冷凝面积与实际蒸发面积、冷凝面积之差会影响计算结果的精度，二者之差的大小可以通过竖直冷凝壁面上下测点的温度差间接体现。假设装置内蒸发面温度与加热水箱温度相近，在本书中不做进一步验证研究。在测温范围内，竖管海水淡化装置冷凝面上下测点的温度如表 6-10 所示。

表 6-10　定温运行条件下装置冷凝面上下测点温度值　（单位：℃）

加热温度	55		60		65		70		75		80	
	上	下	上	下	上	下	上	下	上	下	上	下
冷凝温度	49.4	49.3	54.0	53.7	58.9	58.6	63.8	63.9	68.5	68.6	73.7	73.8

从表中可以看出，对于填充氦气的竖管海水淡化装置而言，当加热温度恒定且运行稳定时，冷凝面上下最大温差为 0.3℃，最小温差为 0.1℃。结果表明，对于所测试的填充有氦气的竖管海水淡化装置，有效冷凝面积与实际冷凝面积相差得很小，满足测试环形封闭小空间内气水二元混合气体传热系数的测试条件。

竖管海水淡化装置内部加热水箱外壁面的海水液膜受热自然对流的热质传递过程包括由蒸发冷凝温差引起的传热过程和由气水二元混合气体密度差引起的传质过程。假设装置内的水蒸气与氦气混合均匀且气水界面处的水蒸气处于饱和状态，则对于密闭空腔内自然对流的传热系数可以由下式表示：

$$Nu = C' \times (Gr \times Pr)^m \tag{6-1}$$

式中，Nu 为努塞特数；Gr 为格拉晓夫数；Pr 为普朗特数；C' 、m 均为常数。

圆柱形封闭小空间内海水液膜受热蒸发的自然对流传热过程可用下式描述：

$$Sh = C \times (Gr \times Sc)^n \tag{6-2}$$

式中，Sh 为舍伍德数；C 和 n 为经验常数，也是本节需要计算确定的数值；Sc 为施密特数。由于装置内与水蒸气混合的是氦气，所以液膜受热蒸发水蒸气在氦气中混合传质与水蒸气在空气中混合传质对传热的促进作用不相同，故在计算式(6-1)和式(6-2)中使用格拉晓夫数，不需要进行修正。

公式(6-1)还可以表示为

$$Nu = C' \times Ra^m \tag{6-3}$$

式中，Ra 为瑞利数。

对于 $Ra < 10^9$ 的努塞特数可以由 Churchill 推导出的公式加以计算：

$$Nu = 0.68 + \frac{0.67Ra^{0.25}}{\left[1+\left(\frac{0.492}{Pr}\right)^{\frac{9}{16}}\right]^{\frac{4}{9}}} \tag{6-4}$$

普朗特数可以通过下式加以计算：

$$Pr = \frac{c_p \mu}{k} \tag{6-5}$$

式中，c_p 为装置内水蒸气的比定压热容，J/(kg·K)；k 为工作介质的热导率，W/(m·K)。

在恒定稳态加热运行时，将装置的蒸发温度、冷凝温度、特征尺寸、蒸发面积等参数代入上述公式中，计算得到填充氦气时环形封闭小空间内的格拉晓夫数、努塞尔特数及普朗特数，进而可以通过实验数值求得 *Nu* 与 *Ra* 之间的函数关系。由上述研究可以得知，不凝气体为氦气时的装置性能优于不凝气体为空气时装置的产水性能，则当竖管淡化装置内填充气体为氦气时，装置内的 *Nu* 随 *Ra* 数值变化的拟合函数如图 6-21 所示。

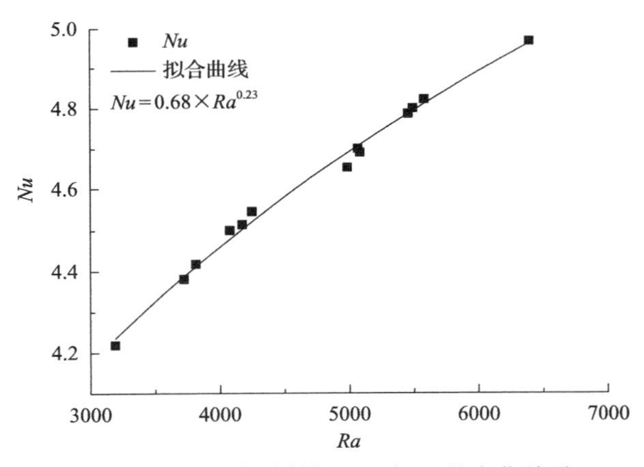

图 6-21　基于实验数据 *Nu* 随 *Ra* 的变化关系

从图中可以看出，随着竖管海水淡化装置运行温度的升高，*Nu* 随 *Ra* 的增加而增大，*Ra* 的变化范围为 3000～6200。对于公式(6-2)，在计算填充气体介质的圆柱封闭小空间的对流传热过程时，文献[12]已经给出 n=0.29，需要通过实验数据计算 C 值，考虑到竖管海水淡化装置运行的温度范围，测试中对运行温度为 53～82℃适用的数据进行监测，并利用前述公式(5-4)、式(5-34)和式(5-35)进行计算，C 值的计算结果如表 6-11 所示。

表 6-11　由实验数据计算经验常数 C 值

T_e/℃	T_c/℃	m/(g/h)	Sh	Gr	Sc	C	$\sum C/n$
53.23	47.04	0.074	0.8968225	16003.999	0.1844443	0.0883851	
55.22	49.62	0.088	1.0661982	14014.212	0.1844367	0.1092037	
57.27	52.82	0.092	1.2526922	10721.014	0.1844393	0.1386687	
60.49	54.52	0.13	1.1876837	13938.207	0.1844461	0.1218368	
62.26	57.64	0.14	1.4935183	10412.247	0.1844491	0.1667318	
65.39	58.99	0.15	1.053009	14033.532	0.1844402	0.1078091	
67.54	62.4	0.17	1.3295738	10843.079	0.1844	0.1467059	0.12
70.43	63.96	0.18	1.0237827	13287.115	0.1843316	0.1065097	
72.34	67.23	0.19	1.2382505	10136.26	0.1841941	0.1393715	
75.33	68.38	0.22	0.9578045	13665.738	0.1840202	0.0988854	
77.27	71.84	0.23	1.1780674	10179.797	0.1837018	0.1325357	
80.59	73.03	0.24	0.8119661	13865.867	0.1833198	0.0835685	
82.40	77.26	0.25	1.1166198	9108.4856	0.1826046	0.1299653	

通过上述实验测试数据及理论推导计算，对于填充氦气环形封闭小空间对流传热系数的计算式(6-2)，经验常数 n 取 0.29，C 取 0.12。为了验证所计算的填充氦气环形封闭小空间对流传热系数计算的准确度，对文献[10]中提到的测试参数进行三效竖管海水淡化装置理论淡水产量的计算，并与实验测试值进行对比分析，如图 6-22 所示。

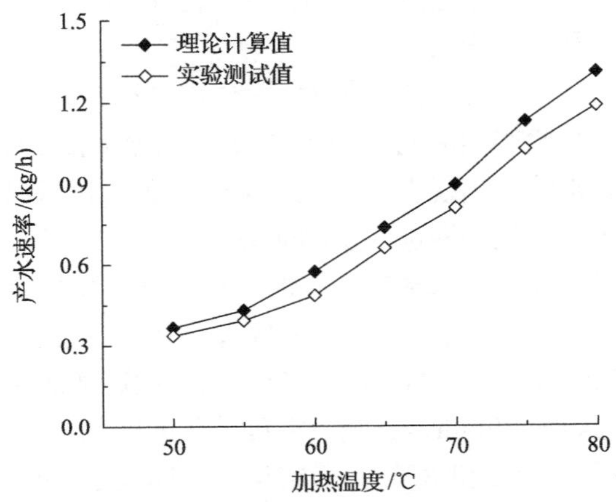

图 6-22　三效装置产水速率的理论计算值与实验测试值的对比

从图中可以看出，利用本书推导的填充氦气环形封闭小空间对流传热系数所计算的三效竖管海水淡化装置的理论淡水产量值随运行温度升高的变化趋势与实验测试值的变化趋势一致，且实验测试值小于理论计算值。其原因是在理论淡水产量的计算推导过程中进行了理想化假设，如蒸发冷凝腔内的气体为理想气体、冷凝面附近的水蒸气为饱和状态等，加之在实际测试过程中存在测试误差。理论淡水产量的计算值与实验测试值之间的最小偏差为 5.93%，最大偏差为 15.5%，平均偏差为 9.63%。

6.5　负压运行对多效竖管太阳能海水淡化装置产水速率的影响

与传统太阳能海水蒸馏器相比，本书所设计的多效竖管太阳能海水淡化装置具有良好的承压能力，而且同心嵌套的设计使装置结构更为紧凑，易于实现小空间海水液膜蒸发和水蒸气凝结，所以完全可以通过装置内的负压运行提高多效竖管海水淡化装置的产水速率。如果在常压条件下运行，随着海水液膜蒸发温度的升高，蒸发冷凝腔内的蒸气压会随之增大，这对于水蒸气的冷凝是不利的，所以淡化装置的产水速率下降。基于环形封闭小空间气水二元混合气体的传热传质机理，采用负压运行可以提高装置的热能利用效率和产水速率，究其原因：①负压运行需要对装置内的气体进行多次抽吸，这将使蒸发面和冷凝面附近的不凝气体较常压运行时减少，则水蒸气的蒸发和冷凝过程中的传热热阻减小，装置的淡水生成速率提高；②减少海水液膜的工作压力可以降低海水液膜的饱和温度，运行压力越接近海水液膜蒸发温度对应的饱和压力，液膜蒸发面附近水蒸气分压的比值越高，蒸发冷凝腔内水蒸气的含量增加，加之装置内冷凝面积总大于蒸发面积，所以装置内的蒸发冷凝速率增大。

在多效竖管海水淡化装置负压运行的过程中，当水箱加热温度接近海水液膜沸腾温度时，会出现液膜表面液滴飞溅的现象，所以海水会对生成的淡水造成一定污染。为了避免海水液膜出现上述现象，需要对负压运行时装置内的传热传质强化和小空间蒸发冷凝强化开展进一步的研究。

测试中，三效竖管降膜海水蒸馏装置的运行温度保持恒定，利用真空泵对系统内的运行压力进行调节，控制进水流量恒定，用地下水代替海水，用电加热装置代替顺向聚焦同向传光聚光水体加热系统。测试额定加热温度下负压运行状态时的淡水产量时间间隔为 20min，各测点温度采集时间间隔为 1min，稳定运行温度分别为 50℃、60℃、70℃和 80℃，稳定运行时间超过 2h，三效竖管降膜海水蒸馏装置的平均淡水总产量随运行温度和负压运行的变化曲线如图 6-23 所示。

从图中可以看出，三效竖管海水淡化装置的产水速率随运行压力的降低而增大，随运行温度的升高而增大，且当装置运行温度保持不变，运行压力与大气压相差不大时，负压运行对装置产水速率提升的影响不大，但随着运行压力的进一步减小，负压运行对装置产水速率提升的作用逐渐明显。同时，装置运行温度为

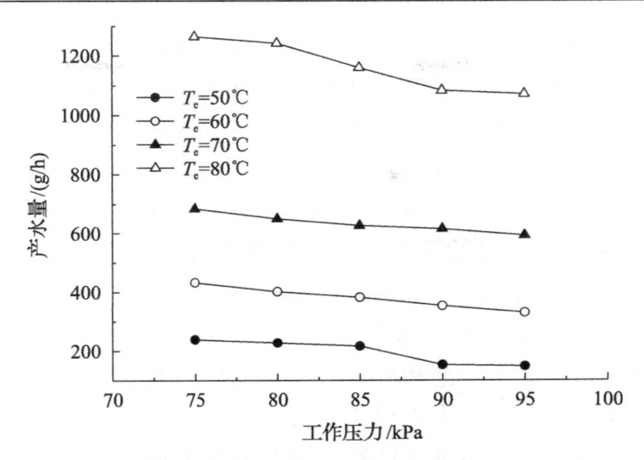

图 6-23　负压运行条件下三效淡化装置产水速率的变化

80℃时淡化装置的产水速率是所测试运行温度中最多且增幅最大的。当装置运行温度为 80℃，运行压力为 75kPa 时，淡化装置的产水速率为 1265.2g/h，比运行压力为 95kPa 时增加了 18.09%，是运行温度为 50℃时装置产水速率的 5.29 倍。在相同运行温度条件下，通过降低装置的运行压力可以有效提高装置的淡水产量，同时也使装置的热能利用效率得到提升。

为了验证三效竖管海水淡化装置内的负压对不凝气体减少的促进作用，验证负压运行对三效竖管海水淡化装置内小空间蒸发冷凝过程热阻减小的影响，本节通过实验测试了在额定运行温度下，最外层冷凝套筒凝结温度的变化，如图 6-24 所示。

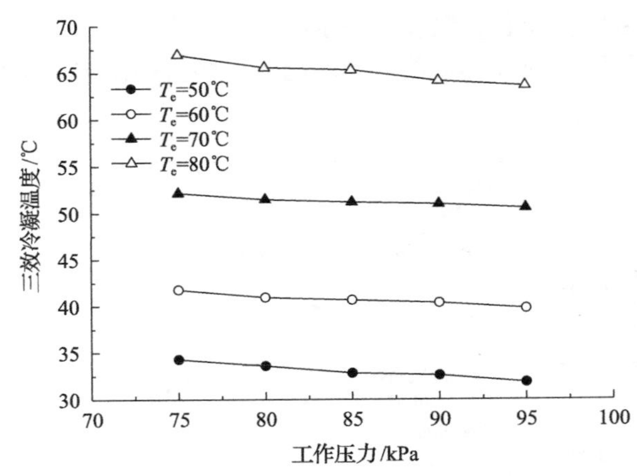

图 6-24　负压运行条件下三效淡化装置的套筒温度

图 6-24 为三效竖管太阳能海水淡化装置在不同运行温度和负压条件下第三效(最外层套筒)冷凝温度的变化。从图中可以看出，装置第三效的冷凝温度随着运

行压力的减小而增加。将加热温度与第三效冷凝温度之差定义为淡化装置总的蒸发冷凝温差，则装置运行压力的减小使装置总的蒸发冷凝温差减小，这意味着装置在蒸发冷凝过程中的总传热传质阻力减小了。当装置运行温度为 80℃时，运行压力为 75kPa 时的第三效冷凝温度为 66.94℃，比运行压力为 95kPa 时的第三效冷凝温度升高 3.31℃，即装置总的蒸发冷凝温差降低了 3.31℃。当装置运行温度为 50℃，运行压力为 75kPa 时的第三效冷凝温度为 34.29℃，比运行压力为 95kPa 时的第三效冷凝温度升高 2.47℃，即装置总的蒸发冷凝温差降低了 2.47℃。这也解释了图 6-23 中三效淡化装置产水速率随运行温度和运行压力的变化趋势。

当水蒸气接触到温度低于饱和温度的装置内壁面时，水蒸气在壁面上冷凝生成淡水，不凝气体在淡水液膜附近聚集，形成不凝气体层。水蒸气所携带的热量要到达冷凝壁面则必须穿过不凝气体层，同时发生的壁面凝结也需以扩散形式穿过不凝气体层。由于不凝气体层的存在，冷凝壁面附近水蒸气冷凝传热的热阻增大，从而对冷凝相变传热产生抑制作用。利用真空泵对装置内的不凝气体进行抽吸以实现负压运行，这样有利于减小不凝气体层的厚度，减小装置的传热阻力，从而提高装置的产水速率。

装置内气水二元混合气体压力等于水蒸气压力和干空气压力之和，水蒸气压力可以由装置内蒸气分压的经验公式(5-9)求得，总压力可由装置压力计得到，装置内干空气压力可由上述两值之差求得。干空气压力的大小代表装置内干空气的体积分数大小，不凝气体越多，则干空气压力越大。因此，当运行温度分别为 50℃和 80℃时，对三效竖管海水淡化装置内的传质系数随干空气压力增加的变化规律展开研究，其变化趋势如图 6-25 所示。

从图中可以看出，随着三效竖管海水淡化装置内干空气气压的减小，不凝气体量随之减少，装置内的传质系数呈增加趋势，装置的淡水产量也随之增加。究

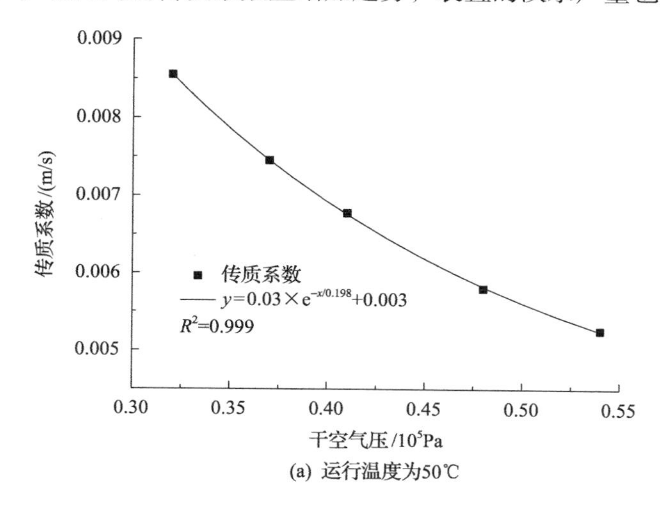

(a) 运行温度为50℃

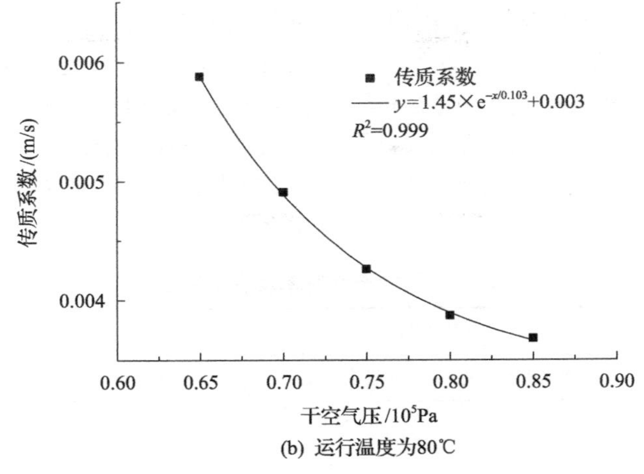

(b) 运行温度为80℃

图 6-25　装置内传质系数随运行压力的变化趋势

其原因，装置内干空气气压的减小意味着水蒸气气压的增大，进而提高了水蒸气与冷凝壁面附近的浓度差，增加了传质动力，使更多的水蒸气在冷凝管壁面附近发生凝结，释放出大量的凝结潜热，提高了对流传质系数。加之，随着水蒸气中不凝气体所占份额的减少，在冷凝套筒壁面附近形成的气体热阻减小，这也会增大装置内的对流传质系数，从而增大装置的淡水产量。

为了定量分析装置内干空气压力与传质系数之间的关系，对上图中的实验测试点进行函数拟合。结果表明，装置内的对流传质系数随干空气气压的增加呈指数函数变化，决定系数为 0.999。

6.6　回热对多效竖管太阳能海水淡化装置产水速率的影响

由前述研究发现，对于多效竖管太阳能海水淡化装置而言，虽然多次回收利用了水蒸气的凝结潜热，但仍然存在热损失。通过对装置的结构进行优化设计可以减小最外层冷凝套筒对环境的散热损失，其中包括利用回热技术提高多效海水淡化装置进料海水温度，缩短低温进料海水达到运行温度的降膜长度，增大吸水材料中达到运行温度的海水液膜面积，以保证蒸发冷凝腔内的水蒸气均为饱和态。为此，可以将进料海水管绕在多效竖管太阳能海水淡化装置的外层套筒表面，吸收外层套管释放的热量以达到对进料海水预热的目的，以此减少装置与环境之间的换热，提高装置对输入热能的利用效率。鉴于前述三效竖管海水淡化装置第三效冷凝温度与蒸发温度的差值较大，本节选用两效竖管海水淡化装置作为回热效果对比的测试装置。

在实验测试中，考虑到管路的结垢及散热损失，将带回热功能的两效竖管海水淡化装置的运行温度分别设定为 50℃、55℃、60℃、65℃、70℃、75℃、80℃。

测试中，保证每个运行温度之间的温升时间在 1.5h 以上，达到稳态运行温度时间在 2h 左右，装置的产水量测试时间间隔为 20min，在每个设定温度区间进行多次产水量的测量，取其平均值作为该运行温度下的产水速率，用地下水代替海水进行测试。对比分析在进水流量、运行温度保持一致的条件下，带回热功能的两效竖管海水淡化装置与普通两效竖管海水淡化装置的产水速率及进水温度见表 6-12。

表 6-12　装置的产水速率及进水温度对比

运行温度/℃	回热工况		非回热工况	
	产水速率/(g/h)	进水温度/℃	产水速率/(g/h)	进水温度/℃
50	158.78	35.86	147.11	19.81
55	216.22	36.74	198.69	19.82
60	280.49	37.13	258.62	19.8
65	368.39	40.51	324.61	19.78
70	466.86	44.23	408.93	19.76
75	569.05	49.73	507.83	19.89
80	707.06	55.52	623.94	20.02

从表中可以看出，随着运行温度的升高，回热和非回热工况下两效竖管海水淡化装置的产水速率均随之增大，装置在各稳态运行温度条件下，回热工况下装置的产水速率均大于非回热工况下装置的产水速率，且运行温度越高，两者的差距越大。当运行温度为 50℃时，回热工况下装置的产水速率为 158.78g/h，比非回热工况下装置的产水速率高 7.9%。当运行温度升高至 80℃时，回热工况下装置的产水速率为 707.06g/h，比非回热工况下装置的产水速率高出 13.3%。造成这种现象的原因可由表中进水温度随运行温度的变化趋势加以解释，回热工况下装置的进水温度随运行温度的升高而升高，当运行温度为 50℃时，回热工况下的进水温度可达到 35.86℃，比非回热工况下的进水温度高出 16.05℃。当运行温度为 80℃时，两者温差可达到 35.5℃。这主要因为在回热工况下，进水在进入装置内部前吸收了第二效套筒外壁面的热量而温升，同时降低了第二效外层套筒的温度，强化了蒸发冷凝腔内传热传质的驱动力，受热温升后的进水经吸水材料中液膜的二次温升，从分水器中流出时的温度与装置运行温度的差距缩小，达到运行温度的液膜面积大于非回热工况下装置内的液膜面积。由前述理论产水速率的预测计算方法，回热工况下装置的产水速率得到了提升，这也可以由第二效冷凝套筒温度变化曲线加以解释，如图 6-26 所示。

从图中可以看出，两效竖管海水淡化装置第二效冷凝温度也就是最外层套筒温度随加热温度的升高而升高，非回热运行工况下第二效冷凝温度比回热运行工况下的要高。当运行温度为 80℃时，二者相差 2℃左右。这说明回热管路中的水有效吸收了第二效中水蒸气释放的凝结潜热，同时也增大了装置内蒸发面与冷凝面之间的温差，强化了传热传质驱动力，进而提高了装置的淡水产量。

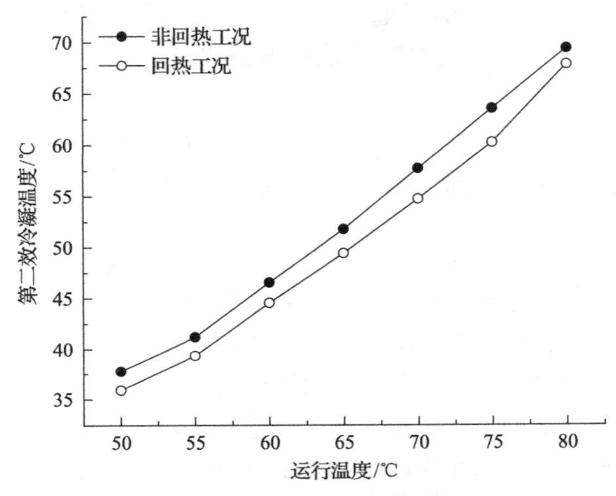

图 6-26　装置第二效冷凝温度随运行温度变化

基于环形封闭小空间内气水二元混合气体传热传质的特性，对两效竖管海水淡化装置的理论产水量与实验测试量进行对比分析，如表 6-13 所示。

表 6-13　两效装置理论产水速率与实验产水速率对比

运行温度/℃	第一效蒸发面积/m^2	第二效蒸发面积/m^2	空气密度/(kg/m^3)	理论产水速率/(g/h)	实验产水速率/(g/h)	偏差/%
50	0.305	0.493	1.0779	204.93	158.78	29.07
55	0.305	0.493	1.0615	277.12	216.22	28.17
60	0.305	0.493	1.0455	369.48	280.49	31.73
65	0.305	0.493	1.03	479.87	368.39	30.26
70	0.305	0.493	1.015	605.7	466.86	29.74
75	0.305	0.493	1.0004	732.06	569.05	28.65
80	0.305	0.493	0.9862	822.87	707.06	16.38

由表中数据可以看出，二效竖管海水淡化装置产水速率的实验测试值与理论预测值均随运行温度的升高而增大，二者的变化趋势一致，理论预测值大于实验测试值。当运行温度范围在 50～80℃时，装置的理论产水速率与实验产水速率的偏差在 16.38%～31.73%。在进行理论产水速率计算的过程中，将蒸发冷凝腔内部的气水二元混合气体视为理想气体。而实际运行过程中，随着运行温度的升高，蒸发冷凝腔内的蒸气压力逐渐增大，蒸发冷凝过程受到抑制，所以实际产水速率

低于理论产水速率。

由研究结果可得，通过采用回热的方法可以回收一部分竖管海水淡化装置外层套筒与环境之间损失的热量，进而增加了装置内有效蒸发面积和总的蒸发冷凝温差，有效提高了装置的产水速率。然而，后续还需要根据对运行效数的增加与回热技术的使用对装置产水性能提升效果进行评估，并权衡二者的使用场景。

6.7 填充氦气的多效竖管海水淡化装置性能分析

在多效竖管太阳能海水淡化装置内填充氦气可以强化气水二元混合气体的热质传递，由于氦气的摩尔质量小于水蒸气的摩尔质量，所以在传热传质过程中会阻碍气水二元混合气体的浮升运动，促使装置将冷凝面积总是大于蒸发面积的优势发挥出来。当多效竖管海水淡化装置内填充氦气时，蒸发冷凝腔内气水二元混合气体的对流传热、辐射换热、蒸发传质等过程对装置产水性能和热特性的影响机理非常值得分析研究，从而为环形封闭小空间内填充小分子量气体强化混合气体传热传质提供测试数据和运行参考。

考查太阳能海水淡化装置性能的指标主要包括性能系数和产水速率。通过对比研究定输入功率条件下装置的性能系数，可以得到多效竖管海水淡化装置对输入热能的利用效率，本节选用二效竖管海水淡化装置作为测试对象。当输入的电功率分别为 200W 和 335W 时，在达到稳态产水状态后断电，淡化装置的产水速率随加热时间的变化如图 6-27 所示。

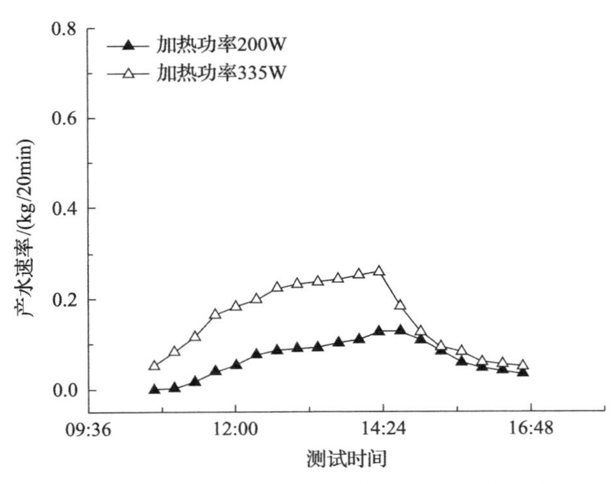

图 6-27　二效装置产水速率随加热时间的变化

从图中可以看出，在不同输入功率条件下，两台测试装置同时启动，随着运行时间的延长，产水速率均不断增加，在 14:25 左右达到了稳态产水状态，此时装置产水速率的变化波动很小。当断开输入电能后，装置无外界能源驱动，产水速率急剧降低，随着运行时间的推移，产水速率的减幅变缓。数据显示，当输入功率为 335W 时，两效淡化装置的稳态产水速率可达到 0.26kg/20min，比输入功率为 200W 时装置的稳态产水速率高出近 1 倍。产水速率的变化规律可以由装置内的蒸发温度、冷凝温度的变化加以解释，如图 6-28 所示。

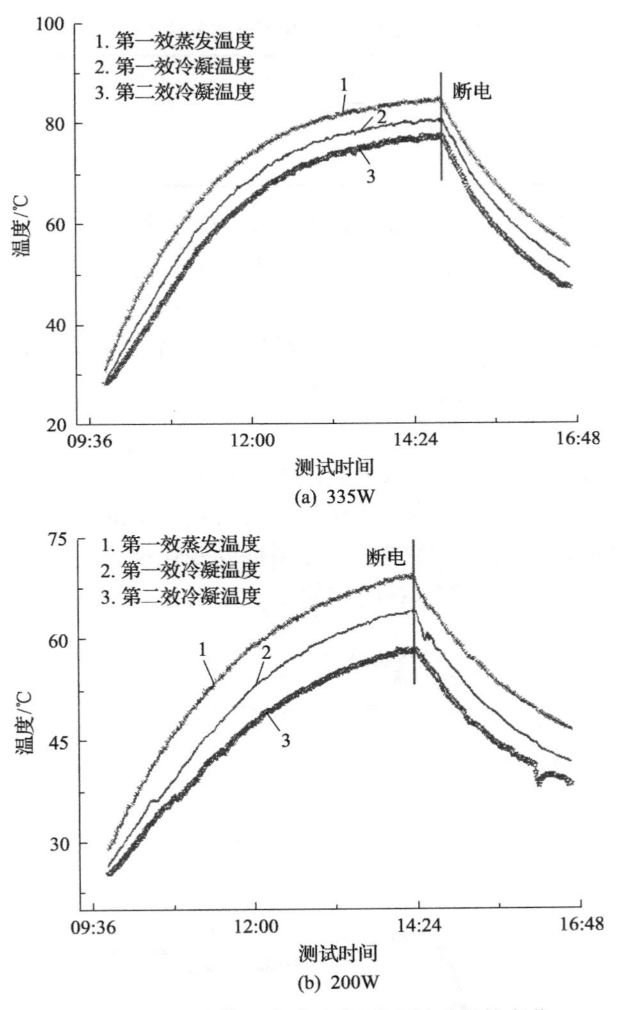

图 6-28　两效装置产水速率随运行时间的变化

从图中可以看出，两效竖管海水淡化装置中第一效蒸发温度、第一效冷凝温度(第二效蒸发温度)、第二效冷凝温度随运行时间的变化规律是一致的，温度随输入功率的增大而升高，均经历了急速升温、缓慢升温、稳态恒温、急速降温、缓慢降温的过程。由前述研究可知，装置的产水速率受蒸发冷凝腔内蒸发面与冷凝面水蒸气密度差的影响，腔内稳定运行时气水二元混合气体的温度越高，水蒸气的含湿量越大，凝结生成的淡水越多，同时在凝结时释放的潜热也越多，所以第二效液膜蒸发获得的能量也越多。将两种输入功率条件下，两效竖管海水淡化装置的产水速率、稳态运行温度、性能系数进行对比，如表 6-14 所示。

表 6-14　不同输入功率下两效装置的性能对比

输入功率/W	稳态运行温度/℃	汽化潜热/(kJ/kg)	产水速率/(kg/20min)	性能系数
200	69.36	2300	0.13	1.25
335	84.87	2300	0.26	1.48

由表中数据可以看出，填充氦气的两效竖管海水淡化装置的产水速率随着输入功率的增大而增大，这主要是由于装置在稳态时的运行温度升高。当输入功率为 335W 时，装置稳态运行温度为 84.87℃，比输入功率为 200W 时高 15.51℃。两台装置的性能系数均超过了 1，表明装置第一效水蒸气凝结时的潜热被第二效重复利用，在增大产水速率的同时提高了装置对输入能量的利用效率。与前述装置内气体介质为空气时相比，填充氦气的装置其性能系数更大。

在输入相同功率条件下，两效竖管海水淡化装置的热性能包括总的蒸发冷凝温差、竖直方向冷凝温度梯度等，明确装置运行过程中的热性能随运行时间的变化规律可以更好地解释其产水性能及性能系数的变化规律。在不同输入功率条件下，装置总的蒸发冷凝温差随运行时间的变化如图 6-29 所示。

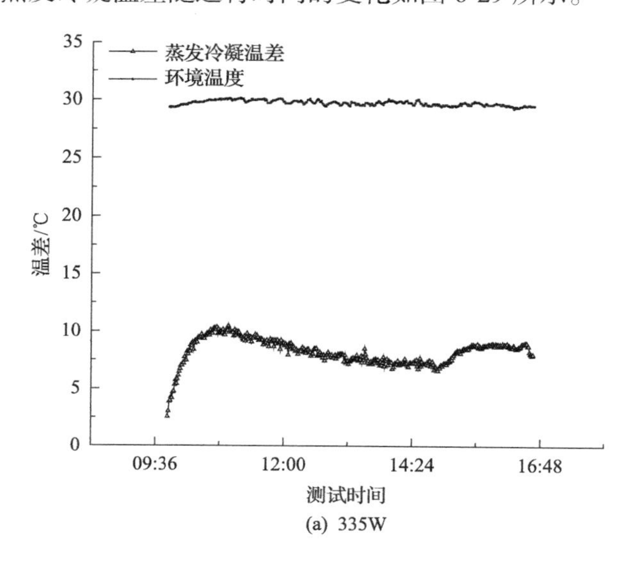

(a) 335W

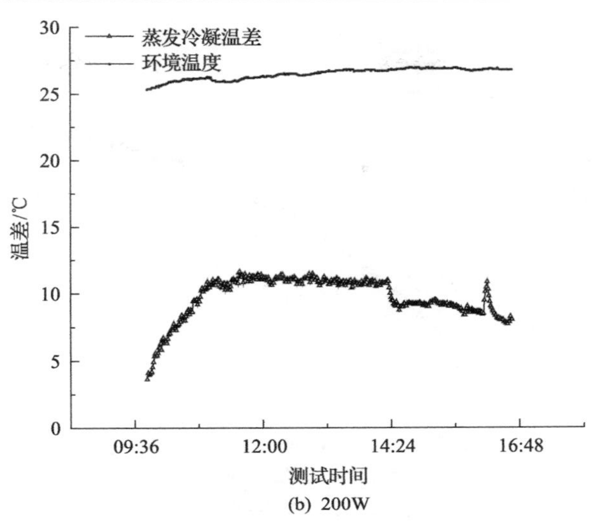

(b) 200W

图 6-29　两效装置蒸发冷凝温差随运行时间的变化

从图中可以看出，两效竖管海水淡化装置的蒸发冷凝温差在温升阶段呈增大的趋势，随着运行温度的升高，蒸发冷凝温差趋于稳定，变化幅度减小。当输入功率为 335W 时，装置的蒸发冷凝温差在启动 1h 后达到了最大值，为 10.11℃，然后温差略微下降并趋于稳定，当切断外界输入电能时，蒸发冷凝温差为 7.2℃。当输入功率为 200W 时，装置的蒸发冷凝温差在启动 80min 后达到了最大值，为 10.68℃，当切断外界输入电能时，蒸发冷凝温差为 9.71℃。分析其原因可知，当装置开始启动时，第一效海水液膜的受热温度升高，与第二效冷凝面的温差迅速增大，随着第一效吸水材料中的海水液膜受热蒸发产生水蒸气，水蒸气在装置蒸发面与冷凝面之间的密度差增大，所以蒸发冷凝腔内的传热传质增强，而传质的过程促进了热量的传输，使装置的热量传输逐渐趋于动态平衡。

两效竖管海水淡化装置内竖直蒸发的温度梯度表明吸水材料内液膜蒸发的均匀程度，也是装置内有效蒸发面积与实际蒸发面积之间差距的表示。当输入不同功率时，在两效装置内第一效蒸发壁面沿竖直方向等距布置的上、中、下三个热电偶所测温度随运行时间的变化如图 6-30 所示。

从图中可以看出，在填充氦气的两效竖管海水淡化装置的受热温升阶段，第一效冷凝面上、中、下测点温度的变化一致，温差较小，且均为中测点温度最高，上测点和下测点的温度几乎重合。当输入功率为 335W 时，淡化装置第一效冷凝温度达到最高时，中测点温度为 80.49℃，上下两个测点温度分别为 80.01℃和 79.69℃，二者温差为 0.32℃。当输入功率为 200W 时，淡化装置第一效冷凝温度达到最高时，中测点温度为 65.09℃，上下两个测点温度分别为 64.85℃和 63.89℃，二者温差为 0.96℃。

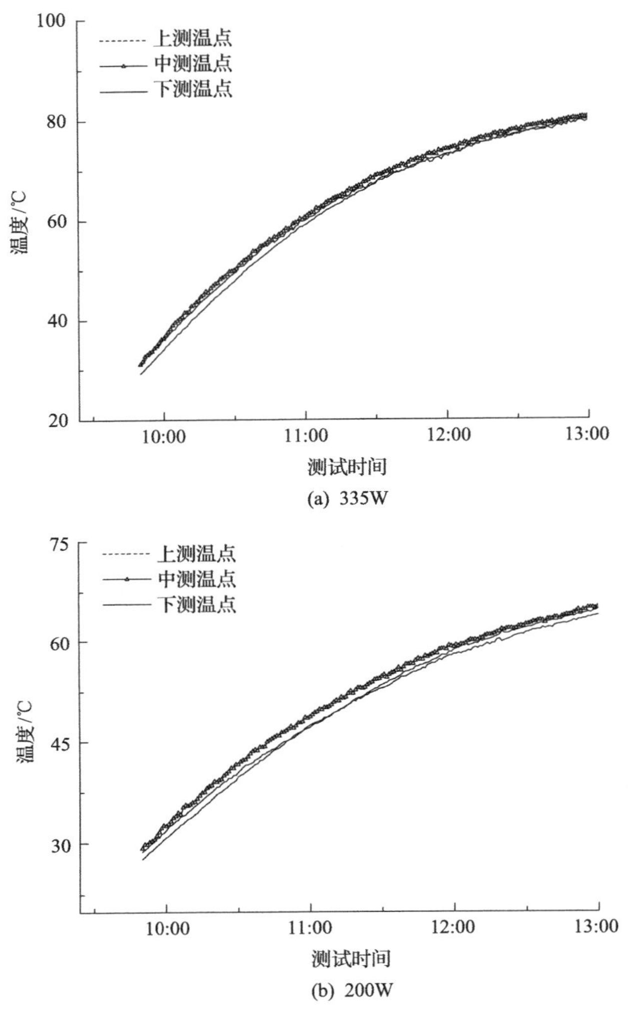

(a) 335W

(b) 200W

图 6-30　两效装置第一效冷凝温度梯度随运行时间的变化

对填充氦气的两效竖管海水淡化装置定温运行时的性能进行研究，并将实验测试值与理论预测值进行对比，如图 6-31 所示。

由图 6-31 可以看出，填充有氦气的两效竖管海水淡化装置的理论产水速率与实验产水速率随加热温度的变化趋势一致，理论产水速率整体大于实验产水速率。在运行温度为 50～80℃时，淡化装置理论产水速率与实验产水速率的偏差范围为 9.4%～25.1%。对装置运行过程中加热温度与蒸发冷凝腔内各测点温度进行关联分析，如图 6-32 所示。

由图 6-32 可以看出，随着运行温度的升高，装置内加热水箱上下测点温度、第一效冷凝壁面上下测点温度、第二效冷凝壁面上下测点温度均随之升高，且呈近似线性的关系。当运行温度为80℃时，第一效冷凝温度下测点比上测点高1.35℃，第二效冷凝温度下测点比上测点高3.67℃。分析原因可知，因为氦气的摩尔质量小于水蒸气的摩尔质量，所以蒸发冷凝腔内受热水蒸气的浮升受到了氦气的阻碍，因此多效淡化装置的冷凝面积总大于蒸发面积，进而对热质传递的强化作用得到了发挥。

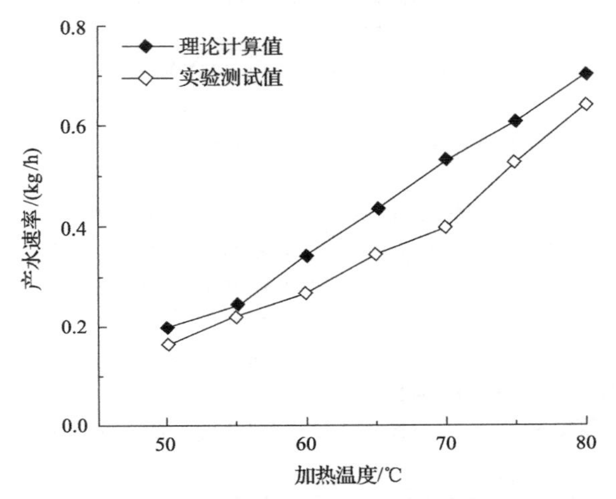

图6-31　两效装置淡水产量的理论计算值与实验测试值对比(填充氦气)

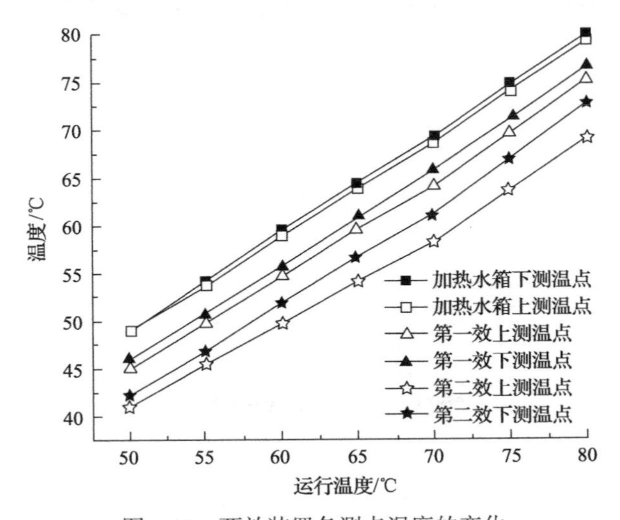

图6-32　两效装置各测点温度的变化

参 考 文 献

[1] Chang Z H, Liu Y, Li J Y, et al. Heat and mass transfer performance research on multi-effect vertical tubular solar stills with gravity feed for single family use[C]. The 16th International Heat Transfer Conference, IHTC16, Beijing, China.

[2] 常泽辉, 朱国鹏, 李瑞晨, 等. 基于竖管降膜的多效太阳能苦咸水蒸馏器应用设计及分析[J]. 农业工程学报, 2020, 36(11): 218-224.

[3] 朱国鹏, 李瑞晨, 侯静, 等. 四效管式降膜蒸发太阳能海水淡化装置性能研究[J]. 太阳能学报, 2020, 41(6): 363-369.

[4] 毛巨正, 郑宏飞, 杨军伟, 等. 多效竖管降膜蒸发太阳能海水淡化装置性能研究[J]. 太阳能学报, 2017, 38(10): 2743-2747.

[5] 李文龙, 侯静, 刘洋, 等. 三效竖管降膜蒸发式太阳能苦咸水淡化装置性能研究[J]. 可再生能源, 2018, 36(7): 1004-1008.

[6] 侯静, 于苗苗, 郑宏飞, 等. 两效竖管式太阳能苦咸水淡化装置性能研究[J]. 可再生能源, 2015, 33(10): 1454-1457.

[7] 李文龙, 侯静, 刘洋, 等. 小型管式降膜太阳能海水蒸馏装置性能分析[J]. 可再生能源, 2018, 36(8): 1131-1135.

[8] 刘洋. 多效蒸馏管式太阳能苦咸水淡化装置性能研究[D]. 呼和浩特: 内蒙古工业大学, 2019.

[9] 贾柠泽, 侯静, 常泽辉, 等. 多效管式太阳能苦咸水淡化装置热质传递强化研究[J]. 可再生能源, 2017, 35(7): 978-982.

[10] Hou J, Yang J C, Chang Z H, et al. Effect of different carrier gases on productivity enhancement of a novel multi-effect vertical concentric tubular solar brackish water desalination device[J]. Desalination, 2018, 432: 72-80.

[11] 常泽辉, 李建业, 李瑞晨, 等.不凝气体对管式太阳能海水淡化装置性能的影响[J]. 太阳能学报, 2019, 40(8): 2244-2250.

[12] Baïri A. Nusselt-Rayleigh correlations for design of industrial elements: Experimental and numerical investigation of natural convection in tilted square air filled enclosures [J]. Energy Conversion and Management, 2008, 49: 771-782.

第7章　多效竖管太阳能海水淡化装置的应用及成果转化

在我国沿海岛屿和西北地区分布着丰富的海水或苦咸水，而这些地区又拥有丰富的太阳能资源，但其基础设施建设薄弱、地域人口分布密度较小、相关工程技术人员匮乏、化石能源供给有限、人畜饮水困难，因此这些地区对效率高、成本低、维护简、占地小、运行可靠、对电力依赖度低、适合分布式制水的小型太阳能海水淡化装置的需求可想而知。鉴于此，本书提出了一种聚光型太阳能海水淡化技术，其中研发的多效竖管太阳能海水淡化装置就是基于上述市场需求而开展科学研究、中试运行和成果转化的，在此过程中，着重研究了小高径比竖管降膜海水高效蒸发、环形封闭小空间气水二元混合气体传热传质强化、对流传热与蒸发传质互馈影响、含颗粒水体光热直接转化、水-光界面辐射能直接吸收等技术。为了适应太阳能海水淡化装置分布式应用，继而研发了对跟踪精度要求低、可实现空气高效换热传热、可完成光热梯级温升、具有一定程度"光陷阱"的复合抛物面聚光集热技术，探索了降低太阳能聚光集热器安装难度、投资成本、维护费用，提高聚光集热器光吸收能力、光热转化效率、使用寿命、抗损坏能力等的方法和途径。在获批的两项国家自然科学基金的资助下，"多效管式降膜太阳能海水蒸馏装置"和"具有自动除霜功能的复合多曲面槽式太阳能聚光集热器"两项技术完成了中试测试，获得了科技成果转化，并已经逐步在多个省市进行工程示范和产业化应用。本节基于前期研究成果，就多效竖管太阳能海水淡化装置的中试过程、成果转化等进行介绍，并希望利用经典热力学、传热学理论，将大自然中水气蒸发、雨雪降落、河流成形的循环过程人为地在太阳能海水淡化系统中加以实现、优化、量产，从而造福苦于淡水匮乏的人类，也希望所做的工作能够为太阳能海水淡化早日步入寻常百姓家起到一定的推动作用。

7.1　四效竖管太阳能海水淡化装置的中试运行

结合前述对多效竖管太阳能海水淡化装置的产水性能、热性能、运行稳定性能等的研究和分析，通过对四效竖管太阳能海水淡化装置进行中试运行，为该技术尽快进入产品定型、实现产业化应用提供运行参数。鉴于在实际解决分布式制水需求时，对太阳能海水淡化装置的日产水量、稳定运行的可靠性、吨水价格等要求较高，本节设计制作了四效竖管降膜太阳能海水淡化装置，利用价格低廉、技术成熟、维护简单的平板太阳能集热器为装置提供盐水分离所需热能，在实际天气条件下，考查装置在晴天条件下的产水速率、性能系数、进料海水盐度、所产淡水水质、稳态产水量等性能。为了解决太阳能无法连续供热的问题，在装置加热水箱内布置电加热器，其在有电力供应条件下可以连续运行制水，也可以实现太阳能+电力双能源互补制水。四效竖管降膜太阳能海水淡化装置中试运行测试台如图 7-1 所示。

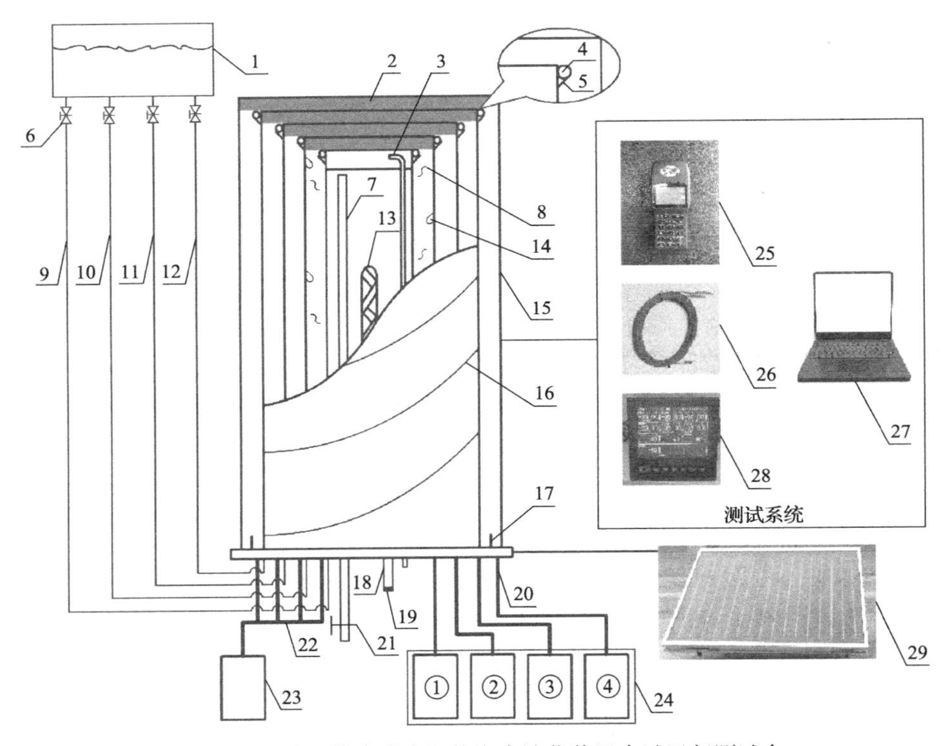

图 7-1 四效竖管降膜太阳能海水淡化装置中试运行测试台

1. 进料海水箱；2. 防水隔热层；3. 限位管；4. 分水环；5. 分水环固定卡；6. 质量流量计；7. 加热水箱进水管；8. 水蒸气；9. 第一效进水管；10. 第二效进水管；11. 第三效进水管；12. 第四效进水管；13. 电加热器；14. 冷凝淡水；15. 第四效冷凝壁；16. 第三效进水预热管；17. 挡水板；18. 加热水箱出水口；19. 堵帽；20. 淡水出水管；21. 进水管阀门；22. 浓海水出水管；23. 浓海水水箱；24. 淡水收集罐；25. 太阳辐照度计；26. 测温热电偶；27. 计算机；28. 温度巡检仪；29. 平板太阳能集热器

淡化装置由 5 根直径不同但成比例的 304 不锈钢圆筒同心嵌套组成，并与上端盖和底板焊接，由内而外形成 4 个环形封闭腔，分别定义为第一效、第二效、第三效及第四效蒸发冷凝腔。构成淡化装置的不锈钢筒选用市售公制件，具体尺寸如表 7-1 所示。为了减少装置运行过程中的散热损失并保证组装的密封性，在淡化装置的安装过程中，分别在各效蒸发筒上部放置 10mm 厚的隔热减震材料，并在底板下方做隔热防水处理，除加热水箱与底板焊死外，其他各效均可拆开检查或更换易损件。海水水箱置于最外层圆筒上部，与装置为一体设计，浓海水水箱与淡水收集罐安置于装置下部，通过管路与装置相连。四效竖管降膜太阳能海水淡化装置中试台实物如图 7-2 所示。

表 7-1　四效竖管降膜太阳能海水淡化装置结构参数

参数	加热水箱	第一效套筒	第二效套筒	第三效套筒	第四效套筒
管长/mm	800	810	820	830	840
直径/mm	100	140	180	220	260
吸水材料面积/m^2	0.251	0.356	0.463	0.573	0.686

图 7-2　四效竖管降膜太阳能海水淡化装置中试运行台实物

中试运行地点选在内蒙古呼和浩特市内蒙古工业大学太阳能光热产业示范基地(N40°50′，E111°42′)，运行时间为 2019 年 9～11 月，测试期间该地区的太阳高度角约为 51°，平板太阳能集热器面积为 $2m^2$，与水平地面的安装倾角为 39°，太阳辐照度表与平板太阳能集热器以相同的倾角放置，正南朝向，由其记录运行期间接收到的太阳辐射值。使用海水晶配置盐度为 3.5%的人工海水，由电子盐度计测量校核。装置运行过程中各测点温度由标准的 K 型热电偶测定并由多路温度巡检仪实时记录，各效的产水速率及淡水产量由安装于淡水收集罐下方的精密电子秤给出，产水速率测试时间间隔为 20min。运行期间，对中试地风速、环境温度、湿度等气象参数进行实时监测，为了减小太阳对装置外层套筒冷凝效果的影响，对淡化装置进行了遮阴处理。

在中试运行期间，选择进料海水流量分别为 120g/20min 和 160g/20min，测试在晴天运行工况条件下四效竖管降膜太阳能海水淡化装置的运行性能，测试时间为上午 9:00～下午 3:00，测试日太阳辐照度的变化如图 7-3 所示，装置产水速率随进水流量的变化如图 7-4 所示。

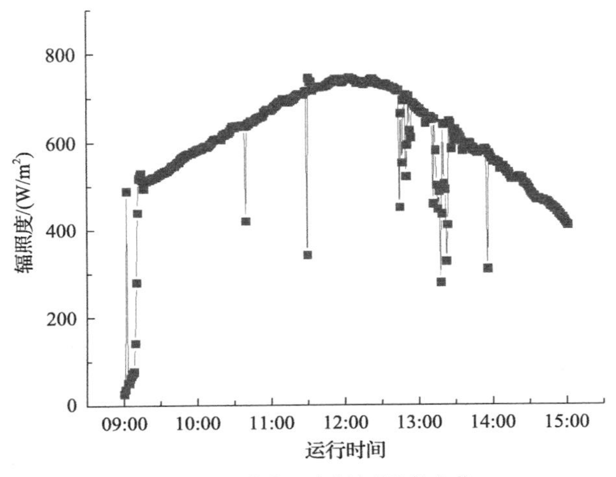

图 7-3　测试日太阳辐照度变化

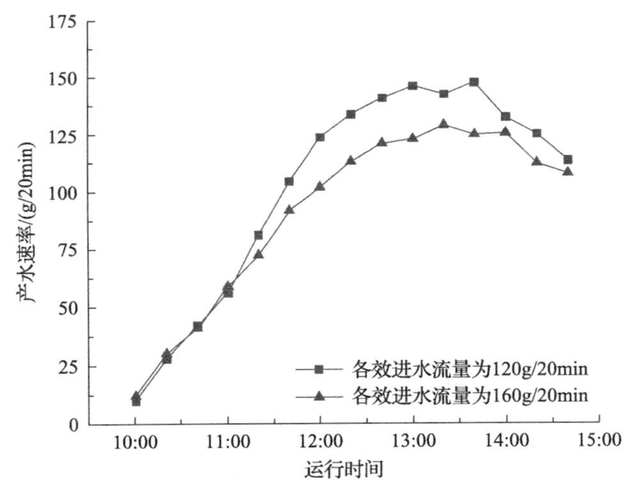

图 7-4　不同进水流量下装置的产水速率

由图 7-4 可知，在晴天运行工况下，四效竖管降膜太阳能海水淡化装置的产水速率受其所接收太阳辐照度变化的影响较大，装置淡水产量随进料海水流量的增大而减小，由于受装置内蒸发冷凝腔中气水二元混合气体传热传质速度的影响，装置的稳态产水区间在 12:00～14:00。当进料海水流量为 120g/20min 时，装置产水速率于 13:40 达到了最大值，为 147.2g/20min，比进料海水流量为 160g/20min

时装置的最大产水速率提升 14.5%。分析其原因，在进料海水液膜能够完全浸湿吸水材料的情况下，随着装置进水流量的增加，各效蒸发冷凝腔蒸发面液膜的流速增大，与蒸发面的换热时间缩短，导致其受热后未经蒸发便到达装置底部排出的比例增加，由此带走的显热损失增多，所以液膜受热蒸发所生成的水蒸气量减少，装置的产水速率也随之减小。与室内测试相比，由于装置连续运行、吸水材料的排空效果、平板太阳能集热器的集热效率、换热管路的散热损失及气象环境因素等影响，故中试运行所得结果与实验室内测试所得的结果存在偏差。在实际应用中，可以通过调节四效竖管降膜太阳能海水淡化装置各效的进料海水流量以实现淡水日产总量的提升。

在中试运行时，与四效竖管降膜太阳能海水淡化装置匹配的平板太阳能集热器规格也是需要考虑的。尤其是长期运行的平板太阳能集热器，配置集热面积大的平板集热器，其内部的高温水蒸气易造成分水器结垢，影响装置稳定运行的性能和制水价格；配置集热面积小的平板集热器，日产淡水量达不到用户需求。为此，通过对平板太阳能集热器集热面进行遮挡以改变其集热量，由此测试平板太阳能集热器规格对装置性能的影响，当集热面积分别为 $1m^2$ 与 $2m^2$ 时，装置加热水箱进出口温度的变化如图 7-5 所示。

由图 7-5 可得，中试运行两天的太阳辐照度值及其变化近似相同，装置加热水箱进出水温度随太阳辐照度的变化趋势一致，稳定运行时进出水的温差变化幅度较小，由集热面积大的平板太阳能集热器供能的加热水箱进水温度高于集热面积小的进水温度，尤其是在装置稳定运行期间，此变化尤为突出。当以集热面积为 $2m^2$ 的平板太阳能集热器为装置供能时，加热水箱的进水温度最高为 94.93℃，比集热面积为 $1m^2$ 的平板太阳能集热器为装置供能时加热水箱的进水温度高 19.44℃。虽

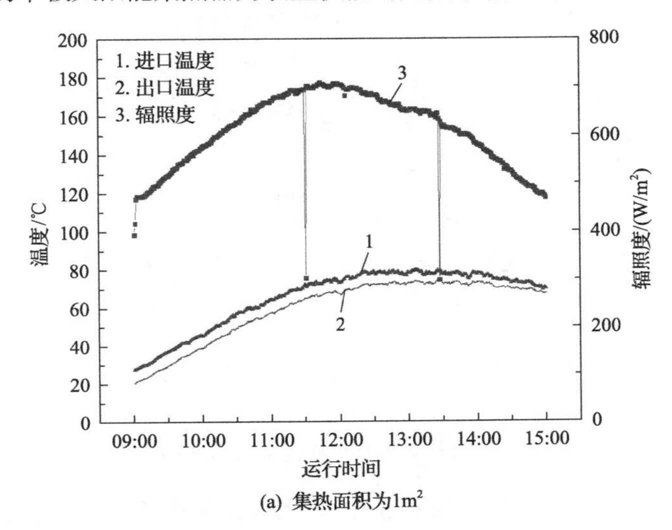

(a) 集热面积为 $1m^2$

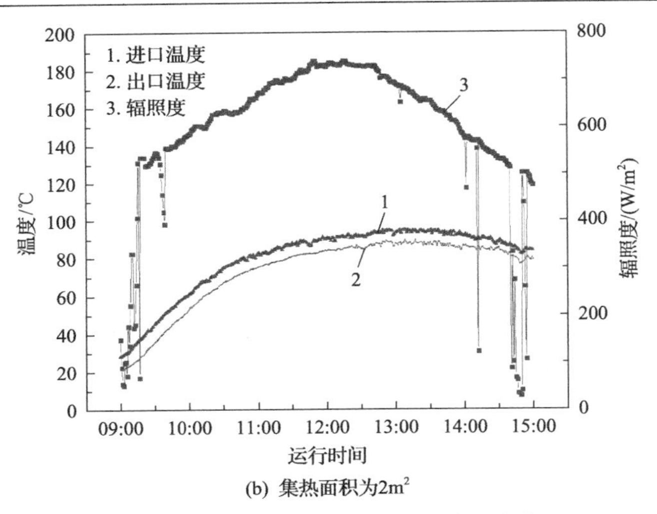

(b) 集热面积为$2m^2$

图 7-5　装置加热水箱进出口温度的变化

然装置加热水箱温度的增加会促进装置内气水二元混合气体的传热传质并提升产水速率，但也会带来装置投资成本增大、占地面积增加、维护周期缩短等影响装置实际应用效果的问题和不便，所以在应用时应综合考虑装置的经济性和运行稳定性之间的匹配。同时，随着装置运行温度的升高，排浓海水带走的显热损失也随之增大，影响了装置的性能发挥。中试运行时，集热面积为 $2m^2$ 的平板太阳能集热器供能、各效进水流量为 160g/20min 的四效竖管降膜太阳能海水淡化装置各效的排浓海水温度随运行时间的变化曲线如图 7-6 所示。

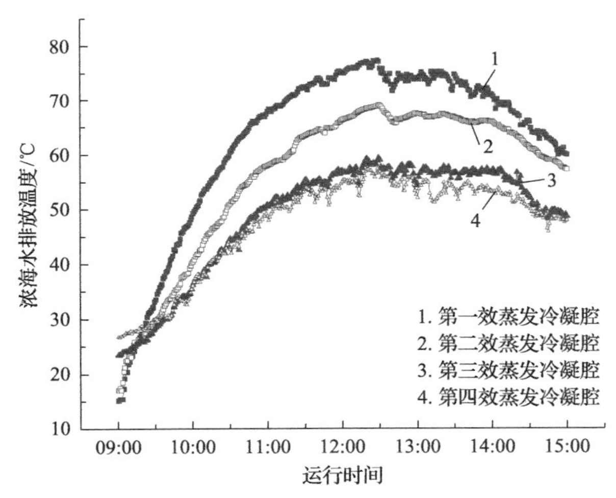

图 7-6　装置排浓海水温度随运行时间的变化

由图 7-6 可知，四效竖管降膜太阳能海水淡化装置各效的排浓海水温度受各效液膜蒸发温度的影响比较大，均与太阳辐照度的变化趋势相似，第一效与第二效排浓海水温差、第二效与第三效排浓海水温差比较大，表明第一效、第二效、第三效蒸发冷凝腔内气水二元混合气体的传热传质满足设计要求，第三效与第四效排浓海水的温差比较小，表明第四效的产水贡献率小。在中试运行至稳态时，装置第一效排浓海水温度约为 77.38℃，比第二效排浓海水温度高 8.34℃，比第三效排浓海水温度高 18.16℃，比第四效排浓海水温度高 20.17℃。因此，对装置排浓海水所含显热进行回收利用，对于提高装置的热能利用效率和产水速率是有意义的。

在四效竖管降膜太阳能海水淡化装置中试运行过程中，利用盐度计分别对所使用的人工海水、生成的淡水、排浓海水及自来水进行对比测量，分析进料海水经装置脱盐后的盐度变化情况，并与自来水盐度进行对比。所用盐度计为衡欣数显盐度计（AZ8371，衡欣科技股份有限公司），测量精度为 ±2%。经取样后，进料海水盐度、所产淡水盐度、排浓海水盐度及自来水盐度测量值如图 7-7 所示。

(a) 海水盐度：3.54%

(b) 所产淡水盐度：0.02%

(c) 排浓海水盐度：4.16%

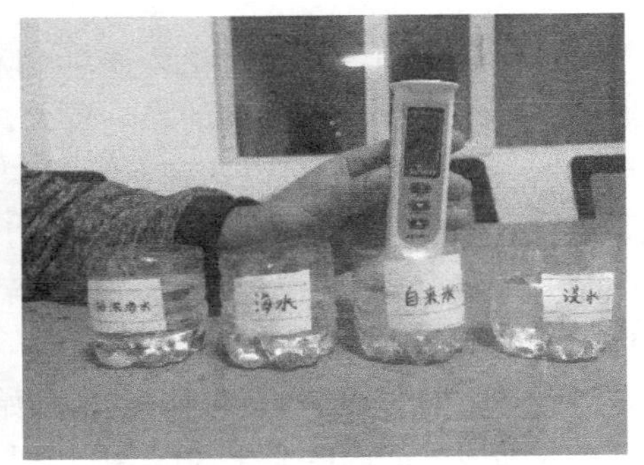

(d) 自来水盐度：0.38%

图 7-7　四种水体盐度测量对比

多效竖管太阳能海水淡化装置还可以对苦咸水进行脱盐淡化，苦咸水是指由于矿化度高而无法直接利用或利用范围极大受限的天然劣质水，其口感苦涩，属于很难直接饮用的水体，矿化度为 2～50g/L。苦咸水包括地表苦咸水（苦咸水河流、苦咸水湖泊）和地下苦咸水（潜水、承压水），主要分布在我国西北干旱和半干旱内陆地区、华北广大地区及华东沿海地区，涉及 19 个省、自治区、直辖市，分布面积为 57.73 万 km^2，影响用水人口约 3800 万。经过适当的淡化处理后达到《生活饮用水卫生标准》（GB 5749—2006），其中溶解性总固体小于 1000mg/L 时，可以作为生活饮用水水源。苦咸水分布地区的特点是降水量小、蒸发量大，意味着该地区的太阳能资源丰富，可以利用太阳能淡化技术对苦咸水进行脱盐，解决该地区人畜饮水困难的问题。

为了验证多效竖管太阳能海水淡化装置对苦咸水的脱盐效果，作者委托内蒙古自治区第一水文地质工程地质勘查院对陕西省榆林市定边县红柳沟地区苦咸水进行物理性质和化学性质的分析，得到该地区苦咸水水质的初始参数。利用多效竖管太阳能海水淡化装置对该苦咸水进行脱盐淡化处理，并将淡化后的水样送检，同时与苦咸水原水参数进行对比，得到经装置处理后的淡水水质较原水质的水体硬度、重金属含量等参数有所减少，水质大为改善。

从水质检测报告可以看出，经过多效竖管太阳能海水淡化装置脱盐后的苦咸水水质有了明显的改善和优化。苦咸水原水总硬度为 265.2mg/L，脱盐后的水质总硬度降低为 10mg/L。苦咸水原水中含氟化物 4.47mg/L、砷 0.003mg/L，淡化后水质含氟化物减小到 0.02mg/L 以下、砷含量低于 0.001mg/L 以下。苦咸水原水溶解性总固体为 1135.3mg/L，经过淡化装置脱盐后的水质溶解性总固体降低到 19.47mg/L，达到了《生活饮用水卫生标准》（GB 5749—2006）。

7.2 多效竖管太阳能+电能海水淡化装置的应用

多效竖管太阳能海水淡化装置在实际应用中的产水速率及日淡水产量受太阳辐照度、环境温度、风速等的影响较大，为了提高装置的供水能力，在装置加热水箱内增设电加热器，可以达到太阳能+电能联合供能的目的。在装置运行过程中，何时进行太阳能供能和电能供能的切换？两种能源切换会对装置产水性能造成哪些影响？针对上述应用中的技术需求，本节就多效竖管太阳能+电能海水淡化装置进行中试运行测试。

运行中，装置控制单元在启动的初始阶段及稳态产水阶段切换太阳能供能模式，当太阳能供能温度低于 80℃时，切换成电能供能模式，以保持装置加热水箱的水体温度在 85℃左右持续产水，在保证装置产水速率恒定的前提下，尽量避免装置内结垢并减小散热损失。

四效竖管太阳能+电能海水淡化装置中试运行选择在空气质量良好的晴天，启动时间为上午 9:00，测试日太阳辐照度及环境温度变化如图 7-8 所示。装置在太阳能供能和电能供能时的产水速率变化如图 7-9 所示。

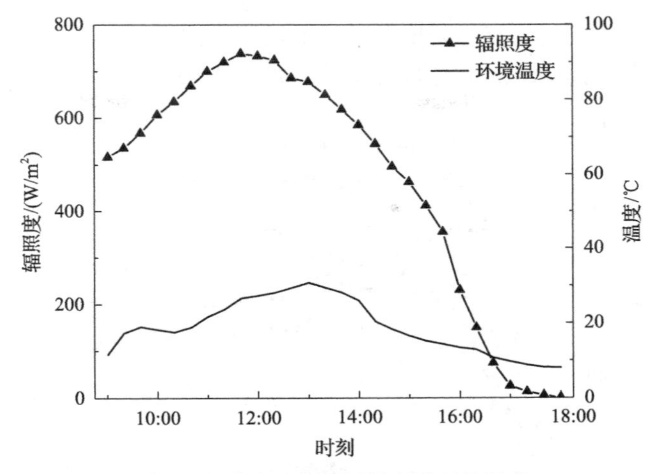

图 7-8　测试日太阳辐照度及环境温度

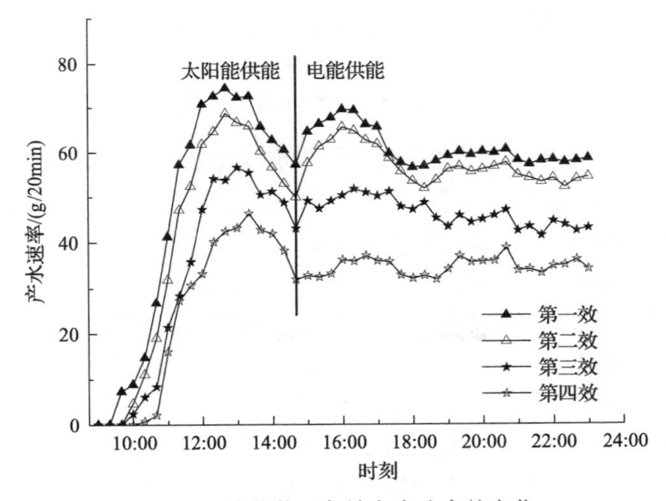

图 7-9　淡化装置各效产水速率的变化

由图 7-9 可以看出，在太阳能供能阶段，四效竖管太阳能海水淡化装置在 9:00～12:00 期间的产水速率快速上升，在 12:00～13:30 达到了稳态的最大产水速率，在 14:40 切换成电能供能，之后保持电能驱动制水。装置第一效、第二效、第三效和第四效的最大产水速率分别为 72.4g/20min、66.7g/20min、56.7g/20min 和 43.1g/20min，由于传热热阻的存在，装置内的热能从第一效蒸发冷凝腔向第四效蒸发冷凝腔的传递存在时间差，第一效产水速率达到最大值的时间为 12:40，与第二效最大产水速率出现的时间近似相同，比第三效最大产水速率出现的时间提前了 20min，比第四效最大产水速率出现的时间提前了 40min。在切换成电能供能后，同样经历了温升阶段和稳态产水阶段，主要原因是装置内电加热器的功率偏小，加热水箱内水体达到 85℃需要时间。上述产水速率的变化趋势也可以由装置内各效液膜蒸发温度的变化曲线加以解释，如图 7-10 所示。

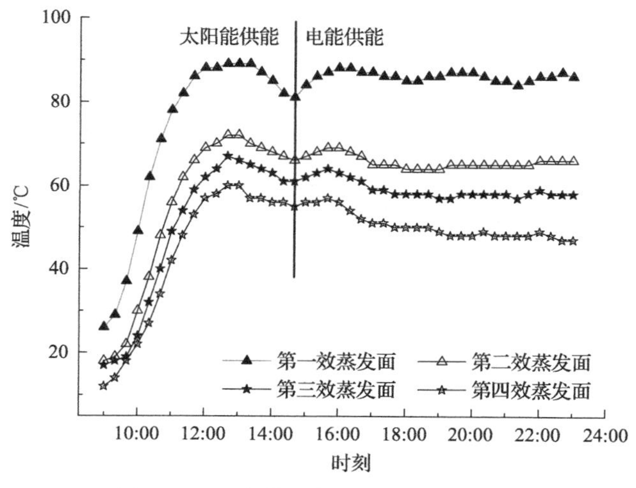

图 7-10　淡化装置各效蒸发温度的变化

从图 7-10 可以看出，四效竖管太阳能海水淡化装置内各效蒸发温度受供能方式的影响较大。在太阳能供能阶段，各效蒸发温度随所接收太阳辐照度的增大而升高，在稳态产水阶段，各效蒸发温度达到了最高值，第一效、第二效、第三效和第四效的蒸发温度分别为 89.3℃、72.6℃、67.1℃、60.0℃。各效蒸发冷凝温差随运行时间的延长而增大，其中第一效蒸发冷凝腔内的蒸发冷凝温差最大。当第一效蒸发温度降低到 80.5℃时，装置的供能方式由太阳能供能切换为电能供能，经过 1h 的温升，装置各效达到了稳态产水温度，第一效、第二效、第三效和第四效的蒸发温度分别保持在 86.0℃、65.2℃、59.6℃、51.0℃。装置的总蒸发冷凝温差与总产水速率随运行时间和供能模式的变化如图 7-11 所示。

从图中可以看出，在太阳能供能和电能供能阶段，四效竖管太阳能海水淡化装置总产水速率的变化趋势与总蒸发冷凝温差的变化趋势一致，与各效产水速率的变化趋势相吻合。当装置输入能量为太阳能时，随着加热水箱温度的升高，蒸发冷凝腔内气水二元混合气体的饱和度增加，蒸发冷凝温差逐渐降低。当装置输入能量为电能时，随着温升和产水速率的增大，总的蒸发冷凝温差增大，达到稳态产水后，总的蒸发冷凝温差趋于稳定。从装置启动到切换为电能供能，装置的总淡水产量为 2.55kg，在电能驱动阶段，装置的总淡水产量为 5.0kg，则太阳能供能期间的稳态产水速率为 0.719kg/h，电能供能期间的稳态产水速率为 0.652kg/h。产水速率低于太阳能供能阶段的原因在于电能供能时加热水箱的温度为 85℃，而太阳能供能阶段稳态产水时加热水箱的温度为 90℃左右，海水液膜蒸发温度越高，装置的产水速率越大。

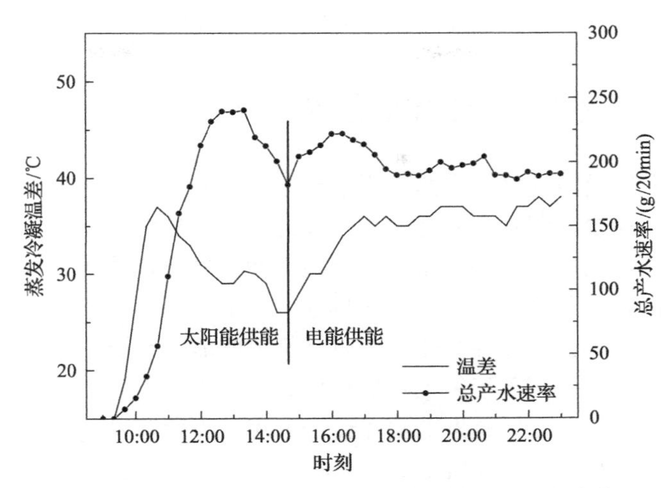

图 7-11　淡化装置总产水速率和蒸发冷凝温差的变化

用于四效竖管太阳能海水淡化装置供热的平板太阳能集热器的性能和效率对装置产水速率和腔内温度的变化将产生影响。在运行期间，为了得到平板太阳能集热器供能的性能，对装置内加热水箱的进出口温度进行测量，其随时间的变化如图 7-12 所示。

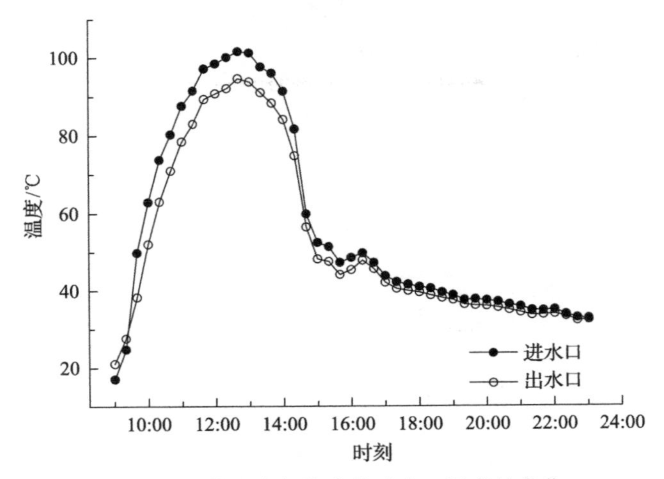

图 7-12　装置内加热水箱进出口温度的变化

从图中可以看出，当供能来源为平板太阳能集热器时，四效竖管太阳能海水淡化装置加热水箱进水口和出水口温度曲线的变化趋势与太阳辐照度的变化趋势一致。平板太阳能集热器的进出口温差与加热水箱进水口和出水口温差近似相等。当温差较大时，平板太阳能集热器内自然对流的速度较大，这意味着加热水箱内水体的传热速度加快；反之，平板太阳能集热器内自然对流的强度小，由于供能能力的衰减，装置内加热水箱获得的热能减少，因此装置的产水速率下降。

7.3 多效竖管太阳能海水淡化技术的成果转化

前述针对我国沿海地区、中西部干旱地区存在的对小型分布式太阳能海水淡化市场的需求，结合内蒙古自治区太阳能资源的分布特点，根据传统盘式太阳能海水蒸馏技术存在的技术缺陷，基于复合抛物面聚光集热技术、水体内光热直接转化技术、小高径比竖管降膜海水蒸发技术、环形封闭小空间气水二元混合气体传热传质强化技术等，研发并制作了多效竖管太阳能海水淡化装置。在实验室和实际测试基地对该技术开展了一系列的科学研究，尝试得到功能化水体的光热作用机理、适合于功能化水体蒸发的聚光设计方法、光致蒸发过程中热物性演化过程、光热界面辐射相变换热能效等研究目标。在此过程中，积累了可应用于太阳能海水淡化技术应用的工程经验和应用需求，在内蒙古工业大学太阳能应用技术工程中心平台的支撑下，与内蒙古自治区相关企业就“多效管式降膜太阳能海水蒸馏装置”实现了科技成果转化，合同转化金额为 100 万元，并按照科技成果转化合同双方约定完成了多效管式降膜太阳能海水蒸馏装置性能中试报告、设计制作图纸交接、产品样机交付、设计工艺流程及说明书制定等工作，实际到校科技成果转化金额与合同金额相符。该技术按照工业产品定型、应用场景示范、市场推广布局等流程开展应用推广和产业化。